国际竹类栽培品种登录报告

（2017—2018）

International Cultivar Registration Report for Bamboos (2017-2018)

史军义 主编

科学出版社
北 京

内 容 简 介

Brief introduction

本书是国际竹类栽培品种登录中心（2017—2018）的双年度工作总结。全书由两部分组成：第一部分是根据国际园艺学会栽培品种登录特别委员会的统一格式和内容要求撰写的国际竹类栽培品种登录权威（ICRA）年度报告中文版；第二部分是同一报告的英文版。每个部分均包含五个方面的内容：1）新登录的竹类栽培品种；2）已发表的竹类栽培品种整理；3）与竹类栽培品种国际登录有关的纸质出版物；4）与竹类栽培品种国际登录有关的网站建设；5）国际竹类栽培品种登录园建设。最后是与前述内容相关的重要参考文献。

This book is the annual work summary (2017-2018) of International Cultivar Registration Center for Bamboos (ICRCB). It includes two parts: the first part is the Chinese version of the International Cultivar Registration Authority (ICRA) annual report for bamboos in the form requested by ISHS Special Commission for Cultivar Registration; the second part is the English version of the annual report. Each part contains five aspects: 1) newly registered bamboo cultivars; 2) summarization of the published bamboo cultivars; 3) paper publications related to international registered bamboo cultivars; 4) website construction related to international registered bamboo cultivars; 5) construction of International Cultivar Registration Gardens for Bamboos. Finally, the important references related to the above contents are listed.

图书在版编目（CIP）数据

国际竹类栽培品种登录报告. 2017—2018 / 史军义主编. —北京：科学出版社，2021.1

ISBN 978-7-03-067332-9

Ⅰ. ①国… Ⅱ. ①史… Ⅲ. ①竹－品种－世界 Ⅳ. ① S795

中国版本图书馆 CIP 数据核字（2020）第 255230 号

责任编辑：童安齐　吴卓晶　李　莎 / 责任校对：陶丽荣

责任印制：吕春珉 / 封面设计：金舵手世纪

科 学 出 版 社 出版

北京东黄城根北街 16 号

邮政编码：100717

http://www.sciencep.com

北京虎彩文化传播有限公司 印刷

科学出版社发行　各地新华书店经销

*

2021 年 1 月第 一 版　开本：787 × 1092　1/16

2021 年 1 月第一次印刷　印张：24

字数：566 000

定价：239.00 元

（如有印装质量问题，我社负责调换〈虎彩〉）

销售部电话 010-62136230　编辑部电话 010-62143239（BN12）

国际竹类栽培品种登录委员会

International Cultivar Registration Committee for Bamboos

顾　　问： 靳晓白

主　　任： 史军义

副 主 任： 周德群

委　　员： 马丽莎　王道云　令狐启霖　刘锦超　刘青林　刘宇韬　李　青　李志伟　孙卫邦　孙茂盛　陈其兵　陈双林　杨　林　周志华　赵世伟　胡尚连

执行委员： 张玉霄

法律顾问： 肖登国

秘　　书： 史蓉红　姚　俊　蒲正宇　徐　刚

Advisor: Jin Xiaobai

Chairman: Shi Junyi

Deputy Chairman: Zhou Dequn

Members: Ma Lisha, Wang Daoyun, Linghu Qilin, Liu Jinchao, Liu Qinglin, Liu Yutao, Li Qing, Li Zhiwei, Sun Weibang, Sun Maosheng, Chen Qibing, Chen Shuanglin, Yang Lin, Zhou Zhihua, Zhao Shiwei, Hu Shanglian

Executive Member: Zhang Yuxiao

Legal Consultant: Xiao Dengguo

Secretaries: Shi Ronghong, Yao Jun, Pu Zhengyu, Xu Gang

前　言

2013年，国际园艺学会栽培品种登录特别委员会（ISHS Special Commission for Cultivar Registration）批准成立国际竹类栽培品种登录中心（International Cultivar Registration Center for Bamboos, ICRCB）。

2013～2016年，我们完成了ICRCB的组建与启动工作，加强和完善了ICRCB的管理和建设；受理并批准了20个竹类新品种的国际登录申请；对全世界的簕竹属 *Bambusa* Retz. corr. Schreber、方竹属 *Chimonobambusa* Makino、绿竹属 *Dendrocalamopsis*（Chia & H. L. Fung）Keng f. 3属竹子的栽培品种进行了系统整理，内容涉及18种竹子的73个栽培品种；在专业出版物上发表相关学术论文14篇；开通ICRCB网站的两个域名 http://www.bamboo2013.org 和 http://www.icrcb.org，并确保了该网站的正常运行；在中国的北京香山、四川成都和都江堰、云南昆明、河南南阳等地，先后建立了5处国际竹类栽培品种登录园。此外，还组织编撰了《国际竹类栽培品种登录报告（2013—2014）》并由科学出版社正式出版。

到2017年底，在ICRCB各位专家和工作人员的共同努力下，根据国际园艺学会栽培品种登录特别委员会的指导意见和相关规定，围绕竹类栽培品种国际登录主题，先后开展了以下一系列工作。

1）组织出版了《国际竹类栽培品种登录报告（2015—2016）》。

2）受理并批准了13个竹类新品种的国际登录申请。

3）对以往全世界依据《国际植物命名法规（International Code of Botanical Nomenclature, ICBN）》公开发表的单竹属 *Lingnania* McClure、慈竹属 *Neosinocalamus* Keng f.、牡竹属 *Dendrocalamus* Nees 和刚竹属 *Phyllostachys* Sieb. et Zucc. 4个属的竹类植物，按照《国际栽培植物命名法规（International Code of Nomenclature for Cultivated Plants, ICNCP）》的相关规定和要求进行了

系统整理，内容涉及37种竹子的153个栽培品种。

4）在专业出版物上发表相关学术论文21篇。

5）继续对ICRCB网站http://www.bamboo2013.org和http://www.icrcb.org进行常规维护，以确保其正常运行。

6）在原先已设的5处国际竹类栽培品种登录园基础上，又新设立了国际竹类栽培品种（中国・普洱）登录园。

到目前为止，ICRCB已先后受理并批准了33个竹类新品种的国际登录申请；完成了全世界竹类植物7属、55种、226个栽培品种的系统整理；共发表相关论文34篇；建立国际竹类栽培品种登录园6处；正式出版《国际竹类栽培品种登录报告》2期。

其间，应四川大学、四川农业大学、西南科技大学、江南大学、北京园林科学研究院、广东省揭阳市人民政府、云南普洱亚洲竹藤博览园、深圳市创艺园文旅股份有限公司等单位之邀，ICRCB派专家先后前往重庆市南川区，四川成都龙泉驿区、绵阳市涪城区，北京市顺义区、通州区，广东省揭阳市揭东区、佛山市三水区等地，实地考察竹子项目情况。所有这些，都为国际竹类栽培品种登录事业的传播、推动和发展，发挥了积极的建设性作用。

史军义

2020年10月17日

Preface

The International Cultivar Registration Center for Bamboos (ICRCB) was approved by the ISHS Special Commission for Cultivar Registration in 2013.

From 2013 to 2016, we completed the establishment and start-up of ICRCB, strengthened and improved the management and construction of ICRCB, accepted and approved the application for international registration of 20 new bamboo cultivars, and systematically sorted out the cultivars of three genera including *Bambusa* Retz. corr. Schreber, *Chimonobambusa* Makino and *Dendrocalamopsis* (Chia & H. L. Fung) Keng f. all over the world. The contents include 73 cultivars of 18 bamboo species, 14 relevant academic papers, two website http://www.bamboo 2013.org and http://www.icrcb.org, which ensure the normal operation of the website, and five International Cultivar Registration Gardens for bamboos were established in Beijing, Chengdu, Dujiangyan, Kunming, and Nanyang. In addition, the International Cultivar Registration Report for Bamboos (2013-2014) was compiled and published by Science Press (Beijing).

By the end of 2017, the following series of work were carried out.

1) The International Cultivar Registration Report for Bamboos (2015-2016) was organized and published.

2) 13 newly registered bamboo cultivars were accepted and approved.

3) According to the International Code of Nomenclature for Cultivated Plants (ICNCP), 153 cultivars of 37 bamboo species in *Lingnania* McClure, *Neosinocalamus* Keng f., *Dendrocalamus* Nees and *Phyllostachys* Sieb. et Zucc. were systematically sorted out. Those names were all validly published according to the International Code of Botanical Nomenclature (ICBN).

4) 21 related academic papers were published in professional publications.

5) The website of ICRCB is normally in operation through http://www. bamboo 2013.org and http://www.icrcb.org.

6) On the basis of five International Cultivar Registration Gardens for Bamboos, a new registration garden (Pu'er・China) was established.

Up to now, ICRCB has accepted and approved the application for international registration of 33 new bamboo cultivars, completed review papers on 226 cultivars of 55 species in seven genera of bamboo plants in the world, published 34 related papers, established six International Cultivar Registration Gardens for Bamboos, and published two volumes of *International Cultivar Registration Report for Bamboos*.

At the invitation of Sichuan University, Sichuan Agricultural University, Southwest University of Science and Technology, Jiangnan University, Beijing Institute of Landscape Architecture, the People's Government of Jieyang City, Guangdong Province, Yunnan Pu'er Asian Bamboo and Rattan Expo Garden, Shenzhen Chuangyi Cultural Travel Co., Ltd., experts of ICRCB visited Nanchuan of Chongqing, Longquanyi, Chengdu of Sichuan Province, Fucheng of Mianyang, Shunyi and Tongzhou of Beijing, Jiedong of Jieyang, Guangdong Province, Sanshui of Foshan, and other places. All these events have played a positive and constructive role in the dissemination, promotion and development of International Cultivar Registration for bamboos.

Shi Junyi

October 17, 2020

目　录
Contents

第 2 部分 竹类 ICRA 报告（2017—2018）（英文）

第 1 部分

竹类 ICRA 报告

（2017—2018）

（中文）

国际园艺学会栽培品种登录特别委员会
ICRA 年度报告（2017—2018）

（竹类）

史 军 义

国际竹类栽培品种登录中心

E-mail: esjy@163.com

www.bamboo2013.org

地址：中国云南省昆明市盘龙区，

中国林业科学研究院资源昆虫研究所

邮编：650224

1　新登录的竹类栽培品种

2017 年 1 月～2018 年 12 月，国际竹类栽培品种登录权威共接受了 13 个竹类栽培品种的国际登录。以下新竹品种以批准时间先后为序。

1.1 ‘曼歇甜竹’（图 1）

栽培品种名： *Dendrocalamus brandisii* ‘Manxie Tianzhu’

申请人： 张兴波、孙茂盛、李龙委、刀志辉、姚俊、沈锦慧

申请时间： 2017 年 9 月 6 日

品种保存地： 国际竹类栽培品种（中国 · 普洱）登录园

批准时间： 2017 年 11 月 20 日

国际登录编号： WB-001-2017-021

品种描述：

大型丛生竹。秆高 15～17 m，直径 10～16 cm，梢端下垂；节间长 35～45 cm，幼时密被纵行排列的白色绒毛或棕色绒毛，秆壁厚约 2.5～3.0 cm；节内及箨环下方均具一圈灰白色或棕色绒毛环，秆下部数节节内具气生根。秆分枝较高，每节多数，秆上部主枝 1 或有时无主枝，其余枝条较细，一级分枝反抱主秆四周，二级分枝亦反抱主枝四周。箨鞘早落，革质，初期绿色，背面密被白色短柔毛，上部密被棕色柔毛，边缘具翅状棕色长柔毛；箨片外翻，箨耳小；箨舌高 1～1.5 cm，上缘齿裂。叶鞘背面及边缘具棕色小刺毛；叶舌高 1.5～2.0 mm；叶片大，长 23～32 cm，宽 2.5～6.0 cm，背面具白色小柔毛，次脉 10～12 对。笋期 7～8 月，笋呈灰绿色。笋味鲜甜，肉质细腻，质地脆嫩，营养丰富。

本品种仅在普洱市思茅区曼歇坝（海拔 800～1200 m）有少量人工栽培。

（a）竹丛 （b）分枝

（c）竹秆 （d）秆箨 （e）竹笋

图 1 ‘曼歇甜竹’

‘曼歇甜竹’与近缘分类群的关键区别：

‘曼歇甜竹’属于牡竹属 *Dendrocalamus* Nees 的勃氏甜龙竹 *D. brandisii*（Munro）Kurz，是勃氏甜龙竹原栽培品种 *D.* ‘Brandisii’ 变异植株经进一步选优、分离、培育而成的栽培竹新分类群，是近年来新培育的优质笋材两用竹品种。

该品种与勃氏甜龙竹 *D.* ‘Brandisii’ 属于近缘分类群，二者特征近似，关键区别在于前者秆形更加高大、粗壮，秆高 15～17 cm，直径 10～16 cm，秆被毛较多，梢端下垂；二级分枝反抱主枝，笋呈灰绿色，笋产量达 7900～9000 kg/hm^2；而后者秆形相对较小，秆高 10～15 m，直径 10～12 cm，秆被毛较少，梢端极度下垂；二级分枝不反抱主枝，笋呈灰黄色，笋产量在 4500～6000 kg/hm^2（表 1）。

表 1　‘曼歇甜竹’与勃氏甜龙竹原栽培品种的关键特征对比

特征	‘曼歇甜竹’	勃氏甜龙竹
竹秆	 被毛较多	 被毛较少
分枝	 二级分枝反抱主枝	 二级分枝不反抱主枝
竹笋	 呈灰绿色	 呈灰黄色
产笋量	7900～9000 kg/hm^2	4500～6000 kg/hm^2

1.2 ‘慈优 7 号’（图 2）

栽培品种名： *Neosinocalamus affinis* ‘Ciyou 7’

申请人： 陈其兵、曾程程、林葳、闫晓俊、江明艳、吕兵洋

申请时间： 2017 年 11 月 2 日

品种保存地： 中国 · 四川省宜宾市长宁县曙光观赏竹园艺场

批准时间： 2017 年 12 月 20 日

国际登录编号： WB-001-2017-022

品种描述：

‘慈优 7 号’为合轴丛生型竹种，竹秆顶梢细长，呈弧形下垂，秆高 17.5～19.5 m，竹秆胸径 7.5～9.5 cm，平均节间长度 40～43 cm，中部最长节间可达 60 cm，节间圆筒形，竹壁 6.5～8.5 mm，有灰色或灰褐色小刺毛，上部节间尤为显著，秆环平，基部各节上下有白色绒毛带。笋箨绿色，枯落时淡棕色，革质硬脆，背面生棕黑色刺毛，较节间短；箨耳不明显，狭小，呈皱折状；箨舌流苏状；箨叶先尖，向外反倒。枝细短，主枝不突出。叶片

（a）竹丛

图 2 ‘慈优 7 号’

（b）竹秆　（c）秆箨

（d）竹叶　（e）竹笋

图 2 （续）

质薄，长 10～30 cm，宽 1～3 cm，叶鞘长 4～8 cm，鞘口无繸毛。

本品种主要分布于中国的四川省雅安市雨城区、名山区、芦山县、天全县、荥经县等地。

‘慈优 7 号’与近缘分类群的关键区别：

‘慈优 7 号’属于慈竹属 *Neosinocalamus* Keng f. 的慈竹 *N. affinis*（Rendle）Keng f.，是慈竹原栽培品种 *N.*‘Affinis’的变异植株经进一步选择、

分离、克隆、培育而成的栽培竹新分类群。

该品种与慈竹 *N.*'Affinis' 属于近缘分类群，二者特征近似，关键区别在于'慈优 7 号'的成活率、出笋成竹情况和新竹生长情况远好于引种自各试验基地周边的本地慈竹原栽培品种；与慈竹原栽培品种相比，'慈优 7 号'的优良繁殖特性主要表现在有较低的退笋率（说明母竹营养积累更充分），其成竹质量也更高；竹秆、竹胸径均高于本地慈竹原栽培品种；其木质素含量和灰分含量低，纤维素含量高。实践证明，'慈优 7 号'在其初产阶段即可得到更高的经济产量，是近年来新培育的优质纸浆用竹新品种。

1.3 ‘绵优 5 号’（图 3）

栽培品种名： *Dendrocalamus farinosus* ‘Mianyou 5’

申请人： 陈其兵、曾程程、林葳、闫晓俊、江明艳、吕兵洋

申请时间： 2017 年 11 月 2 日

品种保存地： 中国·四川省宜宾市长宁县曙光观赏竹园艺场

批准时间： 2017 年 12 月 20 日

国际登录编号： WB-001-2017-023

品种描述：

‘绵优 5 号’为合轴丛生型竹种，秆高 8～12 m，直径 7.0～8.3 m，顶端细长，呈弧形弯曲下垂，节间长 20～40 cm，幼时被厚白粉，无毛；箨环常有箨鞘基部残留物，幼时节内和节下各具一圈毯毛状毛环，以后逐渐脱落。箨鞘略呈矩状三角形，黄绿色转淡棕色，背面具深棕色刺毛，上部边缘具纤毛，顶端截平或微凹；箨耳微弱，繸毛数枚；箨舌发达，先端细裂呈流苏状，全高 10～13 mm；箨叶收缩为圆形，背面无毛，腹面及边缘粗糙。叶片长 10～33 cm，宽 1.5～6.0 cm。笋可食，笋期 8～9 月。

本品种主要分布于中国的四川省宜宾市的长宁县、江安县，泸州市的纳溪区、叙永县、泸县，自贡市的贡井区、荣县，乐山市的沐川县、犍为县，眉山市的仁寿县、青神县、洪雅县，雅安市的雨城区、名山区、芦山县，成都市的邛崃市、大邑市。

‘绵优 5 号’与近缘分类群的关键区别：

‘绵优 5 号’属于牡竹属 *Dendrocalamus* Nees 的梁山慈竹 *D. farinosus*（Keng et Keng f.）Chia et H. L. Fung，又名绵竹，是梁山慈竹原栽培品种 *D.* ‘Farinosus’ 的变异植株经进一步选择、分离、克隆、培育而成的栽培竹新分类群。

本品种与梁山慈竹 *D.* ‘Farinosus’ 属近缘分类群，二者特征近似，关键区别在于无论是采用埋秆育苗造林还是主枝扦插造林，其存活率和发笋率都远高于各地乡土绵竹原栽培品种。其中，埋秆育苗造林成活率和引种当年发笋率平均达 89.3% 和 95.7%，高出本地绵竹原栽培品种 4.5% 和 0.97%；主枝扦插造林成活率和引种当年发笋率平均达 82.0% 和 93.8%，高出本地绵竹原栽培品种 8.9% 和 3.9%。与各地乡土绵竹原栽培品种新造林比较，其胸

（a）竹丛

图3 ‘绵优5号’

（b）竹秆　（c）竹笋

（d）竹叶　（e）竹苗

图 3 （续）

径、壁厚、株高、秆重、新竹数等与林地产量相关的主要指标均远高于各地常见的绵竹原栽培品种，且对冬季极端低温的耐受能力较好。实践证明，‘绵优 5 号’较之各地绵竹原栽培品种，出笋成竹更多、无性繁殖能力更强、竹材性能更好、秆壁更厚、材质更坚韧、破篾性更好，可用于制作浆造纸、劈篾编织、人造板、胶合板加工、农具柄、棚架材料等，还具很好的水土保持作用，并可作为优良的庭院绿化竹种；笋可食，且萌笋力更强、生长更迅速，属于近年来新培育的优质多功能竹品种。

1.4 ‘花叶青丝’（图 4）

栽培品种名： *Bambusa eutuldoides* ‘Huayeqingsi’

申请人： 陈斌贤、王道云、李志伟

申请时间： 2017 年 11 月 1 日

品种保存地： 国际竹类栽培品种（中国·成都）登录园

批准时间： 2017 年 12 月 26 日

国际登录编号： WB-001-2017-024

品种描述：

丛生竹。秆高 6～8 m，直径 3～5 cm；节间长 25～35 cm。秆基部第 2、3 节开始分枝，每节多枝簇生，其中 3 枚主枝粗长。秆和枝节间均为黄色，并具宽窄不等的绿色纵条纹。箨鞘早落，革质，新鲜时绿色并具数条黄色纵条纹；箨耳极不相等，大的一枚强烈波状皱褶；箨舌高 1～3 mm，边缘齿裂或条裂，被短流苏状毛；箨片直立，不对称三角形，基部稍收窄并外延与箨

（a）竹丛

（b）竹秆

图 4 ‘花叶青丝’

（c）竹叶　（d）叶与秆

（e）分枝　（f）秆箨

图 4 （续）

耳相连。叶片长 10～25 cm，宽 1.2～2.5 cm，绿色，部分叶片具宽窄不等的黄白色纵条纹。

本品种仅在四川成都、泸州和云南昆明等地有少量人工栽培。

‘花叶青丝’与近缘分类群的关键区别：

‘花叶青丝’属于簕竹属 *Bambusa* Retz. corr. Schreber 的大眼竹 *B. eutuldoides* McClure，是大眼竹另一栽培品种‘青丝黄竹’*B. eutuldoides* ‘Viridi-vittata’的变异植株经进一步选择、分离、克隆、培育而成的栽培竹新分类群，是近年来新培育的优质观赏竹新品种。

该品种与‘青丝黄竹’属于近缘分类群，二者特征近似，关键区别在于前者部分叶片具宽窄不等的黄白色纵条纹；而后者无此特征（表 2）。

表 2 ‘花叶青丝’与‘青丝黄竹’的关键特征对比

特征	‘花叶青丝’	‘青丝黄竹’
叶	 叶绿色，具黄白色纵条纹	 叶绿色，无黄白色纵条纹

1.5 ‘青城翠’（图 5）

栽培品种名： *Chimonobambusa quadrangularis* ‘Qingchengcui’

申请人： 吴劲旭、马丽莎、尹显孝、刘宇韬

申请时间： 2017 年 12 月 20 日

品种保存地： 国际竹类栽培品种（中国 · 都江堰）登录园

批准时间： 2018 年 1 月 16 日

国际登录编号： WB-001-2018-025

品种描述：

秆散生兼小丛生。秆高 3～6 m，直径 1～3 cm；节间长 8～22 cm，圆筒形，秆上分布白色稀疏小刺毛，脱落后留有基瘤，不光滑；箨环初时被黄褐色绒毛及小刺毛；秆环稍平坦或在分枝节上甚隆起；秆中部以下各节内具气生根刺，基部气生根尤其发达。秆每节上枝条 3 枚。箨鞘初时上半部青绿色，略晚落，短于节间，背面无毛或有时在中上部贴生极稀疏小刺毛；箨耳及箨舌均不发达；箨片外翻，锥状，长 3～5 mm，略下垂。小枝具叶 2～5；叶鞘无毛，鞘口繸毛直立；叶片光滑，长圆状披针形，长 9～29 cm，宽 1～3 cm。笋期 9～10 月；竹笋上半部呈明显翠绿色，翠绿部分占笋长的 1/2 左右，整体看上去色彩格外艳丽。

本品种仅在中国的四川省都江堰市和崇州市有少量人工栽培。

‘青城翠’与近缘分类群的关键区别：

‘青城翠’属于方竹属 *Chimonobambusa* Makino 的方竹 *C. quadrangularis*（Fenzi）Makino，是方竹原栽培品种 *C.* ‘Quadrangularis’ 的变异植株经进一步选优、分离、克隆、培育而成的栽培竹新分类群，是近年来新培育的优质大熊猫主食竹新品种。

该竹与方竹 *C.*‘Quadrangularis’ 属于近缘分类群，二者特征近似，关键区别在于前者秆基部的气生根特别发达，竹笋上半部呈明显翠绿色，翠绿部分占笋长的 1/2 左右，整体色彩艳丽，且笋质更脆嫩、口感更佳，大熊猫和人均喜食用；而后者秆基部的气生根不及前者发达，竹笋整体偏黄，仅尖端微绿，整体色彩相对单调，大熊猫喜食程度相对较次（表 3）。

（a）竹林　　（b）竹秆

图5 ‘青城翠’

（c）分枝

（d）秆箨

（e）秆芽

（f）气生根

图 5 （续）

（g）竹叶　　（h）竹笋

图 5 （续）

表 3 ‘青城翠’与方竹原栽培品种的关键特征对比

特征	‘青城翠’	方竹（原栽培品种）
竹笋	色彩艳丽	色彩单调

续表

特征	‘青城翠’	方竹（原栽培品种）
气生根	 相对发达	 相对弱小

1.6 ‘紫玉’（图 6）

栽培品种名： *Chimonobambusa neopurpurea* ‘Ziyu’

申请人： 姚俊、马丽莎、刘宇韬、王道云、李志伟

申请时间： 2018 年 2 月 12 日

品种保存地： 国际竹类栽培品种（中国 · 都江堰）登录园

批准时间： 2018 年 3 月 10 日

国际登录编号： WB-001-2018-026

品种描述：

地下茎复轴型。秆散生兼小丛生，直立；秆高 1.5～4.0 m，直径 1～2 cm；节间长 6～18 cm，圆筒形，淡紫色、紫红色至紫色；箨环初时紫褐色，密被黄棕色刺毛；秆环稍隆起；节内具发达的气生根刺，分布高度最高可达 2 m 以上。秆每节上具枝条 3 枚。小枝具叶 2～4，叶片线状披针形，长 5～17 cm，宽 0.5～1.5 cm，次脉 4～6 对，小横脉明显。笋期 8～10 月。

‘紫玉’因其竹秆呈紫红色而颇具观赏价值，可用作园林栽培观赏，其笋味鲜美、肉质细腻、质地脆嫩，也可作为人类和大熊猫的优质笋用竹。

‘紫玉’与近缘分类群的关键区别：

‘紫玉’属于方竹属 *Chimonobambusa* Makino 的刺黑竹 *C. neopurpurea* Yi，是刺黑竹原栽培品种 *C.* ‘Neopurpurea’ 的变异植株经进一步选优、分离、克隆、培育而成的优质观赏竹新品种。

‘紫玉’与刺黑竹另一栽培品种‘条纹刺黑竹’*C. neopurpurea* ‘Lineata’ 特征近似，二者的关键区别在于前者全秆及分枝呈淡紫色、紫红色至紫色，笋亮灰色；后者仅新秆下部节间为淡紫色，具浅绿色纵条纹，笋暗棕绿色（表 4）。

（a）竹林　　（b）竹秆

图 6　‘紫玉’

（c）分枝 （d）秆箨

（e）秆芽 （f）气生根

（g）竹叶 （h）竹笋

图6 （续）

表 4　‘紫玉’与‘条纹刺黑竹’的关键特征对比

特征	‘紫玉’	‘条纹刺黑竹’
竹笋	 亮灰色	 暗棕绿色
秆	 秆淡紫、紫红至紫色	 新秆下部节间为淡紫色，具浅绿色纵条纹

1.7 ‘银剑’（图 7）

栽培品种名： *Chimonobambusa neopurpurea* ‘Yinjian’

申请人： 马丽莎、刘宇韬、姚俊、尹显孝、黄松

申请时间： 2018 年 2 月 15 日

品种保存地： 国际竹类栽培品种（中国 · 都江堰）登录园

批准时间： 2018 年 3 月 16 日

国际登录编号： WB-001-2018-027

品种描述：

地下茎复轴型，秆散生兼小丛生，直立；秆高 3～5 m，直径 1～3 cm；节间长 10～18 cm，秆壁厚 3～4 mm；绿色，略呈方形；箨环初时紫褐色，密被黄棕色刺毛；秆环稍隆起；节内具发达的气生根刺，分布高度最高可达 2 m 以上。秆每节上枝条 3 枚。小枝具叶 2～4。叶片线状披针形，长 5～17 cm，宽 0.5～2.0 cm，绿色，具宽窄不等的黄白色纵条纹，有时相反，叶呈黄白色，具宽窄不等的绿色纵条纹。笋期 8～9 月。

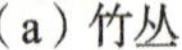

（a）竹丛

（b）植株

图 7 ‘银剑’

（c）分枝　（d）气生根

（e）竹叶 1　（f）竹叶 2

图 7 （续）

该品种株型美观，叶色艳丽，极具观赏价值，适于公园、风景区或小区绿地栽培观赏，还可作为大熊猫主食竹使用。

目前，仅在中国的四川省都江堰市和贵州省贵阳市有少量栽培。

‘银剑’与近缘分类群的关键区别：

‘银剑’属于方竹属 *Chimonobambusa* Makino 的刺黑竹 *C. neopurpurea* Yi，是刺黑竹原栽培品种 *C.* ‘Neopurpurea’的变异植株经进一步选优、分离、克隆、培育而成的优质观赏竹新品种。

该品种与刺黑竹另一栽培品种‘都江堰方竹’*C. neopurpurea* ‘Dujiangyan Fangzhu’特征近似，二者的关键区别在于前者叶绿色，具宽窄不等的黄白色纵条纹，有时相反，叶呈黄白色，具宽窄不等的绿色纵条纹，植株呈现典型花叶特征，且叶色明艳，极具观赏价值；后者叶片无条纹，观赏性明显不及前者。

1.8 ‘厚竹’（图 8）

栽培品种名： *Phyllostachys edulis* ‘Pachyloen’

申请人： 杨光耀、黎祖尧、施建敏、郭起荣、杨清培、于芬、杜天真、方楷

申请时间： 2018 年 4 月 17 日

品种保存地： 江西省南昌市江西农业大学竹子种质资源圃

批准时间： 2018 年 9 月 3 日

国际登录编号： WB-001-2018-028

品种描述：

秆高达 12 m，粗达 8 cm，略呈四方形，幼秆密被细柔毛及厚白粉，箨环有毛，中部节间长 25 cm，秆壁厚，基部壁厚 3～4 cm，中部 1.4～1.8 cm 厚，上部近实心。秆环不明显。箨鞘背面黄褐色或紫褐色，具黑褐色斑点及密生棕色刺毛；箨耳小，繸毛发达，箨舌强隆起，边缘具粗长纤毛；箨叶较短，长三角形至披针形，绿色，初直立，后外翻。末级小枝 2～4 叶，

（a）竹林

图 8　‘厚竹’

（b）分枝　（c）竹叶

（d）秆箨　（e）竹笋

（f）竹秆　（g）幼竹

图 8 （续）

叶耳不明显，鞘口縫毛存在而为脱落性；叶舌隆起；叶片较小，披针形，长 4～11 cm，宽 0.5～1.2 cm，下表面沿中脉基部具柔毛，次脉 3～6 对。笋期 4 月。

‘厚竹’秆壁厚，比等径的毛竹重 0.5～1.0 倍，鲜材沉水，材质坚硬，具抗风雪压等特性。目前引种试验表明，随栽培条件改善，可望培育成中型竹。因此，厚竹是具重要经济价值的种质资源，有良好的推广前景。

‘厚竹’与近缘分类群的关键区别

‘厚竹’属于刚竹属 *Phyllostachys* Sieb. et Zucc. 的毛竹 *P. edulis*（Carr.）H. de Lehaie，是毛竹原栽培品种 *P.* ‘Edulis’ 的变异植株经进一步分离、移植、培育而成的优质用材竹新品种。

‘厚竹’与毛竹 *P.* ‘Edulis’ 属近缘分类群，二者特征相似，不同之处在于其秆壁比毛竹更厚（图 9）；其笋营养高于毛竹笋。

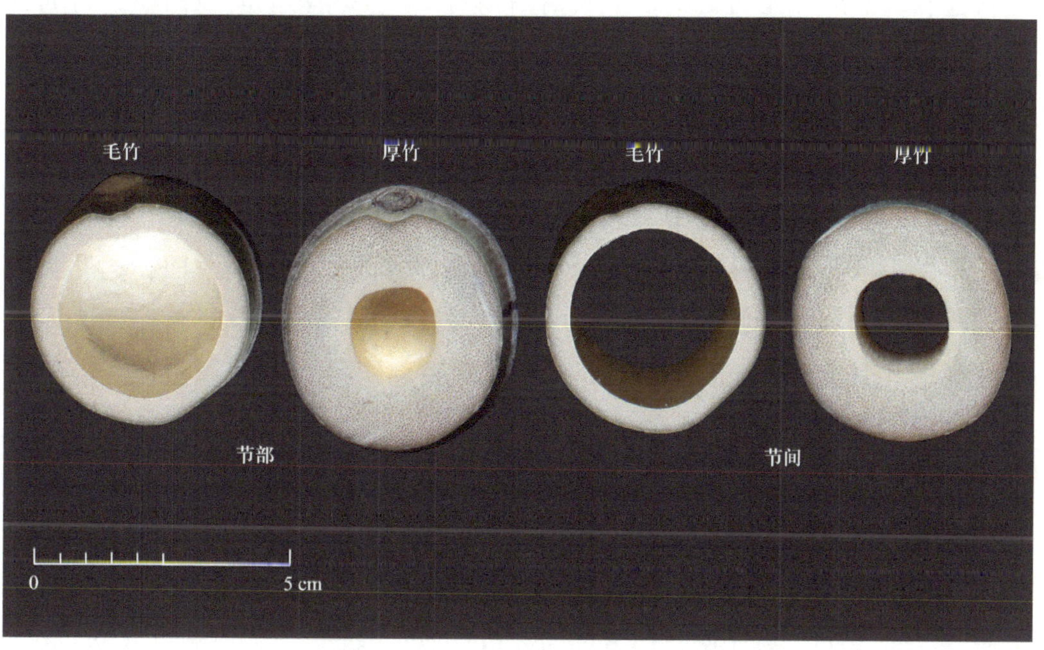

图 9　厚竹与毛竹竹秆横切面比较

1.9 ‘紫斑孝顺竹’（图 10）

栽培品种名： *Bambusa multiplex* ‘Zibanxiaoshunzhu’

申请人： 黄大勇、李立杰、徐振国、黄大志、韦丽颜

申请时间： 2018 年 9 月 14 日

品种保存地： 广西林业科学研究院竹类引种园

批准时间： 2018 年 9 月 21 日

国际登录编号： WB-001-2018-029

品种描述：

小型丛生竹。秆直立或近直立，高 3～8 m，直径 1～3 cm，竹壁厚 3～5 mm；节间长 30～40 cm，绿色，具有大小、形状不规则的紫色斑块，基部紫斑稀疏时可见黄白色纵条纹，紫斑密集时，秆紫色间绿色纵条纹；幼时被白粉，尤以竹箨包被处白粉较厚，同时疏生灰白色或淡棕色小刺毛，刺毛以近节以下部分尤为密集，毛脱落后留有凹痕。箨鞘幼时被白粉，背面淡棕色，有黄白色条纹，无毛，先端稍向外缘一侧倾斜，鞘口中部隆起呈弧形；箨耳微小，与箨叶连生，难于区分，边缘生少数繸毛，长 1～4 mm；箨舌极矮，边缘呈不规则的齿裂；箨叶直立，三角形，易脱落，基部与鞘口等宽，背面着生暗棕色刺毛，腹面脉间有小刺毛。分枝簇生，主枝略比侧枝粗长。每小枝具 5～12 叶，叶鞘长 3～5 cm，背面无毛，被薄白粉；叶耳明显，卵形，鞘口繸毛波状，长约 10 mm，黄白色；叶舌高 0.5～1.0 mm；叶片披针形，长 4～14 cm，宽 0.5～2.0 cm，表面绿色，背面灰白色，有短柔毛，侧脉 5～8 对。笋期 6～9 月。

该竹秆绿色并具有紫色斑块和条纹，色彩奇特，丛态优美，具有较高的观赏价值，可作庭院观赏竹种。

‘紫斑孝顺竹’与近缘分类群的关键区别：

‘紫斑孝顺竹’属于簕竹属 *Bambusa* Retz. corr. Schreber 的孝顺竹 *B. multiplex*（Lour.）Raeuschel ex J. A. et J. H. Schult.，是孝顺竹原栽培品种 *B.* ‘Multiplex’ 的变异植株经进一步分离、移植、培育而成的优质观赏竹新品种。

该品种与孝顺竹 *B.* ‘Multiplex’ 特征近似，不同之处在于其秆和枝具不规则紫色斑块，且秆基部节间具黄白色或绿色纵条纹。当节间紫斑较密集、秆主要为紫色时，纵条纹呈现绿色；当节间紫斑较稀疏、秆主要为绿色时，纵条纹呈现黄白色。

（a）竹丛

图 10　‘紫斑孝顺竹’

（b）竹秆　（c）分枝　（d）节间

（e）秆箨　（f）竹叶

图 10 （续）

1.10 ‘花皮单竹’（图 11）

栽培品种名： *Lingnania cerosissima* ‘Huapidanzhu’

申请人： 黄程前、刘玮、黄文韬、黄滔、郑硕理、陈白冰

申请时间： 2018 年 9 月 21 日

品种保存地： 湖南省森林植物园观赏竹园

批准时间： 2018 年 10 月 19 日

国际登录编号： WB-001-2018-030

品种描述：

合轴型，秆直立或近于直立，高达 8～10（13）m，直径 4.5～6.5（8.0）cm，顶端下垂，节间长 50～80（100）cm，无毛，壁厚 4～5 mm；从秆基部至顶梢所有节间整圈都分布有宽窄不一的黄色条纹，与宽窄不一的绿色条纹相间。部分小枝上也具有相同的黄绿色相间条纹；一年生竹秆上密被厚白蜡粉，二年生以上的秆上被稀白蜡粉；箨鞘较节间短，约为节间长的 2/5～

（a）竹丛

（b）竹秆

图 11　‘花皮单竹’

（c）竹叶　（d）分枝

（e）竹笋　（f）秆箨

图 11 （续）

3/5，质坚硬，脱落较迟；箨耳形长而狭窄，鞘口刚毛多数；箨片黑色，向后翻转；枝条多数簇生于每节上，各枝几近相等，小枝粗 3～4（5）mm，枝节长 16～24（28）cm，无毛，幼时具白蜡粉，主枝基部数节上生出次生枝，小枝具叶 6～10 枚，叶鞘无毛；叶片长披针形，长 21 cm，宽 3 cm，先端渐尖，质地薄。笋期 7～10 月。

该栽培变种秆粗高大，生长势强，萌生力强，全秆和部分竹枝具黄绿相间条纹，全秆被厚白蜡粉，观赏价值高，是很好的庭院绿化观赏竹种。

‘花皮单竹’与近缘分类群的关键区别：

‘花皮单竹’属于单竹属 *Lingnania* McClure 的单竹 *L. cerosissima*（McClure）McClure，是单竹原栽培品种 *L.* ‘Cerosissima’ 的变异植株经进一步分离、移植、培育而成的优质观赏竹新品种。

该品种与单竹 *L.* ‘Cerosissima’ 特征近似，不同之处在于其全秆和部分竹枝具黄绿相间条纹，全秆被厚白蜡粉。

1.11 ‘滇优 1 号’（图 12）

栽培品种名： *Yushania uliginosa* ‘Dianyou 1’

申请人： 林奂琦、孙茂盛、吴路琴、杨清、姚俊

申请时间： 2018 年 9 月 22 日

品种保存地： 昆明市金殿公园、昆明市呈贡登录园苗圃

批准时间： 2018 年 10 月 26 日

国际登录编号： WB-001-2018-031

品种描述：

地下茎合轴型。秆柄直径 4～7 mm，节间长 5～10 mm，中空；秆高 1.0～2.0 m，直径 0.5～1.5 cm；节间长 10～20 cm，圆筒形，但在具芽或有分枝一侧扁平，节下方被厚白粉，空腔小或近于实心，髓屑状；箨环隆起，无毛；秆环稍隆起，有光泽。秆芽 1 枚，贴生，近边缘被贴生小硬毛。秆每节上分枝 5～15 枚，基部贴生。笋绿色至紫绿色，无毛。箨鞘迟落，软骨质，长约为节间长度的 1/3～1/2，先端短三角形，背面无毛，纵肋纹明显，边缘无纤毛；箨舌斜截平形或微下凹，高约 1 mm；箨片外翻，线状披针形，长 0.8～2.2 cm，宽 1.5～2.0 mm。小枝具叶（3）4～5（6）枚；叶片线状披针形，长 3～5 cm，宽 3～5 mm，下面淡绿色，两面无毛，次脉 2（3）对。笋期 8 月。

‘滇优 1 号’是野生湿地玉山竹 *Y. uliginosa* Yi et J. Y. Shi 人工引种培育成功的栽培竹新品种，具有耐水湿、耐寒冷的特性，可以作为湿地生态修复和城乡亲水园林的理想绿化植物。

‘滇优 1 号’与近缘分类群的关键区别：

‘滇优 1 号’属于玉山竹属 *Yushania* Keng f. 的湿地玉山竹 *Y. uliginosa* Yi et J. Y. Shi，是由野生湿地玉山竹经数年人工引种驯化、分蔸繁殖、扩大种植培育而成的湿生竹新品种。

该品种与湿地玉山竹的关键区别在于其生长于相对较低的海拔，竹丛明显矮小，叶片更加纤细，节间更短，笋色更偏绿（表 5）。

（a）原产地生境　（b）野生居群

（c）竹丛　（d）地下茎

（e）秆芽　（f）秆箨　（g）人工居群

图 12　‘滇优 1 号’

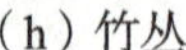
（h）竹丛

（i）竹叶

（j）竹笋（野生）

（k）竹笋（人工）

图 12 （续）

表 5 ‘滇优 1 号’与野生湿地玉山竹的关键特征对比

特征	‘滇优 1 号’	湿地玉山竹
竹秆	明显矮小 高 1.0～2.0 m，直径 0.5～1.5 cm	明显高大 高 2.5～3.5 m，直径 1.0～1.5 cm
节间	相对较短 长（10）15（20）cm	相对较长 长（5）20（25）cm
叶	相对纤细 长 3～5 cm，宽 3.5～5.0 mm	相对宽大 长 3～6 cm，宽 3.5～6.0 mm
竹笋	偏绿色	偏紫色

1.12 ‘西科 1 号’（图 13）

栽培品种名： *Dendrocalamus farinosus* ‘Xike 1’

申请人： 胡尚连、罗学刚、曹颖、龙治坚、卢学琴、徐刚、黄艳、任鹏、马丽莎

申请时间： 2018 年 11 月 19 日

品种保存地： 西南科技大学竹类研究所种质资源圃

批准时间： 2018 年 12 月 21 日

国际登录编号： WB-001-2018-032

品种描述：

秆高 8～10 m，直径 2.7～5.7 cm，节间长 30～45 cm，秆壁厚 0.40～0.54 cm，枝下高 2.5～4.8 m；梢端下垂，幼时被少量白粉；多分枝，分枝较纤细，2～3 年无明显主枝。箨环明显，被锈褐色细毛；箨鞘早落，革质，腹面无毛光滑，背面有棕色小刺毛，边缘有棕褐色睫毛状纤毛；箨片披针形，外翻，箨舌 2 mm 左右，流苏状裂；叶片披针形，长 20～25 cm，宽 3.5～5.0 cm，质薄先端渐尖，基部楔形，无毛，叶面光滑，背细绒毛，叶缘粗糙，主脉明显，次脉 6～8 对，不明显，无横脉，叶柄 1～2 mm，叶鞘紧密包枝，叶舌平截形，顶端被稀疏白绒毛，叶耳不明显。

该品种具有高纤维素、低木质素的特征，硫酸盐浆的性能指标达到 GB/T24322—2009 优等品指标（耐破指数 4.00 kPa·m^2/g、撕裂指数 8.50 mN·m^2/g、抗张指数 50.8 N·m/g、黏度 700 mL/g）的要求，是优良的工业纸浆用竹；同时竹材性能好，秆壁厚，材质坚韧，破篾性好，可用于劈篾编织、人造板、胶合板加工；也可作为退耕还林优选竹种和庭院绿化竹种。

‘西科 1 号’与近缘分类群的关键区别：

‘西科 1 号’属于牡竹属 *Dendrocalamus* Nees 的梁山慈竹 *D. farinosus*（Keng et Keng f.）Chia et H. L. Fung，是梁山慈竹原栽培品种 *D.* ‘Farinosus’ 通过分子育种技术培育而成的工业纸浆专用竹新品种。

该品种与梁山慈竹 *D.* ‘Farinosus’ 特征相似，不同之处在于其多年生的主枝不明显，胸径、壁厚、株高、秆重、新竹数等与竹产量相关的主要指标及纤维素含量、良浆得率、硫酸盐浆的撕裂指数和黏度均高于梁山慈竹 *D.* ‘Farinosus’，且木质素含量更低（表 6）；其成活率、出笋率、成竹率均表现更好。

（a）竹丛

图 13 ‘西科 1 号’

（b）竹叶　（c）分枝

（d）竹秆　（e）竹笋

图 13 （续）

表 6　‘西科 1 号’与梁山慈竹的竹材特性和硫酸盐浆性能指标比较

项目	‘西科 1 号’	梁山慈竹
纤维素含量 /%	55.28	50.33
木质素含量 /%	20.02	23.62
良浆得率 /%	39.29	35.98
耐破指数 /（kPa · m^2/g）	5.33	5.55
撕裂指数（叩解度为 46 °SR）/（mN · m^2/g）	16.96	11.03
硫酸盐浆的黏度 /（mL/g）	862	763
1% NaOH 抽出物 /%	33.14	37.20

1.13 ‘西科 2 号’（图 14）

栽培品种名： *Dendrocalamus farinosus* ‘Xike 2’

申请人： 胡尚连、罗学刚、曹颖、龙治坚、卢学琴、徐刚、黄艳、任鹏、马丽莎

申请时间： 2018 年 11 月 19 日

品种保存地： 西南科技大学竹类研究所种质资源圃

批准时间： 2018 年 12 月 21 日

国际登录编号： WB-001-2018-033

品种描述：

株高 10.0～12.5 m，直径 3.5～6.0 cm；全秆共 25～35 节，节间长 30～55 cm，秆壁厚 0.40～0.60 cm，秆第 10～14 节（秆高 3.0～5.0 m 处）开始分枝；梢端下垂；多枝型，轮生状簇居，分枝较纤细，2～3 年有明显主枝。箨环明显被紫褐色细毛，附有箨壳基部残留物；箨鞘早落，革质，腹面无毛光滑，背面有棕色小刺毛，边缘有棕褐色睫毛状纤毛；箨片披针形，长 4.5～11.5 cm，宽 1.3～3.0 cm，外翻；箨舌高 0.5～0.6 cm，边缘繸毛呈流苏状裂，长 0.2～0.5 cm；叶片披针形，长 20～37 cm，宽 3.5～8.0 cm，质薄，先端渐尖，基部楔形，无毛，叶面光滑，背细绒毛，叶缘粗糙，主脉明显，次脉 6～8 对不明显，无横脉，叶柄 1～2 mm，叶鞘紧密包枝，叶舌平截形，顶端具稀疏白绒毛，叶耳不明显。笋期 8～10 月。

该品种具有高纤维素、低木质素的特征，其硫酸盐浆的性能指标达到国标 GB/T24322—2009 一等品指标（耐破指数 3.50 kPa · m^2/g、撕裂指数 6.50 mN · m^2/g、抗张指数 50.00 N · m/g、黏度 550 mL/g）的要求，是优良的工业纸浆用竹；同时竹材性能好，秆壁厚，材质坚韧，破篾性好，可用于劈篾编织、人造板、胶合板加工；也可作为退耕还林优选竹种和庭院绿化竹种。

‘西科 2 号’与近缘分类群的关键区别：

‘西科 2 号’属于牡竹属 *Dendrocalamus* Nees 的梁山慈竹 *D. farinosus*（Keng et Keng f.）Chia et H. L. Fung，是梁山慈竹原栽培品种 *D.* ‘Farinosus’通过分子育种技术培育而成的工业纸浆专用竹新品种。

该品种与梁山慈竹 *D.* ‘Farinosus’ 特征相似，不同之处在于其多年生的主枝不明显，胸径、壁厚、株高、秆重、发笋量、新竹数等与竹产量相关

（a）竹丛

图 14　‘西科 2 号’

（b）竹秆　　（c）分枝

（d）竹叶

图 14 （续）

（e）竹笋

图 14 （续）

的主要指标及纤维素含量、良浆得率等均高于梁山慈竹 *D.* ‘Farinosus’，且木质素含量和 1% NaOH 抽出物低；其成活率、出笋率、成竹率均表现更好（表 7）。

表 7　‘西科 2 号’与栽培型梁山慈竹的竹材特性与硫酸盐浆性能指标对比

项目	‘西科 2 号’	梁山慈竹
纤维素含量 /%	52.24	50.33
木质素含量 /%	19.72	23.62
良浆得率 /%	41.61	35.98
耐破指数 /（kPa · m^2/g）	4.06	5.55
撕裂指数（叩解度为 46 °SR）/（mN · m^2/g）	10.96	11.03
硫酸盐浆的黏度 /（mL/g）	834	763
1% NaOH 抽出物 /%	28.44	37.20

‘西科 1 号’与‘西科 2 号’同为梁山慈竹原栽培品种 *D.* ‘Farinosus’ 通过离体诱变技术培育而成的优质工业纸浆专用竹新品种，二者的外部形态特征基本相同，关键区别在于前者的耐破指数（kPa · m^2/g）、撕裂指数（mN · m^2/g）、抗张指数（N · m/g）、硫酸盐浆的黏度（mL/g）4 项指标明显高于后者。需要特别指出的是，两者的各项指标总体高于目前使用的国标（GB/T24322—2009）一等品甚至优等品的标准（表 8）。

表 8 ‘西科 1 号’、‘西科 2 号’与国标一等品和优等品的对比

项目	‘西科 1 号’	‘西科 2 号’	GB/T24322—2009 一等品	GB/T24322—2009 优等品
耐破指数 /（kPa · m^2/g）	5.33	4.06	3.50	4.00
撕裂指数 /（mN · m^2/g）	16.96	10.96	6.50	8.50
抗张指数 /（N · m/g）	62.20	59.25	50.00	58.00
硫酸盐浆的黏度 /（mL/g）	862	834	550	700

2　已发表的竹类栽培品种整理

2017 年 1 月—2018 年 12 月，根据国际园艺学会栽培品种登录特别委员会的相关规定和要求，国际竹类栽培品种登录权威从 2015 年起，开始对全世界公开发表的竹亚科 Bambusoideae 植物栽培品种进行系统整理。

此前，已整理并收录了 3 属、21 种、78 个栽培品种，再加上 21 个原栽培品种，计 99 个栽培品种。它们分别属于簕竹属 *Bambusa* Retz. corr. Schreber 14 种、57 个栽培品种，加上 14 个原栽培品，计 71 个栽培品种；方竹属 *Chimonobambusa* Makino5 种、17 个栽培品种，加上 5 个原栽培品，计 22 个栽培品种；绿竹属 *Dendrocalamopsis* (Chia et H. L. Fung) Keng f. 2 种、4 个栽培品种，加上 2 个原栽培品，计 6 个栽培品种。

本次报告，又整理并收录了 4 属、38 种、154 个栽培品种，再加上 38 个原栽培品种，计 192 个栽培品种。它们分别属于单竹属 *Lingnania* McClure 1 种、4 个栽培品种，再加上 1 个原栽培品种，计 5 个栽培品种；慈竹属 *Neosinocalamus* Keng f. 2 种、10 个栽培品种，再加上 2 个原栽培品种，计 12 个栽培品种；牡竹属 *Dendrocalamus* Nees 8 种、13 个栽培品种，再加上 8 个原栽培品种，计 21 个栽培品种；刚竹属 *Phyllostachys* Sieb. et Zucc. 27 种、127 个栽培品种，再加上 27 个原栽培品种，计 154 个栽培品种。

到目前为止，累计整理全世界竹类栽培品种 7 属、59 种、232 个栽培品种，再加上 59 个原栽培品种，共计 291 个栽培品种。

2.1　单竹属 *Lingnania* McClure

（1）粉单竹 *Lingnania chungii* (McClure) McClure

秆丛生。秆高 7～10 m，直径 4.0～5.5 cm，梢端近直立；节间长 40～55（100）cm，幼时密被厚白粉，秆壁薄；箨环木栓质，幼时具水平伸出的棕黑色刺毛；秆环平；节内被白粉。秆分枝习性较高，每节具多分枝，较细，近等粗。箨鞘背面初时有白粉，疏被贴生小刺毛，基部被暗棕色柔毛；

箨耳窄带状，边缘具繸毛；箨舌高约 1.5 mm，边缘具梳齿状裂刻或具长流苏状毛；箨片卵状披针形，反折，下垂，脱落性，边缘内卷，背面密生小刺毛，腹面稍粗涩，基部宽约为箨鞘顶端的 1/5。小枝具叶，常 7 枚；叶耳及边缘繸毛通常发达；叶片长 10～16（20）cm，宽 1.0～2.0（3.5）cm，下面初时被微毛，次脉 5～6 对。花枝极细长，无叶，通常每节仅生 1 或 2 枚假小穗，后者宽卵形，长可达 2 cm，无毛，先端渐尖，含 4 或 5 朵小花，后者形肿胀，最下方的 1 或 2 朵小花较大，上部的 1 或 2 朵则退化；具芽苞片 1 或 2；颖 1 或 2 片；小穗轴节间无毛，甚短，但向上则逐渐较长，质柔，中空；外稃宽卵形，长 9～12 mm，先端钝但具细尖头，背面无毛，边缘被纤毛；内稃与外稃近等长，先端钝或截平，纵脉不明显，脊上无毛，边缘被纤毛；鳞被 3，近相等，背面具粗硬小毛，顶端生纤毛；花药顶端具短细的芒状尖头；子房先端被粗硬毛，花柱长 1～2 mm，柱头 3 或 2，呈稀疏羽毛状。成熟颖果卵形，长 8～9 mm，深棕色，腹面有沟槽。笋期 8 月中旬至 9 月中旬。花期 4 月；果期 5～6 月。

1）粉单竹 *Lingnania* ‘Chungii’（原栽培品种）

又名： white powdery bamboo（英国）

异名： *Bambusa chungii*

Lingnania chungii var. *petilla*

引证： *Lingnania chungii* (McClure) McClure in Lingnan. Univ. Sci. Bull. no. 9: 35, 1940; 陈嵘，中国树木分类学（补编）13 页 . 1957; 中国主要植物图说 · 禾本科 61 页 . 图 42. 1959；海南植物志 4: 358 页 . 图 1170. 1977; 广西竹种及其栽培 49 页 . 1987; Yi et al. in Icon. Bamb. Sin. 154. 2008, et in Clav. Gen. Spec. Bamb. Sin. 49. 2009. ——*L. chungii* var. *petilla* Wen in J. Bamb. Res. 1(1): 34. 1982. ——*Bambusa chungii* McClure in Lingnan. Sci. J. 15(4): 639. f. 28, 29. 1936, et in Lingnan Sci. J. 15(4): 639. 1939; 香港竹谱 28 页 , 1985; 中国竹谱 13 页 , 1988; 云南树木图志下册 1382 页 . 图 646. 1991; Keng et Wang in Flora Reip. Pop. Sin. 9(1): 120. 1996; D. Ohrnb., The Bamb. World, 258. 1999; Flora of China Editorial Committee, eds. 2006. Flora of China. Vol. 22 (Poaceae): 33; Amer. Bamb. Soc. in Bamb. Species Source List no. 35: 7. 2015.

特征： 与粉单竹种特征一致。

用途：幼秆粉白色，姿态挺拔，是非常美丽的园林观赏竹种。竹材韧性强，节间长，节平，适合劈篾编织精巧竹器，绞制竹绳等，是两广主要篾用竹种，也是造纸业的上等原料。

分布：中国（湖南，福建，广东，广西，香港，海南）。

2）水粉单竹 *Lingnania chungii* 'Barbellata'

异名：*Bambusa chungii* var. *barbellata*

Lingnania chungii var. *barbellata*

引证：*Lingnania chungii* (McClure) McClure var. *barbellata* Q. H. Dai in Acta Phytotax. Sin. 24(5): 395. 1986; Yi et al. in Icon. Bamb. Sin. 158. 2008, et in Clav. Gen. Spec. Bamb. Sin. 49. 2009. ——*Bambusa chungii* var. *barbellata* (Q. H. Dai) Ohrnberger in Bamb. World Introd. ed. 4: 18. 1997; D. Ohrnb., The Bamb. World, 258. 1999; Amer. Bamb. Soc. in Bamb. Species Source List no. 35: 7. 2015.

特征：与粉单竹特征相似，区别在于其秆节间被淡白色小刺毛，此毛脱落后秆表面留有瘤基而明显粗糙，最后变无瘤基而有凹痕。

用途：同粉单竹。

分布：中国（广西南丹，福建华安）。

3）小粉单竹 *Lingnania chungii* 'Petilla'

异名：*Bambusa chungii* var. *petilla*

Lingnania chungii var. *petilla*

引证：*Lingnania chungii* (McClure) McClure var. *petilla* Wen in J. Bamb. Res. 1(1): 34. 1982; Yi et al. in Icon. Bamb. Sin. 158. 2008, et in Clav. Gen. Spec. Bamb. Sin. 49. 2009. ——*Bambusa chungii* var. *petilla* (Wen) Ohrnberger in Bamb. World Introd. ed. 4: 18. 1997; D. Ohrnb., The Bamb. World, 258. 1999.

特征：与粉单竹特征相似，区别在于其秆高 3～4 m，直径约 1 cm，材质甚脆，全秆无白粉；叶耳发达，边缘具长繸毛；叶片上下两面均被短柔毛。

用途：同粉单竹。

分布：中国（福建厦门，浙江杭州）。

4）天鹅绒竹 *Lingnania chungii* 'Velutina'

异名：*Lingnania chungii* var. *velutina*

引证： *Lingnania chungii* 'Velutina', J. Y. Shi in Int. Cul. Regist. Rep. Bamb. (2013-2014): 23. 2015. ——*L. chungii* (McClure) McClure var. *velutina* Yi et J. Y. Shi in J. Bamb. Res. 24(2): 14. 2005; Yi et al. in Icon. Bamb. Sin. 158. 2008, et in Clav. Gen. Spec. Bamb. Sin. 49. 2009.

特征： 与粉单竹特征相似，区别在于其秆高 4～7 m，直径 3～4 cm；节间长 30～45 cm，秆壁薄；幼秆粉白色，幼秆下部节间除节内和节下一环带外均密被紫黑色至棕黑色厚层短绒毛和小刺毛，极似天鹅绒毛；秆中部以上节间毛变稀疏为黄褐色或淡黄色小刺毛，此毛脱落后在秆表面留有瘤基而粗糙。

用途： 幼秆所被绒毛和小刺毛有如黑天鹅绒般光彩靓丽，独特而优美，为新近发现的珍稀高品质观赏竹种。秆材篾性好，可用于编织竹器。

分布： 中国（福建华安）。

5）花粉单竹 *Lingnania chungii* 'Vittata'

异名： *Lingnania chungii* f. *vittata*

引证： *Lingnania chungii* (McClure) McClure f. *vittata* B. M. Yang et J. C. Xie in J. Nat. Sci. Hunan Norm. Univ. 11(8): 235. 1988; Yi et al. Icon. Bamb. Sin. Ⅱ. 15. 2017.

特征： 与粉单竹特征相似，区别在于其秆高 7～10 m，直径 4.0～5.5 cm，梢端近直立；节间长 40～55（100）cm，幼时密被厚白粉，秆壁薄；箨环木栓质，幼时具水平伸出的棕黑色刺毛；秆环平；节内被白粉。秆中部以下节间或部分枝条节间具黄色纵条纹。箨鞘背面初时有白粉，疏被贴生小刺毛，基部被暗棕色柔毛；箨耳窄带状，边缘具繸毛；箨舌高约 1.5 mm，边缘具梳齿状裂刻或具长流苏状毛；箨片卵状披针形，反折，下垂，脱落性，边缘内卷，背面密生小刺毛，腹面稍粗涩，基部宽约为箨鞘顶端的 1/5。小枝具叶，常 7 枚；叶耳及边缘繸毛通常发达；叶片长 10～16（20）cm，宽 1.0～2.0（3.5）cm，下面初时被微毛，次脉 5～6 对。

用途： 秆被白粉，中部以下节间或部分枝条节间具黄色纵条纹，是非常美丽的园林观赏竹种。

分布： 中国（湖南益阳）。

2.2　慈竹属 *Neosinocalamus* Keng f.

（1）慈竹 *Neosinocalamus affinis* (Rendle) Keng f.

地下茎合轴型。秆丛生，秆高 8～13 m，直径 3～8（10）cm，梢端弧形弯曲呈钓丝状长下垂；节间长 30～50（60）cm，幼时上半部具灰色或灰褐色小刺毛，通常无白粉，有时秆基部数节箨环下方具一圈灰白色绒毛，秆壁厚 3～6 mm；秆环平。秆分枝高，每节枝条多数，簇生，无粗壮主枝。笋墨绿色；箨鞘迟落，先端稍凹陷略呈“山”字形，背面密被贴生棕黑色刺毛；箨耳及鞘口繸毛缺失；箨舌连同流苏状繸毛在内全高 10～15 mm；箨片外翻，卵状披针形，长 2～16 cm，宽 1.2～5.0 cm，基部圆形收窄，背面中部疏生小刺毛，腹面密被白色小刺毛。小枝具叶 6～11 枚；叶耳及鞘口繸毛缺失；叶舌高 1.0～1.5 mm；叶柄下面被微毛；叶片长 8～28 cm，宽 1.2～4.0 cm，基部圆形或阔楔形，下面被微毛，次脉 4～10 对，小横脉不清晰，边缘具细锯齿。花枝束生，常细柔，弯曲下垂，长 20～60 cm 或更长，节间长 1.5～5.5 cm；假小穗长达 1.5 cm；小穗轴无毛，粗扁，上部节间长约 2 mm；颖片 0～1；长约 6～7 mm，外稃宽卵形，长 8～10 mm，具多脉，顶端具小尖头，边缘生纤毛；内稃长 7～9 mm，背部 2 脊上生纤毛，脊间无毛；鳞被 3，有时 4，形状有变化，一般呈长圆形兼披针形，前方的 2 片长 2～3 mm，有时先端可叉裂，后方一片长 3～4 mm, 均于边缘生纤毛；雄蕊 6，有时可具不发育者而数少，花丝长 4～7 mm，花药长 4～6 mm, 顶端生小刺毛或其毛不明显；子房长 1 mm，花柱长 4 mm 或更短，具微毛，向上呈各式的分裂而成为 2～4 枚柱头，后者长为 3～5 mm（彼此间长短不齐），羽毛状。果实纺锤形，长 7.5 mm，上端生微柔毛，腹沟较宽浅，果皮质薄，易与种子分离而为囊果状。笋期 7 月底至 8 月。花期多在 4～7 月，通常只开花而不结实。

1）慈竹 *Neosinocalamus* ‘Affinis’（原栽培品种）

又名：钓鱼慈、丛竹、酒米慈

异名：*Bamhusa emeiensis*

Dendrocalamus affinis

Dendrocalamus textilis

Lingnania affinis

Sinocalamus affinis

引证： *Neosinocalamus* 'Affinis', Keng et Wang in Flora Reip. Pop. Sin. 9(1): 133. 1996; Shi et al. in For. Res. 27(5): 703. 2014, in World Bamb. Ratt. 16(1): 46. 2018. ——*N. affinis*(Rendle) Keng f. in J. Bamb. Res. 2(2): 12. 1983; J. H. Xiao in S. L. Zhu et al. Compend. Chin. Bamb. 64.1994; Yi et al. in Icon. Bamb. Sin. 168. 2008, et in Clav. Gen. Spec. Bamb. Sin. 52. 2009. ——*Bamhusa emeiensis* Chia et H. L. Fung in Act. Phytotax. Sin. 18(2): 214. 1980, et in ibid. 20(4): 512. 1982; 中国竹谱 11 页 . 1988; D. Ohrnb., The Bamb. World, 260. 1999; Amer. Bamb. Soc. in Bamb. Species Source List no. 35: 7. 2015. ——*Dendrocalamus affinis* Rendle in J. Linn. Soc. Bot. 36: 447. 1904. ——*D. textilis* Xia, Chia et C. Y. Xia in Act. Phytotax. Sin. 31(1): 63. 1993. ——*Lingnania affinis*(Rendle) Keng f. in Act. Phytotax. Sin. 19(1): 141. 1981. ——*Sinocalamus affinis*(Rendle) McClure in Lingnan Univ. Sci. Bull. No. 9: 67. 1940; W. P. Fang, Icon. Pl. Omei 1(2): 51. 1944; 陈嵘 , 中国树木分类学 9 页 . 1937; 中国主要植物图说 · 禾本科 75 页 . 图 52a，52b. 1959; Keng f. in j. Nanjing Univ.(Biol.) 1962(1): 39. 1962.

特征： 与慈竹种特征一致。

用途： 用途广泛，秆可用于造纸或劈篾编制竹器，或用于简陋建筑物的竹编墙面；笋味较苦，但水煮后仍可食用；亦常用于园林栽培、生态营建和四旁绿化等；偶见冬季大熊猫垂直下移觅食时采食该竹。

分布： 中国（四川盆地，甘肃南部，陕西南部，湖北西部，湖南西部，贵州，云南）。生于海拔 1200 m（在云南可达海拔 1800 m）以下的平原、丘陵的江河沿岸、山脚及村庄附近。庭园中也常有栽培。

2）黄毛竹 *Neosinocalamus affinis* 'Chrysotrichus'

异名： *Bambusa emeiensis* 'Chrysotrichus'

Bambusa emeiensis f. *chrysotricha*

Neosinocalamus affinis f. *chrysotrichus*

Sinocalamus affinis f. *chrysotrichus*

引证： *Neosinocalamus affinis* 'Chrysotrichus', J. H. Xiao in S. L. Zhu et al., Compend. Chin. Bamb., 64.1994; Keng et Wang in Fl. Reip. Pop. Sin. 9(1):

135. 1996; Shi et al. in For. Res. 27(5): 703. 2014, et in World Bamb. Ratt. 16(1): 46. 2018; J. Y. Shi in Int. Cul. Reg. Rep. Bamb. (2013-2014): 23. 2015. ——*N. affinis* (Rendle) Keng f. f. *chrysotrichus* (Hsueh et Yi) Yi in J. Bamb. Res. 4(1): 13. 1985; Yi et al. in Icon. Bamb. Sin. 171. 2008; et in Clav. Gen. Spec. Bamb. Sin. 32. 2009. ——*B. emeiensis* 'Chrysotrichus', Amer. Bamb. Soc. in Bamb. Species Source List no. 35: 7. 2015. ——*Bambusa emeiensis* f. *chrysotricha* (Hsueh et Yi) Ohrnberger in Bamb. World Introd. ed. 4: 18. 1997; D. Ohrnb., The Bamb. World, 260. 1999. ——*Sinocalamus affinis* (Rendle) McClure f. *chrysotrichus* Hsueh et Yi in J. Yunnan For. Coll. (1): 68. 1982.

特征：与慈竹特征相似，不同之处在于其幼秆的节间密被铁锈色小刺毛，毛间被白粉。

用途：适用于生态营建、园林绿化；黄毛竹的篾性较慈竹更为柔韧，为制作竹绳索的理想材料；偶见冬季大熊猫垂直下移觅食时采食该竹。

分布：中国（四川双流、崇庆、都江堰）。

3）斗篷竹 *Neosinocalamus affinis* 'Doupengzhu'

引证：*Neosinocalamus affinis* 'Doupengzhu', Shi et al. in For. Res. 27(5): 705. 2014, et in World Bamb. Ratt. 16(1): 47. 2018; T. P. Yi et al. in Cert. Int. Reg. Bamb. Cult., No. WB-001-2014-005. 2014; J. Y. Shi in Int. Cul. Reg. Rep. Bamb. (2013-2014): 14. 2015.

特征：与慈竹特征相似，不同之处在于其节间明显长于原栽培品种，通常达 60 cm，最长可达 85 cm 以上。

用途：适用于风景区、公园、小区栽培观赏。优质编织用竹。历史上常用来编制斗篷、竹席、箩筐等生活器具。

分布：中国（四川成都、眉山、青神、乐山）。

4）大琴丝竹 *Neosinocalamus affinis* 'Flavidorivens'

又名：大琴丝

异名：*Bambusa emeiensis* 'Flavidorivens'

Bambusa emeiensis f. *tlavidorivens*

Neosinocalamus affinis f. *flavidorivens*

Sinocalamus affinis f. *flavidorivens*

Sinocalamus affinis var. *tlavidorivens*

引证： *Neosinocalamus affinis* 'Flavidorivens', J. H. Xiao in S. L. Zhu et al., Compend. Chin. Bamb. 65.1994; Shi et al. in For. Res. 27(5): 704. 2014, et in World Bamb. Ratt. 16(1): 46. 2018; J. Y. Shi in Int. Cul. Reg. Rep. Bamb. (2013-2014): 23. 2015. ——*N. affinis* (Rendle) Keng f. f. *flavidorivens* (Hsueh et Yi) Yi in J. Bamb. Res. 4(1): 14. 1985; Yi et al. in Icon. Bamb. Sin. 171. 2008, et in Clav. Gen. Spec. Bamb. Sin. 52. 2009; Shi et al. in The Ornamental Bamb. in China. 308. 2012. ——*Sinocalamus affinis* var. *tlavidorivens* Yi, 72.1963. ——*S. affinis* (Rendle) McClure f. *flavidorivens* Hsueh et Yi in J. Yunnan For. Coll. (1): 68. 1982. ——*Bambusa emeiensis* f. *tlavidorivens* (Yi) Ohrnberger in Bamb. World Introd. ed. 4: 18. 1997; D. Ohrnb., The Bamb. World, 260. 1999. ——*B. emeiensis* 'Flavidorivens', Amer. Bamb. Soc. in Bamb. Species Source List No. 35: 7. 2015.

特征： 与慈竹特征相似，不同之处在于其秆节间为淡黄色，但周围有宽窄不等的深绿色纵条纹；叶片有时亦具淡黄色纵条纹。

用途： 适用于风景区、公园、小区栽培观赏，竹种园建设；偶见冬季大熊猫垂直下移觅食时采食该竹。

分布： 中国（四川成都、乐山、西充、营山、宜宾，重庆梁平、垫江）。

5）佛肚慈竹 *Neosinocalamus affinis* 'Foducizhu'

引证： *Neosinocalamus affinis* 'Foducizhu', Shi et al. in For. Res. 27(5): 705. 2014, et in World Bamb. Ratt. 16(1): 47. 2018; J. Y. Shi in Int. Cul. Reg. Rep. Bamb. (2013-2014): 8. 2015.

特征： 与慈竹特征相似，不同之处在于其秆下部节间明显膨大呈"佛肚"状。

用途： 适用于风景区、公园、小区栽培观赏。竹黄薄，易劈篾，竹篾柔韧，适于竹编。

分布： 中国（四川成都、乐山、眉山、崇州）。

6）牛腿竹 *Neosinocalamus affinis* 'Niutuizhu'

引证： *Neosinocalamus affinis* 'Niutuizhu', Shi et al. in Shi et al. in For. Res. 27(5): 705. 2014, et in World Bamb. Ratt. 16(1): 47. 2018; T. P. Yi et al. in Cert.

Int. Reg. Bamb. Cult., No. WB-001-2014-002. 2014; J. Y. Shi in Int. Cul. Reg. Rep. Bamb. (2013-2014): 10. 2015.

特征：与慈竹特征相似，不同之处在于其秆基略显膨大，节与节之间略呈“之”字形弯拐。

用途：适用于风景区、公园、小区栽培观赏。劈篾易起丝，两侧常成锋利刃口；竹黄很厚，竹篾较脆。

分布：中国（四川成都、眉山）。

7）紫条纹慈竹 *Neosinocalamus affinis* ‘Purpureo-striatus’

引证：*Neosinocalamus affinis* (Rendle) Keng f. f. *purpureo-striatus* Yi in J. Sichuan For. Sci. Techn. 35(4): 13. 2014; Yi et al. Icon. Bamb. Sin. Ⅱ. 15. 2017 ; Shi et al. in World Bamb. Ratt. 16(1): 47. 2018.

特征：与慈竹特征相似，不同之处在于其节间绿色，间有密集而宽窄不等的紫色纵条纹。

用途：适用于生态建设，以及公园、风景区、小区栽培观赏。

分布：中国（四川成都）。

8）蛇头竹 *Neosinocalamus affinis* ‘Shetouzhu’

引证：*Neosinocalamus affinis* ‘Shetouzhu’, Shi et al. in For. Res. 27(5): 705. 2014, et in World Bamb. Ratt. 16(1): 47. 2018; T. P. Yi et al. in Cert. Int. Reg. Bamb. Cult., No. WB-001-2014-004. 2014; J. Y. Shi in Int. Cul. Reg. Rep. Bamb. (2013-2014): 12. 2015.

特征：与慈竹特征相似，不同之处在于其秆基直径较上部小而稍弯，从高度 1 m 左右（4～5 节）开始，向下逐渐变细，呈“蛇头”状，上部节间正常，平滑。

用途：适用于风景区、公园、小区栽培观赏。竹黄薄，易劈篾，竹篾柔韧，适用于各种精细竹编。

分布：中国（四川成都、乐山）。

9）绿秆花慈竹 *Neosinocalamus affinis* ‘Striatus’

异名：*Neosinocalamus affinis* f. *striatus*

引证：*Neosinocalamus affinis* ‘Striatus’, Shi et al. in For. Res. 27(5): 704. 2014, et in World Bamb. Ratt. 16(1): 47. 2018; J. Y. Shi in Int. Cul. Reg. Rep. Bamb.

(2013-2014): 47. 2015; ——*N. affinis* (Rendle) Keng f. f. *striatus* Yi et H. R. Qi in Bull. Bot. Res. 5(4): 131. 1985; Yi et al. Icon. Bamb. Sin. Ⅱ. 15. 2017.

特征：与慈竹特征相似，不同之处在于其秆节间绿色，具淡黄色纵条纹，有时叶片亦有淡黄色纵条纹。

用途：适用于生态建设，以及公园、风景区、小区栽培观赏。

分布：中国（重庆梁平）。

10）金丝慈竹 *Neosinocalamus affinis* 'Viridiflavus'

异名：*Bambusa emeiensis* f. *viridiflava*

Bambusa emeiensis 'Viridiflavus'

Neosinocalamus affinis f. *viridiflavus*

Neosinocalamus affinis 'Striatus'

Sinocalamus afﬁnis f. *viridiflavus*

引证：*Neosinocalamus affinis* 'Viridiflavus', J. H. Xiao in S. L. Zhu et al., Compend. Chin. Bamb., 65.1994; Shi et al. in For. Res. 27(5): 704. 2014, et in World Bamb. Ratt. 16(1): 46. 2018； J. Y. Shi in Int. Cul. Reg. Rep. Bamb. (2013-2014): 23. 2015. ——*N. affinis* (Rendle) Keng f. f. *viridiflavus* (Yi) Yi, Yi in J. Bamb. Res. 4 (1): 13. 1985; Yi et al. Icon. Bamb. Sin. 171. 2008, et in Clav. Gen. Spec. Bamb. Sin. 52. 2009. ——*N. affinis* 'Striatus', J. H. Xiao in S. L. Zhu et al. In Compend. Chin. Bamb. 65.1994. ——*Sinocalamus afﬁnis* f. *viridiflavus* (Yi) Hsueh et Yi in J. Yunnan For. Coll. no. 1: 68. 1982.——*Bambusa emeiensis* f. *viridiflava* (Yi) Ohrnberger in Bamb. World Introd. ed. 4: 18. 1997; D. Ohrnb., The Bamb. World, 260. 1999. ——*B. emeiensis* 'Viridiflavus', Amer. Bamb. Soc. in Bamb. Species Source List no. 35: 7. 2015.

特征：与慈竹特征相似，不同之处在于其秆节间绿色，但在具芽或分枝一侧有淡黄色细纵条纹。

用途：适用于生态建设，以及庭院、风景区、小区栽培观赏；偶见冬季大熊猫垂直下移觅食时采食该竹。

分布：中国（四川成都、邛崃、丹棱，重庆梁平，福建福州、华安，广东广州）。

（2）方城慈竹 *Neosinocalamus fangchengensis* Yi et J.Y. Shi

地下茎合轴型。秆丛生，秆高 12～14 m，直径 3～4 cm，梢部弯曲长下垂；全秆具 41～43 节，节间长 40～44 cm，基部节间长约 20 cm，圆筒形，分枝一侧无沟槽，平滑，无毛，初时微被薄白粉质（节下被较厚的白粉），中空，竹壁甚薄，厚 2～4（5）mm，髓为锯屑状；箨环隆起，紫褐色，无毛；秆环平；节内高 2～3 mm，无毛，被白粉。秆芽扁桃形，无毛。秆分枝习性较高，始于秆中上部，每节具多枚枝条，斜展，主枝长达 1.7 m，直径 4～5 mm，侧枝纤细，直径 1～2 mm，斜展。笋浅绿色，被稀疏棕色贴生刺毛。秆箨早落，革质，短于节间，背面被稀疏棕色贴生短刺毛，微显细纵肋，无缘毛；箨耳缺失，无繸毛；箨舌近截平形，初时紫色，高 2.0～2.5 mm，边缘繸毛密，扁平，初时紫褐色，长 5～12 mm；箨片线形或线状三角形，外翻，长 8～18 cm，1.2～2.0 cm，无毛，边缘具小锯齿。小枝具叶 8～13 枚；叶鞘绿紫色至绿色，无毛，上部纵脊显著，无缘毛；叶耳及鞘口繸毛缺失；叶舌弧形，紫褐色，无毛，高约 1.5 mm；叶柄淡绿色，无毛，长 1.5～2 mm；叶片线形或线状披针形，绿色，纸质，无毛，长 16～25 cm，宽 2.6～4.0 cm，基部楔形，先端长渐尖，次脉 7～9 对，小横脉形成长方形，边缘具小锯齿。花枝未见。笋期 7～8 月。

1）方城慈竹 *Neosinocalamus* ‘Fangchengensis’（原栽培品种）

又名：筲竹

引证：*Neosinocalamus* ‘Fangchengensis’, Shi et al. in World Bamb. Ratt. 16(1): 47. 2018. ——*N. fangchengensis* Yi et J. Y. Shi in J. Sichuan For. Sci. Techn. 37(2): 1. 2016; Yi et al. Icon. Bamb. Sin. Ⅱ . 17. 2017.

特征：同方城慈竹种特征一致。

用途：该竹较耐寒，能适应 −5～−8℃的气候环境。常用于城市园林绿化、乡村房舍美化栽培、围篱和小家具编制等，是适合汉水流域推广栽培的一个大型丛生竹种。

分布：中国（河南方城，湖北襄樊）。

2）美菱 *Neosinocalamus fangchengensis* ‘Meiling’

引证：*Neosinocalamus fangchengensis* ‘Meiling’, M. L. Shi et al. in Cert. Int. Reg. Bamb. Cult. No. WB-001-2016-016. 2016; Shi et al. in World Bamb.

Ratt. 14(5): 31. 2016; J. Y. Shi in Int. Cul. Regist. Rep. Bamb. (2015-2016): 22. 2017.

特征：与方城慈竹特征相似，不同之处在于其秆中部以下节间具数条宽窄不等的淡黄色纵条纹。

用途：适用于城市园林绿化和庭院栽培观赏，亦可作围篱或制作小家具。

分布：中国（河南方城）。

2.3　牡竹属 *Dendrocalamus* Nees

（1）马来甜龙竹 *Dendrocalamus asper* (J. A. et J. H. Schult.) Backer ex Heyne

秆高 15～20 m，直径 6～10（12）cm，梢端长下垂；节间长 30～50 cm，幼时贴生淡棕色刺毛，被薄白粉；节内及箨环下方均具一圈淡棕色绒毛环，秆基部数节节上具气生根。秆分枝高，每节多数，主枝粗壮。箨鞘早落，新鲜时淡绿色，背面贴生灰白色或棕色小刺毛，干后纵肋显著隆起，先端圆拱形；箨耳狭长形，长约 2 cm，宽 7 mm，波状皱褶，边缘生繸毛；箨舌高 7～10 mm，边缘具繸毛；箨片外翻，基部两侧收窄，波状皱褶。小枝具叶 7～13；叶鞘贴生小刺毛；叶耳微小，具数条繸毛；叶舌高约 2 mm；叶片长（10）20～30（35）cm，宽（1.5）3～5 cm，下面被柔毛，次脉 7～11 对。花枝无叶，长 0.5～3.0 m，节间长 1.5～15.0 cm，被白色纤毛；每节着生假小穗 3～6，或 10～25（30）个假小穗聚集成直径 1.5～2.0 cm 的簇团；假小穗体扁，黄褐色，长 5～12 mm，宽 3～7 mm，含花 4～5 朵，其中顶端小花可育；颖片 1 或 2，卵状披针形；外稃宽卵形，长 5～8 mm，宽 6～9 mm，背面被微毛，边缘生纤毛；内稃与外稃近等长，背部具 2 脊，脊间具 1～3 脉，脊上和边缘均生纤毛；鳞被缺失；雄蕊 6，花药长 3～9 mm，黄色；子房长卵形，被柔毛；柱头 1，羽毛状。果实坚果状，近球形，直径 2～4 mm，上端具宿存花柱，长 1～2 mm，被柔毛。花期 6～11 月；果期 3～5 月。

1）马来甜龙竹 *Dendrocalamus* 'Asper'（原栽培品种）

又名：高舌竹；Buloh betong（马来西亚）；Rebong（新加坡）；Bambu betung（印度尼西亚）；Buluh batung(cd)，Bukawe，Botong，Butong（菲律宾）；

Hok（老挝）；Phai-tong（泰国）；Manh tong（越南）；Rough Giant Bamboo（英国）

异名： *Arundarbor bitung*

Bambusa aspera

Bambusa bitung

Bambusa flagellifera

Bambusa macroculmis

Dendrocalamus flagellifer

Dendrocalamus macroculmis

Gigantochloa aspera

Schizostachyum bitung

Schizostachyum loriforme

Sinocalamus flagellifer

Sinocalamus macroculmis

引证： *Dendrocalamus asper* (J. A. et J. H. Schult.) Backer ex Heyne, Nutt. Pl. Ned, Ind. ed. 2. 1: 301. 1927; Backer, Handb. Fl. Java Afl. 2: 279. 1928; Holttum in Gard. Bull. Singapore 16: 100. 1958; Backer, Fl. Java 3: 238. 1968; Gilliland, Rev. Fl. Malay. 3: 27. 1971; 香港竹谱 58 页 . 1985; 中国竹谱 40 页 . 1988; Hsueh et D. Z. Li in J. Bamb. Res. 8(1): 1989; D. Ohrnb., Gen. *Chimonobambusa* 283. 1990; 云南树木图志下册 1405 页，图 656. 1991; Keng et Wang in Flora Reip. Pop. Sin. 9(1): 193. 1996; D. Ohrnb., The Bamb. World, 283. 1999; Yi et al. in Icon. Bamb. Sin. 189. 2008, et in Clav. Gen. Spec. Bamb. Sin. 62. 2009. ——*Arundarbor bitung* (J. H. Schultes) Kuntze in Rev. Gen. Pl. 2: 761. 1891. ——*Bambusa aspera* J. A. et J. H. Schult., Syst. Veg. 7: 1352. 1830. *B. bitung* J. H. Schultes in Schultes et J. H. Schultes in Syst. Veg. 7, 2: 1354. 1830. ——*B. flagellifera* Griffith ex Munro in Trans. Linn. Soc. London 26: 150. 1868. ——*B. macroculmis* A. Rivière ap. A. et C. Rivière in Bull. Soc. Acclim. sér. 3, 5: 624, fig. 14, 1878. ——*Dendrocalamus flagellifer* Munro in Trans. Linn. Soc. London 26: 150. 1868. ——*D. macroculmis* (A. Rivière) Houzeau de Lehaie in Bamb. 2: 263. 1908. ——*Gigantochloa aspera* Kurz ex Teijsmann et Binnendijk in Cat. Pl. Horto. Bot. Bogor. 20.1866; (J. H. Schultes.) Kurz in Ind. For. 1: 221. 1876;

McClure in Field. Bot. 24, pt. 2: 141. 1955; Fl. Taiwan 5: 770. pl. 1514. 1978, err. typogr. pro. D. levis. ——*Schizostachyum bitung* (J. H. Schultes) Steudel in Syn. Pl. Glumac. 332.1854. ——*S. loriforme* Munro in Trans. Linn. Soc. London 26: 150. 1868. ——*Sinocalamus flagellifer* (Munro) Nguyen in Bot. Zhum. Akad. NAUK 74(11): 1662. 1989. ——*S. macroculmis* (A. Rivière) Nguyen in Bot. Zhurn. Akad. NAUK 76(7) : 994. 1991.

特征：与马来甜龙竹种特征一致。

用途：笋质细嫩，味道鲜美，蔬食佳品。秆为建筑和造纸原料，常有栽培供观赏。

分布：中国（云南，香港，台湾）；菲律宾；马来西亚；印度尼西亚；泰国；老挝；缅甸；美国也有引栽。

2）尼格竹 *Dendrocalamus asper* 'Niger'

又名：Betunghitam（印度尼西亚）

异名：*Dendrocalamus asper* f. *niger*

引证：*Dendrocalamus asper* f. *niger* Hildebrand in Rapp. Bosbouwproefst. no. 66: 43. 1954; D. Ohrnb., The Bamb. World, 284. 1999.

特征：与马来甜龙竹特征相似，不同之处在于其秆呈黑色。

用途：同马来甜龙竹，但颜色更独特，适合栽培观赏。

分布：印度尼西亚。

（2）勃氏甜龙竹 *Dendrocalamus brandisii* (Munro) Kurz

秆高 10～15 m，直径 10～12 cm，梢端下垂至长下垂；节间长 34～43 cm，幼时被纵行排列的白色绒毛，秆壁厚约 3 cm；节内及箨环下方均具一圈灰白色或棕色绒毛环，秆下部数节节内具气生根。秆分枝较高，每节多数，主枝 1 或有时无主枝，其余枝条较细，能向外翻包围在秆四周。箨鞘早落，红棕色至鲜黄色，背面被白色短柔毛；箨耳小；箨舌高约 1 cm，边缘具深齿裂；箨片外翻或近直立，基部宽度为箨鞘口部的 1/3～1/2。叶鞘贴生白色小刺毛；叶舌高 1.5～2.0 mm；叶片长 23～30 cm，宽 2.5～5.0 cm，下面具柔毛，次脉 10～12 对。花枝鞭状，节间长 2.5～3.8 cm，一侧扁平，密被锈色柔毛；花枝各节丛生假小穗 5～25 枚，成簇团时其球径为 1.3～1.8 cm；小穗卵圆形，略具微毛，长 7～9 mm，宽 4～5 mm，紫褐色，先端钝，含 2～4 朵小花；颖 1 或 2 片，长 4 mm，宽 3.5 mm，具 10 脉，先端具小尖头；外稃似颖片，长 5～6 mm，具 16～20 脉；内稃背部具 2 脊，脊上生纤毛，脊间宽 1.6 mm，具 3 脉，先端尖或具 2 尖头；鳞被常缺，但有时为 1 或 2 片，存在时呈披针形或匙形，基部具 3 脉，边缘生纤毛；花药成熟时能伸出小花外，绿黄色，短而宽（长 3 mm），先端具药隔伸出的小尖头或具笔毫状微毛，花丝短，起初较粗；子房卵圆形，遍体生毛茸，花柱长 3 mm，柱头 1 或 2 裂，紫色，羽毛状。果实呈卵圆形，长 1.5～5.0 mm，上部生毛，先端具喙，果皮硬壳质。

1）勃氏甜龙竹 *Dendrocalamus* 'Brandisii'（原栽培品种）

又名：云南甜龙竹

异名：*Arundarbor brandisii*

Bambusa brandisii

Sinocalamus brandisii

引证：*Dendrocalamus brandisii* (Munro) Kurz in Prelim. Rep. For. Veg. Pegu. App. B. 94. 1875 (in clav.), et For. Fl. Brit. Burma 2: 560. 1877; Gamble in Ann. Roy. Bot. Gard. Calcutta 7: 90. pl. 79. 1896 et in Hook. f., Fl. Brit. Ind. 7: 407. 1897; Brandis, Ind. Trees 678. 1906; E. G. Camus, Bambus. 157. 1913; E. G. et A. Camus in Lecomte, Fl. Gen. Ind.-Chin. 7: 629. 1923; Hsueh et D. Z. Li in J. Bamb. Res. 8(1): 30. 1989; 云南树木图志下册 1407 页 . 图 658. 1991; Keng et Wang in Flora Reip. Pop. Sin. 9(1): 189. 1996; D. Ohrnb., The Bamb. World, 284. 1999; Yi et al. in Icon. Bamb. Sin. 192. 2008, et in Clav. Gen. Spec. Bamb. Sin. 62. 2009; Amer. Bamb. Soc. in Bamb. Species Source List no. 35: 15. 2015. *Arundarbor brandisii* (Munro) Kuntze in Rev. Gen. Pl. 2: 761. 1891. ——*Bambusa brandisii* Munro in Trans. Linn. Soc. 26: 109. 1868. ——*Sinocalamus brandisii* (Munro) Keng f. in J. Nanjing Univ. (Biol.) (1): 35. 1962.

特征：与勃氏甜龙竹种特征一致。

用途：笋可鲜食，为良好的笋用竹；秆供建筑等用，但劈篾性能差。

分布：中国（云南南部至西部，广东，福建）；缅甸；老挝；越南；泰国；印度有引栽。

2）黑秆甜龙竹 *Dendrocalamus brandisii* 'Black'

引证：*Dendrocalamus brandisii* 'Black', Amer. Bamb. Soc. in Bamb. Species Source List No. 35: 15. 2015.

特征：与勃氏甜龙竹特征相似，不同之处在于其明显是一种生长迅速的黑色竹子，鲜竹秆呈黑色，但干燥时呈深棕色。

用途：同勃氏甜龙竹，但颜色更独特，适合栽培观赏；秆适合制作珍贵的家具。

分布：不详。

（3）梁山慈竹 *Dendrocalamus farinosus* (Keng et Keng f.) Chia et H. L. Fung

地下茎合轴型。秆丛生，秆高 7～12 m，直径 4～8 cm，梢端长下垂；节间长 20～45 cm，平滑，幼时被白粉，秆壁厚 0.4～1.0 cm；节内下方紧贴一圈灰黄色绒毛环。秆分枝较高，每节多数，主枝 1，长达 2.5 m。箨鞘早落，背面被棕色小刺毛，顶端截平或微下凹，具缘毛；箨耳无；箨舌发达，高 4～10 mm，边缘繸毛长 7～10 mm，全高约 13 mm；箨片外翻，长披针形，长 4～12 cm，宽 0.7～3.0 cm，基部略收窄。小枝具叶 4～10（12）；叶耳和繸毛均无；叶舌高 1.0～1.5 mm；叶片长 9～33 cm，宽 1.5～6.0 cm，下面被白色微毛，次脉 5～11 对。花枝无叶，鞭状下垂，长 30～40 cm，节间长 2.5～5.0 cm，密被白粉及细毛，着生假小穗的一侧基部稍扁平，每节丛生 7～20 枚假小穗，每丛的直径为 1.4～2.5 cm，其下方托以 2 至数片苞片，后者深棕色，边缘生纤毛；小穗含 3～5 朵小花，长圆状倒卵形，长 8～14 mm，宽 3～6 mm，紫褐色，先端钝，小穗轴节间长约 1 mm，密被白色微毛；颖 2 至数片，长 6～8 mm，宽 5～8 mm，背面及边缘均生细毛，具 16 脉，先端尖；外稃宽卵形，长 7～10 mm，宽 6～8 mm，背面被微毛，先端具短尖头；内稃长约 7 mm，较外稃宽甚，具 2 脊，脊上生纤毛，脊间宽 1.5 mm，其内具 2 或 3 脉，背面被细毛，先端钝圆；花丝长 8～12 mm，花药黄色，长 3～5 mm，药隔伸出成 1 针状小尖头；子房卵形，长约 1.5 mm，遍体密被黄色细柔毛，基部具长约 1 mm 的柄，花柱长约 1 mm，柱头 1～3，长 2～3 mm，密生细毛。果黄色，无毛而光滑，先端具喙。笋期 9 月。花期 7 月。

1）梁山慈竹 *Dendrocalamus* 'Farinosus'（原栽培品种）

又名：大叶慈、绵竹、瓦灰竹、钓竹

异名：*Lingnania farinosa*

Neosinocalamus farinosus

Sinocalamus farinosus

引证：*Dendrocalamus farinosus* (Keng et Keng f.) Chia et H. L. Fung in Act. Phytotax. Sin. 18(2): 215. 1980; Hsueh et D. Z. Li in J. Bamb. Res. 8(1): 40. 1989; Keng et Wang in Flora Reip. Pop. Sin. 9(1): 174. 1996; D. Ohrnb., The Bamb. World, 285. 1999; Yi et al. in Icon. Bamb. Sin. 194. 2008, et in Clav. Gen. Spec. Bamb. Sin. 63. 2009. ——*Lingnania farinosa* (Keng et Keng f.) Keng f. in Act. Phytotax. Sin. 19(1): 141. 1981. ——*Neosinocalamus farinosus* (Keng et Keng f.) Keng f. et Wen in J. Bamb. Res. 4(2): 18. 1985. ——*Sinocalamus farinosus* Keng et P. C. Keng in J. Wash. Acad. Sci. 36: 79. 1946. Keng f. in Techn. Ball. Nat'l. For. Res. Bur. China No. 8: 18. 1948; 中国主要植物图说・禾本科 73 页 . 1959; Keng f. in J. Nanjing Univ. (Biol.) (2): 10. 1962.

特征：与梁山慈竹种特征一致。

用途：笋可鲜食。秆做各种柄具或竿具，破篾供编织竹器。

分布：中国（四川，贵州，云南，广西）。生于低海拔地区江河两岸、平地、丘陵地、浅山地和房舍附近，尤以石灰岩地区分布最多。

2）花梁山慈竹 *Dendrocalamus farinosus* 'Flavo-striatus'

异名：*Dendrocalamus farinosus* f. *flavostriatus*

Neosinocalamus farinosus f. *flavostriatus*

引证：*Dendrocalamus farinosus* (Keng et Keng f.) Chia et H. L. Fung f. *flavostriatus* Yi in Bull. Bot. Res. 6(4): 28. 1986; Yi et al. in Icon. Bamb. Sin. 195. 2008. ——*D. farinosus* f. *flavostriatus*, D. Ohrnb., The Bamb. World, 285. 1999. ——*Neosinocalamus farinosus* f. *flavostriatus* (Yi) Ohrnberger in Bamb. World Introd. ed. 3: 14. 1996.

特征：与梁山慈竹特征近似，不同之处在于其秆较矮小，高仅 5～7 m，直径 1.5～3.5 cm，基部节间具淡黄色纵条纹。

用途：同梁山慈竹，但更具观赏性。

分布：中国（湖北宜都、枝城）。

（4）麻竹 *Dendrocalamus latiflorus* Munro

地下茎合轴型。秆丛生，秆高 15～25 m，直径 15～30 cm，梢端弧形长下垂；节间长 45～60 cm，幼时被白粉，秆壁厚 1～3 cm；节内具一圈棕色绒毛环。秆分枝高，每节枝条多数，簇生，1 主枝粗壮。箨鞘早落，背面稍被小刺毛，顶端宽约 3 cm；箨耳小，长约 5 mm，宽约 1 mm；箨舌高 1～3 mm，边缘微齿裂；箨片外翻，卵形或披针形，长 6～15 cm，宽 3～5 cm，腹面被淡棕色小刺毛。小枝具叶 7～13；叶鞘初时被黄棕色小刺毛；叶耳无；叶舌高 1～2 mm，边缘微齿裂；叶片长 15～35（50）cm，宽 2.5～7.0（13.0）cm，基部圆形，下面中脉上具小锯齿，初时脉上被短柔毛，次脉 7～15 对，小横脉略明显。花枝无叶或具叶，节间密被黄褐色细柔毛，各节上着生多枚假小穗；苞片 1～4，位于上方的腋内无芽；小穗卵形、扁，红色或暗紫色，长 1.2～1.5 cm，宽 7～13 mm，含小花 6～8；小穗轴无关节，脱节于颖下；颖片 2 或更多，广卵形或广椭圆形，长约 5 mm，宽 4 mm，两面被微毛，边缘具纤毛，具多脉；外稃似颖，长 12～13 mm，宽 7～16 mm，无毛，具 29～33 脉，有小横脉；内稃长圆状披针形，长 7～11 mm，宽 3～4 mm，两面被毛，背部脊间具 2～3 脉，脊外两侧各具 2 脉，边缘和脊上密生纤毛；鳞被缺失；雄蕊 6，花丝分离，花药长 5～6 mm；子房扁球形或宽卵形，长约 7 mm，具柄，有腹沟，上部被白色微毛，花柱密被白色微毛，柱头 1 或偶 2，羽毛状。果卵球形，囊果状，长 8～12 mm，径 4～6 mm，皮薄。笋期 5～11 月。花期多在夏、秋季。

1）麻竹 *Dendrocalamus* 'Latiflorus'（原栽培品种）

又名：Ma-chiku（日本）；Wa-ni，Wa-bo（缅甸）；Phai-zangkum，Maisangkham（泰国）；Bambu taiwan（印度尼西亚）；Botong（菲律宾：塔加拉族）；Taiwan Giant Bamboo，Sweet Giant Bamboo（英国）

异名：*Bambusa latiflora*

Sinocalamus latiflorus

引证：*Dendrocalamus* 'Latiflorus', Keng et Wang in Flora Reip. Pop. Sin. 9(1): 162. 1996. ——*D. latiflorus* Munro in Trans. Linn. Soc. 26: 152. 1868; Gamble in Ann. Roy. Bot. Gard. Calcutta 7: 131. 1896, et in Hook. f., Fl. Brit. Ind. 7: 407.

1897; Brandis, Ind. Trees 678. 1906; E. G, Camus, Bambus, 160. 1913; E. G. et A. Camus in Lecomte, Fl. Gen. lhd. -Chin. 7: 635. 1923; Fl. Taiwan 5: 774. 1978; Chia et H. L. Fung in Act. Phytotax Sin. 18(2): 215. 1980; 香港竹谱 62 页 . 1985; 广西竹种及其栽培 73 页 . 图 40. 1987; Hsueh et D. Z. Li in J. Res. Bamb. 7(4): 13. 1988; 中国竹谱 45 页 . 1988; 云南树木图志下册 1401 页，图 652. 1991; D. Ohrnb., The Bamb. World, 287. 1999; Yi et al. in Icon. Bamb. Sin. 198. 2008, et in Clav. Gen. Spec. Bamb. Sin. 60. 2009; Amer. Bamb. Soc. in Bamb. Species Source List No. 35: 15. 2015. ——*Bambusa latiflora* (Munro) Kurz in J. Asiat. Soc. Bengal. 42: 250. 1873, pro syn. sub *B. calostachya* Kurz. ——*Sinocalamus latiflorus* (Munro) McClure in Lingnan Univ. Sci. Bull. No. 9: 67. 1940; Keng f. in Techn. Bull. Nat'l. For. Res. Bur. China No. 8: 18: 1948; 中国主要植物图说 · 禾本科 65 页 . 1959; Keng f. in J. Nanjing Univ. (Biol.) (1): 32. 1962; 海南植物志 4: 360 页 . 1977.

特征：与麻竹种特征一致。

用途：栽培广泛的笋用竹种，笋期长，产量高，商品价值高；笋味甜美，可制作笋干或罐头；这些笋干和罐头甚至远销日本和欧美等国。秆可用于修造建筑或劈篾编制竹器。还有许多地方用于庭院栽植观赏。

分布：中国（福建，台湾，广东，香港，广西，海南，贵州，云南，浙江南部，江西南部，四川南部和西南部）；越南；缅甸。

2）美浓麻竹 *Dendrocalamus latiflorus* 'Mei-nung'

异名：*Dendrocalamus latiflorus* f. *mei-nung*

引证：*Dendrocalamus latiflorus* 'Mei-nung', W. C. Lin in Bull. Taiwan For. Res. Inst. No. 98: 10. 1964 et. in Quart. J. Chin. For. 3(2): 51. 1967; Fl. Taiwan 5: 776. 1978; Keng et Wang in Flora Reip. Pop. Sin. 9(1): 164. 1996; D. Ohrnb., The Bamb. World, 287. 1999; Amer. Bamb. Soc. in Bamb. Species Source List no. 35: 15. 2015; J. Y. Shi in Int. Cul. Reg. Rep. Bamb. (2013-2014): 23. 2015; Shi et al. in World Bamb. Ratt.14(6): 28. 2016. ——*D. latiflorus* Munro f. *mei-nung*（W. C. Lin）Yi in J. Sichuan For. Sci. Techn. 28(3): 17. 2007; Yi et al. in Icon. Bamb. Sin. 201. 2008, et in Clav. Gen. Spec. Bamb. Sin. 61. 2009.

特征：与麻竹特征相似，不同之处在于其秆与枝条均为黄绿色而在节间夹杂有深绿色的纵长细条纹，以及箨鞘为黄绿色至棕绿色，其上亦有数条纵行的淡黄色细条纹。

用途：与麻竹近似，笋亦味美可食。属于美丽的大型观赏竹品种。

分布：中国（台湾，福建福州、华安，广东广州，贵州、云南亦有少量分布）。

3）葫芦麻竹 *Dendrocalamus latiflorus* 'Subconvex'

异名：*Dendrocalanzus latiflorus* f. subconvex

Dendrocalanzus latiflorus var. *lagenarius*

引证：*Dendrocalanms latiflorus* 'Subconvex' , W. C. Lin in Bull. Taiwan For. Res. Inst. No. 271: 57. 1976; Fl. Taiwan 5: 774. 1978; Keng et Wang in Flora Reip. Pop. Sin. 9(1): 162. 1996; D. Ohrnb., The Bamb. World, 287. 1999; J. Y. Shi in Int. Cul. Reg. Rep. Bamb. (2013-2014): 23. 2015; Shi et al. in World Bamb. Ratt. 14(6): 28. 2016. ——*D. latiflorus* Munro f. *subconvex* (W. C. Lin) Yi in J. Sichuan For. Sci. Techn. 28(3): 17. 2007; Yi et al. in Icon. Bamb. Sin. 201. 2008, et in Clav. Gen. Spec. Bamb. Sin. 61. 2009. ——*D. latiflorus* var. *lagenarius* W. C. Lin in Bull. Taiwan For. Res. Inst. No. 98: 6. 1964, et in Quart. J. Chin. For. 3(2): 51. 1967.

特征：与麻竹特征相似，不同之处在于其秆高5～10 m，直径4～12 cm，节间长10～30 cm，其下部肿胀呈葫芦形或梨形。

用途：秆型奇异，用于庭院栽培观赏。

分布：中国（台湾嘉义、高雄）。

4）麻版竹 *Dendrocalamus* 'Mabanzhu'

异名：*Dendrocalamus latiflorus* × *D. hamiltonii*

引证：*Dendrocalamus* 'Mabanzhu', Shi et al. in World Bamb. Ratt. 14(6): 28. 2016. ——*D. latiflorus* Munro × *D. hamiltonii* Nees et Arn. ex Munro, Yi et al. in Icon. Bamb. Sin. 201. 2008, et in Clav. Gen. Spec. Bamb. Sin. 63. 2009.

特征：该品种是以麻竹为母本，版纳甜龙竹为父本的杂交种，由广东省林业科学研究院培育而成。杂种形态多显版纳甜龙竹的特征是秆和笋较脆性，箨鞘先端宽三角状，箨片较宽大，叶质较硬。不同于麻竹和版纳甜龙竹的特征在于麻版竹箨片在秆下部直立，上部外翻。

用途：优质笋用杂交竹种，其笋质脆嫩，味美甘甜。较版纳甜龙竹适应的气候更为广泛，可在 23°30′N 以南推广栽培。

分布：中国（广西）。

（5）黄竹 *Dendrocalamus membranaceus* Munro

地下茎合轴型。秆丛生，秆高 8～12 m，直径 7～10 cm，梢端略弯曲；节间长 34～42 cm，幼时被白粉；箨环强烈隆起；节内高约 8 mm，秆基部节内具气生根。秆分枝每节上主枝 3，其余枝条较细，秆上部者可下垂。箨鞘早落，通常长于所在节间，背面被白粉和易落的黑褐色小刺毛；箨耳长约 5 mm，宽 1 mm，边缘具数条长繸毛；箨舌高 8～10 mm，腹面被毛，边缘具细齿；箨片外翻，长 30～40 cm，宽约 2.5 cm，基部占箨鞘口部 1/3～1/2，两面被棕色小硬毛，尤腹面基部较密。小枝具叶 3～6 枚；叶耳镰形，具数条繸毛；叶舌高约 1 mm，腹面被毛；叶片披针形，长 12.5～25.0 cm，宽 1.2～2.0 cm，两面具柔毛，次脉 4～7 对。花枝有大型呈圆锥花序状的分枝，节间长 2.5～5.0 cm，无毛，或上部常具白粉，节上密集丛生多枚假小穗，形成球形的簇团，其直径为 2.5～5.0 cm；小穗微扁，近于无毛而有光泽，长 1.0～1.3 cm, 宽 2.5～3.0 mm，初为黄绿色，干燥后为枯草色，质地较软，含成熟小花 2～5 朵；颖 2 片，卵形，先端钝圆或尖锐；外稃与颖相类似而较大，长 8～9 mm，宽 5～8 mm，质地薄，近于膜质，无毛，唯常在边缘生纤毛，先端具 1 短芒刺状小尖头，其长约 1 mm；内稃亦为膜质，长 7～8 mm，宽 1.4 mm，下部小花者背部具 2 脊，脊上生纤毛，脊间 3 脉，先端钝或为凹头，最上部的小花内稃圆卷而无 2 脊，或亦具 2 脊，则脊上无毛；雄蕊成熟后伸出花外，花丝细而长，花药黄色至紫色，长 4 mm，先端具短的小尖头；子房卵形，较细长，上部生毛而下部无毛，花柱长 5～6 mm，全体被微毛，柱头 1，紫色，羽毛状。果实广卵形，基部圆，长 5.0～7.5 mm，一侧具沟槽或微扁，先端具长喙，胚明显。

1）黄竹 *Dendrocalamus* ‘Membranaceus’（原栽培品种）

异名：*Dendrocalamus membranaceus* f. *membranaceus*

Dendrocalamus strictus

引证：*Dendrocalamus membranaceus* Munro in Trans. Linn. Soc. 26: 149. 1868; Kurz, For. Fl. Brit. Burma 2: 560. 1877; Gamble in Ann. Roy. Bot. Gard.

Calcutta 7: 81. pl. 71. 1896, et in Hook. f., Fl. Brit. Ind. 7: 404. 1897; Brandis, Ind. Trees 676. 1906; E. G. Camus. Bambus. 153. 1913; E. G. et A. Camus in Lecomte, Fl. Gen. Ind. Chin. 7: 628. 1923; Hsueh et D. Z. Li in J. Bamb. Res. 7(4): 2. 1988; 云南树木图志下册 1389 页 . 图 648. 1991; D. Ohrnb., The Bamb. World, 288. 1999; Yi et al. in Icon. Bamb. Sin. 203. 2008, et in Clav. Gen. Spec. Bamb. Sin. 58. 2009. ——*D. strictus* auct. non Nees; 中国主要植物图说 · 禾本科，图 53. 1959, pro figura tantum. ——*D. membranaceus* f. *membranaceus*, Keng et Wang in Flora Reip. Pop. Sin. 9(1): 185. 1996.

特征：与黄竹种特征一致。

用途：生态建设；园林绿化；笋漂洗加工制作笋丝供食用；秆为造纸原料，也可作建筑、扛抬用具和加工筷子。

分布：中国（云南东南部至西南部，广东、福建有引栽）。

2）流苏黄竹 *Dendrocalamus membranaceus* ‘Fimbriligulatus’

异名：*Dendrocalamus membranaceus* f. *fimbriligulatus*

引证：*Dendrocalamus membranaceus* Munro f. *fimbriligulatus* Hsueh et D. Z. Li in J. Bamb. Res. 7(4): 4. 1988; 云南树木图志下册 1390 页 . 1991; Keng et Wang in Flora Reip. Pop. Sin. 9(1): 188. 1996; D. Ohrnb., The Bamb. World, 288. 1999; Yi et al. in Icon. Bamb. Sin. 204. 2008, et in Clav. Gen. Spec. Bamb. Sin. 58. 2009.

特征：与黄竹特征相似，不同之处在于其箨鞘短于节间长度，箨舌边缘深裂呈流苏状，其上的繸毛长 5～10 mm。

用途：同黄竹。

分布：中国（云南西双版纳）。

3）毛秆黄竹 *Dendrocalamus membranaceus* ‘Pilosus’

异名：*Dendrocalamus membranaceus* f. *pilosus*

引证：*Dendrocalamus membranaceus* Munro f. *pilosus* Hsueh et D. Z. Li. in J. Bamb. Res. 7(4): 3. 1988; 云南树木图志下册 1389 页 . 1991; Keng et Wang in Flora Reip. Pop. Sin. 9(1): 187. 1996; D. Ohrnb., The Bamb. World, 288. 1999; Yi et al. in Icon. Bamb. Sin. 204. 2008, et in Clav. Gen. Spec. Bamb. Sin. 58. 2009.

特征：与黄竹特征相似，不同之处在于秆节间被贴生黄褐色小刺毛。

用途：同黄竹。

分布：中国（云南西双版纳）。

4）花秆黄竹 *Dendrocalamus membranaceus* 'Striatus'

异名：*Dendrocalamus membranaceus* f. *striatus*

引证：*Dendrocalamus membranaceus* Munro f. *striatus* Hsueh et D. Z. Li in J. Bamb. Res. 7(4): 3. 1988; D. Ohrnb., Gen. *Chimonobambusa* 288. 1990; 云南树木图志下册 1390 页 . 1991; Keng et Wang in Flora Reip. Pop. Sin. 9(1): 187. 1996; Yi et al. in Icon. Bamb. Sin. 204. 2008, et in Clav. Gen. Spec. Bamb. Sin. 58. 2009.

特征：与黄竹特征相似，不同之处在于秆节间具黄色纵条纹，箨鞘有时短于节间，箨舌边缘流苏状。

用途：同黄竹，但更具观赏价值。

分布：中国（云南西双版纳）。

（6）吊丝竹 *Dendrocalamus minor* (McClure) Chia et H. L. Fung

秆高 6～12 m，直径达 8 cm，梢端弓形弯曲或下垂；节间长 30～45 cm，幼时密被白粉，无毛，秆壁厚 5.0～5.6 mm。秆分枝高，主枝不显著。箨鞘早落，新鲜时草绿色，背面贴生棕色小刺毛；箨耳极小，长约 3 mm，宽 1 mm；箨舌高 3～8 mm，边缘具细流苏状毛；箨片外翻，卵状披针形或披针形，长 6～10 cm，腹面基部及边缘均有小刺毛。小枝具叶 3～8；叶鞘初时疏被小刺毛；叶耳和鞘口繸毛均无；叶舌高约 1 mm；叶片长 10～25（35）cm，宽 1.5～3.0（7.0）cm，无毛，下面近具白粉，呈灰绿色，次脉 8～12 对，小横脉在下面可见。颖片 2，内稃先端锐尖。花枝细长，无叶，节间长 2.0～3.5 cm，一侧稍扁或具宽的纵沟槽，被锈色柔毛，尤以扁平或沟槽处密集，每节着生假小穗 5～10 枚，小穗体扁，卵状长圆形，长约 1.2 cm，宽 4～7 mm，鲜时紫茄色，干后变为棕黄色，含小花 4 或 5 朵，先端张开；颖通常 2 片，宽卵形，长 6 mm，宽 4 mm，无毛或近于无毛，边缘生纤毛；外稃纸质或稍变硬，广卵形或心形，长 9～11 mm，宽 5～6 mm，近于无毛（上部小花者疏生微毛），先端尖，具小尖头及不明显的多条纵脉，边缘具纤毛；内稃质薄，窄披针形，长 6～8 mm，宽 2 mm，背面疏生细毛，边缘及两脊上均具纤毛，脊间有不明显的 3 脉，先端锐尖；花药黄色，长 5～

6 mm，药隔向上伸出成为具毛的小尖头，在小花成熟时，整个花药能伸出花外；雌蕊除基部外遍体生细绒毛，子房卵形，花柱细长，柱头单一，常卷曲，具帚刷状毛茸。果实长圆状卵形，长约 5 mm，直径 3.5 mm，先端具喙，其上还生有小刺毛，其余各处则无毛。果皮棕色，上半部质较硬，其色较淡而有光泽，下半部质薄，色深而晦暗并具腹沟。花期 10～12 月。

1）吊丝竹 *Dendrocalamus* ‘Minor’（原栽培品种）

又名：乌药竹

异名：*Sinocalamus minor*

引证：*Dendrocalamus minor* (McClure) Chia et H. L. Fung in Act. Phytotax. Sin. 18(2): 215. 1980; 广西竹种及其栽培 76 页 . 图 41. 1987; Hsueh et D. Z. Li in J. Res. Bamb. 8(1): 39. 1989; Keng et Wang in Flora Reip. Pop. Sin. 9(1): 165. 1996; D. Ohrnb., The Bamb. World, 289. 1999; Yi et al. in Icon. Bamb. Sin. 204. 2008, et in Clav. Gen. Spec. Bamb. Sin. 63. 2009. ——*Sinocalamus minor* McClure in Sunyatsenia 6(1): 47. pl. 11, 12. 1941; Keng f. in Techn. Bull. Nat’l. For. Res. Bur. China No. 8: 18. 1948; 中国主要植物图说 · 禾本科 66 页 . 图 44. 1959; Keng f. in J. Nanjing Univ. (Biol.) (1): 33. 1962.

特征：与吊丝竹种特征一致。

用途：生态建设、园林绿化、竹种园建植。

分布：中国（广东，广西，贵州南部，福建厦门）。

2）花吊丝竹 *Dendrocalamus minor* ‘Amoenus’

异名：*Dendrocalamus minor* var. *amoenus*

Dendrocalamus minor f. *amoenus*

Sinocalamus minor var. *amoenus*

引证：*Dendrocalamus minor* ‘Amoenus’, Amer. Bamb. Soc. in Bamb. Species Source List no. 35: 16. 2015. ——*D. minor* f. *amoenus* (O. H. Dai et C. F. Huang) Ohrnberge, Bramb. World Introd. ed. 3. 1996: 14; D. Ohrnb., The Bamb. World, 289. 1999; Yi et al. in Icon. Bamb. Sin. 205. 2008, et in Clav. Gen. Spec. Bamb. Sin. 63. 2009. ——*D. minor* (McClure) Chia et H. L. Fung var. *amoenus* (Q. H. Dai et C. F. Huang) Hsueh et D. Z. Li in J. Bamb. Res. 8(1): 39. 1989; 广西竹种及其栽培 76 页 . 图 41-3. 1987. ——*Sinocalamus minor* McClure var. *amoenus* Q. H.

Dai et C. F. Huang in Act. Phytotax. Sin. 19(2): 261. 1981.

特征：与吊丝竹特征相似，不同之处在于其秆较矮小，高 5～8 m，直径 4～6 cm，节间浅黄色，间以 5～8 条深绿色纵条纹。

用途：同吊丝竹，但更具观赏价值。

分布：中国（广西南部丘陵地和低山石灰岩地区，福建厦门）。

（7）牡竹 *Dendrocalamus strictus* (Roxb.) Nees

秆高达 17 m，直径 10 cm；节间长 30～45 cm，幼时薄被白粉，秆壁厚 2 cm，或秆基部节间近实心；秆基部数节节内具气生根。秆分枝较低，每节多数，主枝 3，秆上部者可弯曲下垂。箨鞘早落，背面被金褐色小刺毛，先端圆拱形，边缘具棕色纤毛；箨耳微小或无；箨舌高 1～3 mm，边缘具细齿裂；箨片直立，三角形，基部与箨鞘口部约等宽，两面被柔毛，尤腹面较密。小枝具叶 5～13；叶鞘初时被微毛；叶耳无或极小，存在时具数条易落繸毛；叶舌低矮，边缘细齿裂；叶片长 5～30 cm，宽 1～3 cm，下面具柔毛，边缘具小锯齿，次脉 3～6 对，无小横脉。花枝无叶，节间长 3.5～5.0 cm，圆筒形，无毛，每节密集丛生多枚假小穗，其中有较多的小型而不孕者夹杂在内，假小穗丛的球径为 2.5～5.0 cm；小穗长 8～15 mm，宽 2.5～5.0 mm，通常全体被微毛，含 2～4 朵小花，上端的一朵小花常为不孕花；颖 2 片或较多，卵形，长 6～8 mm，具多脉，先端具芒刺状小尖头；外稃亦为卵形，长 9～10 mm，宽 8 mm，具 18 脉，先端具芒刺状小尖头，其长为 1～3 mm，自束生的纤毛簇丛中伸出；内稃窄卵形或倒卵形，长 8～9 mm，先端具凹缺，下方小花者背部具 2 脊，脊上密生丝状纤毛，脊间 2 脉，最上的小花者背部圆拱而无 2 脊，常近于无毛，共有 6～8 脉；雄蕊在成熟时伸出花外甚长，花丝细，长 8 mm，花药黄色，长 5 mm，先端具短尖头；子房陀螺形，长 1～2 mm，有柄，上部具微毛，花柱长 6.5 mm，柱头单一，呈紫色，羽毛状。果实卵形至几为球形，长 6～8 mm，直径 3～4 mm，棕色，有光泽，上部具毛，顶端有喙，果皮革质壳状。

1）牡竹 *Dendrocalamus* ‘Strictus’（原栽培品种）

又名：印度实竹；Bans（印度）；Karail（孟加拉国）；Mn-wa（缅甸）；Buloh batu（马来西亚）；Phai-sang（泰国）；Male Bamboo, Calcutta Bamboo（英国）

异名： *Arundo hexandra*

Bambusa glomera

Bambusa hexandra

Bambusa pubescens

Bambusa stricta

Bambusa tanaea

Bambusa verticillata

Dendrocalamus prainiana

Dendrocalamus strictus var. *prainiana*

Nastus strictus

引证： *Dendrocalamus strictus* (Roxb.) Nees in Linnaea 9(4): 476. 1834; Munro in Trans. Linn. Soc. 26: 147. 1868; Kurz. For. Fl. Brit. Burma 2: 558. 1877; Gamble in Ann. Roy. Bot. Gard. Calcutta 7: 78. pl. 68, 69. 1896, et in Hook. f., Fl. Brit. Ind. 7: 404. 1897; Brandis, Ind. Trees 675. 1906; E. G. Camus, Bambus. 147. 1913; E. G. et A. Camus in Lecomte, Fl. Gen. Ind. Chin. 7: 626. 1923; Holttum in Gard. Bull. Singapore 16: 98. 1958; 中国主要植物图说・禾本科 . 77 页 . 1959, excl. spec. Yunnan. et figura no. 53; Fl. Taiwan 5: 776. pl. 1517. 1978; W. T. Lin in Act. Phytotax. Sin. 18(3): 308. 1980; 广西竹种及其栽培 69 页 . 图 38. 1987; 中国竹谱 48 页 . 1988; Hsueh et D. Z. Li in J. Bamb. Res. 7(4): 1. 1988; P. C. M. Jansen et S. Duriyaprapan in S. Dransfield et E. A. Widjaja in Pl. Resources S. E. Asia 7: 97. 1995; D. Ohrnb., The Bamb. World, 291. 1999; Yi et al. in Icon. Bamb. Sin. 215. 2008. ——*D. prainiana* J. C. Varmah et K. N. Bahadur in Lessard et Chouinard Bamb. Res. Asia 22.1980. ——*D. strictus* var. *prainiana* Gamble in Ann. Roy. Bot. Gard. Calcutta 7: 80. 1896. ——*Bambos stricta* Roxb., Corom. Pl. 1: 59, Pl. 80. 1798. ——*Bambusa glomera* Royle ex Munro in Trans. Linn. Soc. London 26: 147. 1868. ——*B. hexandra* Roxburgh ex Munro in Trans. Linn. Soc. London 26: 147. 1868. ——*B. pubescens* Loddiges ex Loudon in Hort. Brit. 124. 1830; et in Penny Cycl. 3:357. 1835. ——*B. stricta* (Roxburgh) Roxburgh in Hort. Beng., 25.1814. ——*B. tanaea* Buchanan-Hamilton in Cat., 118. 1822.——*B. verticillata* Rottler in ined., ex Munro in Trans. Linn. Soc. London 26: 147.

1868. ——*Arundo hexandra* Roxburgh ex Munro in Trans. Linn. Soc. London 26: 147. 1868. ——*Nastus strictus* (Roxburgh) Smith in Rees. n. 2. 1819.

特征：与牡竹种特征一致。

用途：秆高大坚韧，供建筑用材，也是重要的造纸原料。它是印度分布最广、面积大、利用价值高的竹种，因而成为研究较深入的重要的竹种之一。

分布：中国（广东，台湾）印度；孟加拉国；缅甸；印度尼西亚；新加坡；马来西亚；泰国。

2）银纹牡竹 *Dendrocalamus strictus* ‘Argenteus’

异名：*Bambusa stricta*

Dendrocalamus strictus var. *argenteus*

引证：*Dendrocalamus strictus* ‘Argenteus’, D. Ohrnb., The Bamb. World, 291. 1999; ——*D. strictus* var. *argenteus* J. C. Varmah et K. N. Bahadur in Lessard et Chouinard in Bamb. Res. Asia 22. 1980; McClure ex Bahadur ap. Bahadur et S. Jain in Indian J. For. 4(4) : 284. 1981. ——*Bambusa stricta* var. *argentea* A. Rivière ap. A. et C. Rivière in Bull. Soc. Acclim. sér. 3, 5, 1878: 681.

特征：与牡竹特征相似，不同之处在于其秆箨具深绿色和淡黄色纵条纹；叶具狭窄的银白色条纹。

用途：同牡竹，但更具观赏价值。

分布：印度。

（8）黔竹 *Dendrocalamus tsiangii* (McClure) Chia et H. L. Fung

地下茎合轴型。秆丛生，秆高 7～15 m，直径 4～8 cm，梢端钓丝状长下垂；节间长 25～30（40）cm，圆筒形，但在具芽或具分枝一侧下部具浅沟槽，幼时微被白粉，箨环下方通常具一圈灰色或淡黄色绒毛环，秆壁厚 0.3～0.7 cm；箨环初时具黄褐色小刺毛；秆下部节内常密被灰色或淡黄色绒毛。秆分枝较高，每节多枝，无明显主枝。箨鞘迟落，背面密被棕黑色贴生刺毛，初时具缘毛；箨耳和繸毛均无；箨舌高 2～3 mm，边缘繸毛长 2～9 mm；箨片外翻并下垂，披针形或线状披针形，长 2.5～8.0 cm，宽 0.5～1.1 cm，腹面具短硬毛，基部略收窄。小枝具叶 3～7（11）；叶耳和繸毛均无；叶舌高 0.5～1.0 mm，边缘具细齿；叶片长（6）8～12（24）cm，宽

（0.8）1.2～1.8（2.8）cm，无毛，次脉（4）5～6（7）对，小横脉不清晰，边缘具小锯齿。

1）黔竹 *Dendrocalamus* 'Tsiangii'（原栽培品种）

又名：钓鱼竹

异名：*Lingnania tsiangii*

引证：*Dendrocalamus* 'Tsiangii', Keng et Wang in Flora Reip. Pop. Sin. 9(1): 177. 1996; Shi et al. in World Bamb. Ratt. 14(6): 28. 2016. ——*D. tsiangii* (McClure) Chia et H. L. Fung in Act. Phytotax. Sin. 18(2): 216. 1980; Hsueh et D. Z. Li in J. Bamb. Res. 8(1): 37. 1989; Yi in J. Bamb. Res. 10(1) : 34, fig. 3. 1991; D. Ohrnb., The Bamb. World, 292. 1999; Yi et al. in Icon. Bamb. Sin. 217. 2008, et in Clav. Gen. Spec. Bamb. Sin. 62. 2009. ——*Lingnania tsiangii* McClure in Sunyatsenia 6(1): 41. 1941; 竹类经营 48 页 . 1957. 及修订本 67 页 . 1965.

特征：与黔竹种特征一致。

用途：笋可食用。秆划篾编织竹席、竹扇，整竹或破开作藤蔓农作物的支柱和棚架。

分布：中国（重庆，四川，贵州）。

2）绿秆花黔竹 *Dendrocalamus tsiangii* 'Striatus'

异名：*Dendrocalamus tsiangii* f. *striatus*

引证：*Dendrocalamus tsiangii* 'Striatus'，Shi et al. in World Bamb. Ratt. 14(6): 28. 2016. ——*D. tsiangii* (McClure) Chia et H. L. Fung f. *striatus* (Yi et H. R. Qi) Yi et H. R. Qi in J. Bamb. Res. 10(1): 34. 1991; D. Ohrnb., The Bamb. World, 292. 1999; Yi et al. in Icon. Bamb. Sin. 218, 2008. et in Clav. Gen. Spec. Bamb. Sin. 62. 2009.

特征：与黔竹特征近似，不同之处在于其秆节间绿色，基部数节间具淡黄色纵条纹，箨鞘背面及叶片上亦具淡黄色纵条纹。

用途：与黔竹用途类似，但更具观赏性。

分布：中国（重庆梁平）。

3）花黔竹 *Dendrocalamus tsiangii* 'Viridistriatus'

异名：*Dendrocalamus tsiangii* f. *viridistriatus*

引证：*Dendrocalamus tsiangii* 'Viridistriatus', Keng et Wang in Flora Reip.

Pop. Sin. 9(1): 177. 1996; Shi et al. in World Bamb. Ratt. 14(6): 28. 2016. ——*D. tsiangii* (McClure) Chia et H. L. Fung f. *viridistriatus* X. H. Song ex Hsueh et D. Z. Li in J. Bamb. Res. 8(1): 37. 1989; D. Ohrnb., The Bamb. World, 292. 1999; Yi et al. in Icon. Bamb. Sin. 218. 2008, et in Clav. Gen. Spec. Bamb. Sin. 62. 2009.

特征：与黔竹特征近似，不同之处在于其秆节间淡黄色，具绿色纵条纹。

用途：同黔竹，但更具观赏价值。

分布：中国（贵州荔波）。

2.4　刚竹属 *Phyllostachys* Sieb. et Zucc.

（1）黄古竹 *Phyllostachys angusta* McClure

秆散生，高达 8 m，直径 4 cm；节间长达 26 cm，幼时微被白粉，秆壁厚约 3 mm；秆环稍隆起与箨环等高。箨鞘背面乳白色或淡黄绿色，具紫色纵条纹和稀疏的褐色小斑点，边缘具纤毛；箨耳和鞘口繸毛缺失；箨舌截平或微隆起，黄绿色，边缘具长达 5 mm 的纤毛；箨片开展或外翻，带状，平直，淡绿乳黄色或有时带紫色。小枝具叶 2～3；叶耳和鞘口繸毛缺失或有时鞘口具繸毛；叶舌黄绿色；叶片长 5～17 cm，宽 1.2～2 cm，下面基部被柔毛。笋期 4 月下旬。

1）黄古竹 *Phyllostachys* ‘Angusta’（原栽培品种）

异名：*Phyllostachys angusta* f. *angusta*

引证：*Phyllostachys angusta* McClure in J. Wash. Acad. Sci. 35(9): 278. f. 1. 1945, et in Agr. Handb. USDA No. 114: 12. ff. 4, 5. 1957; 华东禾本科植物志 305 页 . 图 327. 1962; 江苏植物志上册 157 页 . 图 245. 1977; Keng et Wang in Flora Reip. Pop. Sin. 9(1): 265. 1996; D. Ohrnb., The Bamb. World, 194. 1999; Yi et al. in Icon. Bamb. Sin. 312. 2008, et in Clav. Gen. Spec. Bamb. Sin. 93. 2009. ——*P. angusta* McClure f. *angusta*, Ma et al. The Genus *Phyllostachys* in China. 72. 2014.

特征：与黄古竹种特征一致。

用途：笋食用。秆篾性好，劈篾编织竹器和工艺品。

分布：中国（河南，江苏，浙江）；美国有引种栽培。

2）花叶黄古竹 *Phyllostachys angusta* ‘Aureovariega’

引证：*Phyllostachys angusta* ‘Aureovariega’, J. Vandooren in Belgian Bamb.

Soc. Newsl. no. 11: 43. 1995, epithet not established (ICNCP 1995, art. 177.9); D. Ohrnb., The Bamb. World, 195. 1999.

特征：与黄古竹特征相似，不同之处在于其叶片具黄色条纹。

用途：同黄古竹，但更具观赏价值。

分布：比利时。

3）黄槽黄古竹 *Phyllostachys angusta* 'Flavosulcata'

异名：*Phyllostachys angusta* f. *flavosulcata*

引证： *Phyllostachys angusta* McClure f. *flavosulcata* G. H. Lai in Subtrop. Pl. Sci. 42(1): 56. 2013; Ma et al. The Genus *Phyllostachys* in China. 73. 2014; Yi et al. Icon. Bamb. Sin. Ⅱ . 45. 2017.

特征：与黄古竹特征相似，不同之处在于其秆节间绿色，分枝一侧沟槽为黄色。

用途：同黄古竹，但更具观赏价值。

分布：中国（安徽南部）。

（2）石绿竹 *Phyllostachys arcana* McClure

散生竹。秆高达 8 m，直径 3 cm；节间长达 20 cm，幼时被白粉，有紫色晕斑，节处紫色，秆壁厚 2～3 mm；秆环很隆起，高于箨环。箨鞘背面淡绿紫色或黄绿色，有紫色纵脉纹，基部秆箨有紫色斑点，被白粉，脉间被微刺毛；箨耳和鞘口繸毛缺失；箨舌峰状突起，淡紫色或黄绿色，高 4～8 mm，先端具裂齿，边缘具短纤毛；箨片外翻，带状，平直或秆下部者微皱曲，绿色有紫色纵脉纹。小枝具叶 2～3；叶舌弧形长伸出；叶片长 7～11 cm，宽 1.2～1.5 cm，下面无毛或基部偶有长柔毛。笋期 4 月。

1）石绿竹 *Phyllostachys* 'Arcana'（原栽培品种）

异名：*Phyllostachys arcana* f. *arcana*

引证：*Phyllostachys* 'Arcana', Keng et Wang in Flora Reip. Pop. Sin. 9(1): 260. 1996. ——*P. arcana* McClure in J. Wash. Acad. Sci. 35; 280. 1945, et in Agr. Handb. USDA No. 114: 13. 1957; 华东禾本科植物志 305. 图 328, 1962; 江苏植物志上册 157 页 . 图 247. 1977; 云南树木图志下册 1458 页 . 图 686. 1991; D. Ohrnb., The Bamb. World, 195. 1999; Yi et al. in Icon. Bamb. Sin. 313. 2008, et in Clav. Gen. Spec. Bamb. Sin. 91. 2009. ——*P. arcana* f. *arcana*, Ma et al. The

Genus *Phyllostachys* in China. 74. 2014.

特征：与石绿竹种特征相似。

用途：笋供食用；秆不易劈篾，常用于作竿具或柱柄等。

分布：中国（黄河和长江流域各省区）；美国、法国有引种栽培。

2）黄槽石绿竹 *Phyllostachys arcana* 'Luteosulcata'

异名：*Phyllostachys arcana* f. *luteosulcata*

Phyllostachys arcana 'Yellowstone'

引证：*Phyllostachys arcana* 'Luteosulcata', J. P. Demoly in Bamb. Assoc. Europ. Bamb. EBS Sect. Fr. no. 8: 23. 1991; Keng et Wang in Flora Reip. Pop. Sin. 9(1): 260. 1996; J. Y. Shi in Int. Cul. Regist. Rep. Bamb. (2013-2014): 23. 2015; Amer. Bamb. Soc. in Bamb. Species Source List no. 35: 23. 2015. ——*P. arcana* McClure f. *luteosulcata* C. D. Chu et C. S. Chao in Act. Phytotax. Sin. 18(2): 174. 1980; 江苏植物志上册 157 页 . 1977, tantum in Sinice. descr.; 中国竹谱 63 页 . 1988; Yi et al. in Icon. Bamb. Sin. 313. 2008, et in Clav. Gen. Spec. Bamb. Sin. 91. 2009; Ma et al. The Genus *Phyllostachys* in China. 75. 2014. ——*P. arcana* 'Yellowstone', D. Ohrnb., The Bamb. World, 195. 1999.

特征：与石绿竹特征相似，不同之处在于其秆为绿色，而沟槽为黄色。

用途：同石绿竹，但更具观赏价值。

分布：中国（江苏南京）。

（3）罗汉竹 *Phyllostachys aurea* Carr. ex A. et C. Riv.

散生竹。秆高 5～12 m，直径 2～5 cm；节间长 15～30 cm，幼时被白粉，基部或有时中部节间极度短缩，缢缩或肿胀，或其节交互倾斜，中下部正常节间的上端也常明显膨大，秆壁厚 4～8 mm；箨环初时被短毛；秆环隆起与箨环等高或稍高。箨鞘背面黄绿色或淡褐黄色带紫色，有褐色小斑点或小斑块，底部有白色短毛；箨耳及鞘口繸毛缺失；箨舌截形或微拱形，淡黄绿色，边缘具细长纤毛；箨片开展或外折，狭三角形或带状，下部多皱曲，绿色，两边黄色。小枝具叶 2～3；叶耳和鞘口繸毛早落或无；叶片长 6～12 cm，宽 1～1.8 cm，下面有毛或无毛。花枝穗状，长 3～8 cm；佛焰苞 5～7 片，缩小叶卵形或窄披针形，每片佛焰苞腋内具假小穗 1～3 枚；小穗含花 1～4；小穗轴节间无毛；颖片 0～2；外稃与颖相似但较长，近边缘密被柔毛，具多脉；内稃等长于外稃或较短，脊间具2～3脉，脊外两边各具2～5脉；鳞被3，被微毛，长3.5～5 mm；雄蕊3，花丝分离，花药长10～12 mm；柱头2，羽毛状。颖果线状披针形，顶端具宿存花柱基部。笋期5月。

1）罗汉竹 *Phyllostachys* 'Aurea'（原栽培品种）

又名：人面竹

异名：*Phyllostachys bambusoides* var. *aurea*

Phyllostachys aurea f. *aurea*

Phyllostachys formosana

Phyllostachys reticulata var. *aurea*

引证：*Phyllostachys aurea* 'Aurea', J. P. Demoly in Bamb. Assoc. Europ. Bamb. EBS Sect. Fr. No. 8: 22. 1991. ——*P. aurea* Carr. ex A. et C. Riv. in Bull. Soc. Acclim. Ill. 5: 716. 1878; McClure in Agr. Handb. USDA No. 114: 15. 1957; 江苏植物志上册160页 . 图255. 1977; Fl. Taiwan 5: 723. pl. 1489. 1978; S. Suzuki Ind. Jap. Bambusac. 14 (f. 2-1), 72, 73 (pl. 2), 336. 1978; 香港竹谱67页 . 1985; 广西竹种及其栽培125页 . 图66. 1987; 中国竹谱64页 . 1988; 云南树木图志下册1483页 . 图683. 1991; Keng et Wang in Flora Reip. Pop. Sin. 9(1): 255. 1996; D. Ohrnb., The Bamb. World, 196. 1999; Yi et al. in Icon. Bamb. Sin. 314. 2008, et in Clav. Gen. Spec. Bamb. Sin. 90. 2009; Ma et al. The Genus *Phyllostachys* in China. 75. 2014. ——*P. aurea* f. *aurea* D. Ohrnb., The Bamb. World, 197. 1999; Ma et al. The Genus *Phyllostachys* in China. 76. 2014. ——*P. bambusoides* Sieb. et Zucc. var. *aurea* (Carr. ex A. et C. Riv.) Makino in Bot. Mag. Tokyo 11: 158. 1897, et in ibid. 14: 64. 1900; 中国主要植物图说・禾本科120页 . 图71.1959. ——*P. reticulata* (Rupr.) K. Koch. var. *aurea* Makino in 1. c. 26: 22. 1912. ——*P. formosana* Hayata, Icon. Pl. Form. 6: 140. 1916, et in ibid. 7: 95. 1918.

特征：与罗汉竹种特征一致。

用途：笋味美，蔬食佳品。园林栽培供观赏。

分布：中国（黄河流域以南各省区）；日本有引种栽培。

2）绿秆黄槽罗汉竹 *Phyllostachys aurea* 'Flavescens-inversa'

又名：黄槽人面竹；Ginmei-hotei（日本）

异名： *Phyllostachys aurea* f. *flavescens-inversa*

Phyllostachys aurea f. *altemato-lutescens*

Phyllostachys aurea var. *flavescens-inversa*

Phyllostachys bambusoides var. *aurea* f. *altematolutescens*

Phyllostachys reticulata var. *aurea* f. *altemato-lutescens*

引 证： *Phyllostachys aurea* 'Flavescens-inversa', Hatusima in Woody Pl. Jap. 593. 1976; D. Ohrnb., The Bamb. World, 196. 1999; Amer. Bamb. Soc. in Bamb. Species Source List No. 35: 24. 2015. ——*P. aurea* Carr. ex A. et C. Riv. f. *flavescens-inversa* (H. de Lehaie) Muroi in Sugimoto, New Keys Jap. Tr. 465. 1961; Ma et al. The Genus *Phyllostachys* in China. 77. 2014; Yi et al. Icon. Bamb. Sin. Ⅱ. 46. 2017. ——*P. aurea* var. *flavescens-inversa* (Houzeau de Lehaie) Nakai in J. Jap. Bot. 9(1): 20. 1933. ——*P. bambusoides* var. *aurea* f. *altematolutescens* Makino ex Tsuboi in Illus. Jap. Sp. Bamb. 9. pl. T. 1916. ——*P. reticulata* var. *aurea* f. *altemato-lutescens* (Makino ex Tsuboi) Makino et Nemoto in Fl. Jap. 2nd Ed. 1376.1931.

特征： 与罗汉竹特征相似，不同之处在于其秆为绿色，节间分枝一侧沟槽为黄色。极少数叶片具黄色纵条纹。

用途： 建植竹种园，园林栽培供观赏。

分布： 中国（浙江）；日本；欧洲、美国有栽培。

3）金黄罗汉竹 *Phyllostachys aurea* 'Holochrysa'

又名： 金黄人面竹

异名： *Phyllostachys aurea* f. *holochrysa*

引证： *Phyllostachys aurea* 'Holochrysa', Amer. Bamb. Soc. in Bamb. Species Source List no. 35: 24. 2015. ——*P. aurea* Carr. ex A. et C. Riv. f. *holochrysa* Muroi et Kasahara, J. Himeji Gakuin Wom. Jun. Coll. 1974(1): 3. 1974; Ma et al. The Genus *Phyllostachys* in China. 77. 2014; Yi et al. in Icon. Bamb. Sin. Ⅱ . 46. 2017.

特征： 与罗汉竹特征相似，不同之处在于其新秆黄绿色，后逐渐变为黄色，基部节间偶见淡绿色纵条纹。

用途： 建植竹种园，园林栽培供观赏。

分布： 中国（浙江）；欧洲、美国、日本有栽培。

4）关西罗汉竹 *Phyllostachys aurea* 'Kansai'

又名：Õgon-hotei（日本）

异名：*Phyllostachys aurea* f. *holochrysa*

Phyllostachys aurea 'Holochrysa'

引证：*Phyllostachys aurea* 'Kansai', Ohrnberge Bamb. World *Phyllostachys* ed. 3: 15. 1996; D. Ohrnb., The Bamb. World, 196. 1999. ——*P. aurea* f. *holochrysa* Muroi et Kasahara in J. Himeji Gakuin Wom. Coll. No. 1974: 3. invalid (without type; ICBN 1994 Art. 37J). ——*P. aurea* 'Holochrysa', Crouzet, Bamb., 1981: 68.

特征：与罗汉竹特征相似，不同之处在于其秆高 5～9 m，直径 3.0～4.5 cm；秆黄色，偶有一些绿色纵条纹；少数叶片具狭窄的白色条纹。

用途：园林栽培供观赏。

分布：日本；德国、法国、美国有引种栽培。

5）黄秆绿槽罗汉竹 *Phyllostachys aurea* 'Koi'

又名：绿槽人面竹

异名：*Phyllostachys aurea* f. *koi*

引证：*Phyllostachys aurea* 'Koi', M. Hirsh in Europ. Bamb. Net. Newsl. 3: 9. 1986; Ohrnberger in Bamb. World, *Phyllostachys* ed. 2. 24. 1987; C. Younge in Bamboepark Schellinkh. 9. 1992; Amer. Bamb. Soc. Newsl. 14(4): 22. 1993; D. Ohrnb., The Bamb. World, 197. 1999; Amer. Bamb. Soc. in Bamb. Species Source List No. 35: 24. 2015. ——*P. aurea* Carr. ex A. et C. Riv. f. *koi* G. H. Lai in Subtrop. pl. Sci. 42(1): 56. 2013; Ma et al. The Genus *Phyllostachys* in China. 78. 2014; Yi et al. Icon. Bamb. Sin. Ⅱ. 46. 2017.

特征：与罗汉竹特征相似，不同之处在于其秆为黄色，节间分枝一侧沟槽为绿色。部分叶片有乳白色或淡黄色细纵条纹。

用途：建植竹种园，园林栽培供观赏。

分布：美国培育；中国（浙江、四川）有栽培；欧洲和日本亦有引种栽培。

6）樱竹 *Phyllostachys aurea* 'Takemurai'

又名：Usan-chiku（日本）

异名：*Phylloschys aurea* f. *takemurai*

Phylloschys aurea var. *takemurae*

Phyllostachys takemurai

引证： *Phyllostachys aurea* 'Takemurai', Muroi et H. Hamada ex H. Okamura et Y. Tanaka, Hort. Bamb. Sp. Jap. 24.1986; Amer. Bamb. Soc. in Bamb. Species Source List no. 35: 24. 2015. ——*P. aurea* f. *takemurai* Muroi et H. Hamada ex H. Okamura et Y. Tanak, Hort. Bamb. Sp. Jap. 24.1986; H. Okamura et al., Ill. Hort. Bamb. Sp. Jap. 347.1991. ——*P. aurea* var. *takemurae* Muroi ex Hatusima, Woody Pl. Jap. 593.1976. ——*P. takemurai* Muroi in Sugimoto, New Keys Jap. Tr. rev. ed. 68.1965.

特征： 与罗汉竹特征相似，不同之处在于其秆节间灰白色，但具深色晕斑。

用途： 园林栽培供观赏。

分布： 日本（九州至鹿儿岛）；法国、德国、美国有引种栽培。

（4）黄槽竹 *Phyllostachys aureosulcata* McClure

秆高达 9 m，直径 4 cm，在小径竹的基部有 2～3 节常呈"之"字形曲折；节间长达 39 cm，分枝一侧的沟槽为黄色，幼时被白粉和柔毛；秆环高于箨环。箨鞘背面紫绿色，常具淡黄色纵条纹，有褐色小斑点或无斑点，被薄白粉；箨耳由箨片基部两侧延伸而成，或与箨鞘顶端相连，淡黄色带紫色或紫褐色，边缘具繸毛；箨舌截形或拱形，紫色，边缘具短纤毛；箨片直立或开展，淡绿黄色或紫绿色，三角形或三角状披针形，平直或波状。小枝具叶 2～3；叶耳小或无，鞘口繸毛短；叶片长约 12 cm，宽 1.4 cm。花枝穗状，长 8.5 cm，基部约有 4 片逐渐增大的鳞片状苞片；佛焰苞 4 或 5 片，无毛或疏生短柔毛，无叶耳和鞘口繸毛，缩小叶呈锥状，每片佛焰苞内生 5～7 枚假小穗，仅最下方的 1 片佛焰苞内常不生假小穗。小穗含 1 或 2 朵小花；小穗轴具毛；颖 1 或 2 片，具脊；外稃长 15～19 cm，在中、上部被柔毛；内稃稍短于外稃，上半部具柔毛；鳞被长 3.5 mm，边缘生纤毛；花药长 6～8 mm；柱头 3，羽毛状。笋期 4 月中旬至 5 月上旬。花期 5～6 月。

1）黄槽竹 *Phyllostachys* 'Aureosulcata'（原栽培品种）

又名： *Rauher Gelbrinnen-Bambus*（德国）

异名： *Phyllostachys aureosulcata* 'Aureosulcata'

Phyllostachys aureosulcata f. *aureosulcata*

引证： *Phyllostachys* 'Aureosulcata', Keng et Wang in Flora Reip. Pop. Sin. 9(1): 283. 1996. ——*P. aureosulcata* 'Aureosulcata', J. P. Demoly in Bamb. Assoc. Europ. Bamb. EBS Sect. Fr. no. 8: 23. 1991; Amer. Bamb. Soc. in Bamb. Species Source List no. 35: 24. 2015. ——*P. aureosulcata* McClure in J. Wash. Acad. Sci. 35: 282. 1945, et in Agr. Handb. USDA No. 114. 18. 1957; Z. P. Wang et al. in Act. Phytotax. Sin. 18(2): 180. 1980; D. Ohrnb., The Bamb. World, 198. 1999; Yi et al. in Icon. Bamb. Sin. 315. 2008, et in Clav. Gen. Spec. Bamb. Sin. 101. 2009. ——*P. aureosulcata* f. *aureosulcata*, D. Ohrnb., The Bamb. World, 198. 1999; Ma et al. The Genus *Phyllostachys* in China. 78. 2014.

特征： 与黄槽竹种特征一致。

用途： 生态建设，园林绿化，建植竹种园。

分布： 中国（北京，江苏，浙江，安徽）；欧洲、美国有引种栽培。

2）黄秆京竹 *Phyllostachys aureosulcata* 'Aureocaulis'

又名： Goldener Peking-Bambus（德国）

异名： *Phyllostachys aureosulcata* f. *aureocaulis*

引证： *Phyllostachys aureosulcata* 'Aureocarlis', Keng et Wang in Flora Reip. Pop. Sin. 9(1): 286. 1996; Amer. Bamb. Soc. in Bamb. Species Source List no. 35: 24. 2015. ——*P. aureosulcata* McClure f. *aureocaulis* Z. P. Wang et N. X. Ma in J. Nanjing Univ. (Nat. Sci. ed.)(3): 493. 1983; D. Ohrnb., The Bamb. World, 199. 1999; Yi et al. in Icon. Bamb. Sin. 315. 2008, et in Clav. Gen. Spec. Bamb. Sin. 102. 2009; Ma et al. The Genus *Phyllostachys* in China. 80. 2014.

特征： 与黄槽竹特征近似，不同之处在于其秆节间全为黄色，或仅基部的 1、2 节间上有绿色纵条纹；叶片有时也有淡黄色条纹。

用途： 建植竹种园；秆色鲜丽，园林栽培供观赏。

分布： 中国（江苏，浙江，北京）；美国、德国有引种栽培。

3）金条竹 *Phyllostachys aureosulcata* 'Flavostriata'

异名： *Phyllostachys aureosulcata* f. *flavostriata*

引证： *Phyllostachys aureosulcata* 'Flavostriata', Amer. Bamb. Soc. in Bamb. Species Source List no. 35: 24. 2015; J. Y. Shi in Int. Cul. Regist. Rep. Bamb. (2013-

2014): 23. 2015. ——*P. aureosulcata* McClure f. *flavostriata* S. J. Zhao in J. Bamb. Res. 25(3): 14. 2006; Yi et al. in Icon. Bamb. Sin. 316. 2008, et in Clav. Gen. Spec. Bamb. Sin. 101. 2009; Ma et al. The Genus *Phyllostachys* in China. 80. 2014.

特征：与黄槽竹特征近似，不同之处在于其秆绿色，不均匀分布多条宽窄不等的金黄色纵条纹。

用途：建植竹种园；秆色鲜丽，园林栽培供观赏。

分布：中国（江苏连云港）。

4）哈尔滨竹 *Phyllostachys aureosulcata* ‘Harbin’

异名：*Phyllostachys aureosulcata* ‘Harbin Inversa’

引证：*Phyllostachys aureosulcata* ‘Harbin’, C. DeRosa in Amer. Bamb. Soc. Newsl. 12(1): 2. 1991; D. Ohrnb., The Bamb. World, 198. 1999; Amer. Bamb. Soc. in Bamb. Species Source List no. 35: 24. 2015. ——*P. aureosulcata* ‘Harbin Inversa’, Amer. Bamb. Soc. in Bamb. Species Source List no. 35: 24. 2015.

特征：与黄槽竹特征近似，不同之处在于其秆淡黄色，节间具宽窄不等的绿色纵条纹，较老的秆在阳光照射下会变成红棕色。

用途：园林栽培供观赏。

分布：中国；欧洲、美国有引种栽培。

5）京竹 *Phyllostachys aureosulcata* ‘Pekinensis’

又名：Peking-Bambus（德国）

异名：*Phyllostachys aureosulcata*‘Alata’

Phyllostachys aureosulcata f. *pekinensis*

Phyllostachys aureosulcata f. *alata*

引证：*Phyllostachys aureosulcata* ‘Pekinensis’, Keng et Wang in Flora Reip. Pop. Sin. 9(1): 285. 1996; Amer. Bamb. Soc. in Bamb. Species Source List no. 35: 24. 2015. ——*P. aureosulcata* McClure f. *pekinensis* J. L. Lu in J. Henan Agr. Coll. 1981(2): 71. 1981; Wen in Bull. Bot. Res. 2(1): 77. 1982; D. Ohrnb., The Bamb. World, 198. 1999; Yi et al. in Icon. Bamb. Sin. 316. 2008, et in Clav. Gen. Spec. Bamb. Sin. 101. 2009; Ma et al. The Genus *Phyllostachys* in China. 81. 2014.——*P. aureosulcata* f. *alata* Wen in J. Bamb. Res. 2(1): 72. 1983. ——*P. aureosulcata*

'Alata', J. P. Demoly in Bamb. Assoc. Europ. Bamb. EBS Sect. Fr. no. 8: 23. 1991; Amer. Bamb. Soc. in Bamb. Species Source List no. 35: 24. 2015.

特征：与黄槽竹特征近似，不同之处在于其全秆绿色，无黄色纵条纹。

用途：建植竹种园；园林栽培供观赏；笋供食用。

分布：中国（北京，江苏，浙江，河南）；欧洲、美国有引种栽培。

6）金镶玉竹 *Phyllostachys aureosulcata* 'Spectabilis'

又名：Spectabil-Bambus（德国）

异名：*Phyllostachys aureosulcata* f. *spectabilis*

Phyllostachys spectabilis

引证：*Phyllostachys aureosulcata* 'Spectabilis', New Roy. Hort. Soc. Dict. Gard. 3: 564. 1992; C. Youngc, Bamboepark Schellinkh. 10.1992; Keng et Wang in Flora Reip. Pop. Sin. 9(1): 285. 1996; Amer. Bamb. Soc. in Bamb. Species Source List no. 35: 24. 2015; J. Y. Shi in Int. Cul. Regist. Rep. Bamb. (2013-2014): 23. 2015. ——*P. spectabilis* C. D. Chu et C. S. Chao in Acta Phytotax. Sin. 18(2):180. 1980; 江苏植物志上册 160 页 . 图 256, (tandum in Sinice. descr.). ——*P. aureosulcata* McClure f. *spectabilis* C. D. Chu et C. S. Chao in Act. Phytotax. Sin. 18(2): 180. 1980; 中国竹谱 65 页 . 1988; Yi et al. in Icon. Bamb. Sin. 316. 2008, et in Clav. Gen.Spec. Bamb. Sin. 102. 2009; Ma et al. The Genus *Phyllostachys* in China. 81. 2014.

特征：与黄槽竹特征近似，不同之处在于其秆金黄色，但沟槽为绿色。

用途：建植竹种园；秆色艳丽，园林栽培供观赏；笋供食用。

分布：中国（北京，江苏，浙江，四川有引种栽培）。

7）花叶京竹 *Phyllostachys aureosulcata* 'Vittata'

又名：Shima-hotei, Fuiri-hotei（日本）

异名：*Phyllostachys aureosulcata* 'Alata albovariegata'

Phyllostachys aureosulcata f. *vittata*

引证：*Phyllostachys aureosulcata* 'Vittata', J. Y. Shi in Int. Cul. Regist. Rep. Bamb. (2013-2014): 23. 2015. ——*P. aureosulcata* McClure f. *vittata* X. Y. Zeng in J. Bamb. Res. 24(4): 13. 2005; Yi et al. in Icon. Bamb. Sin. 317. 2008, et in Clav. Gen. Spec. Bamb. Sin. 102. 2009; Ma et al. The Genus *Phyllostachys* in China.

82. 2014. ——*P. aureosulcata* 'Alata albovariegata', J. v. d. Palen, Bamboelijst, 1995.

特征：与黄槽竹特征近似，不同之处在于其秆全为绿色，叶绿色而有白色或黄色纵条纹。

用途：建植竹种园，园林栽培供观赏。

分布：中国（浙江杭州）；日本、德国、美国有引种栽培。

（5）桂竹 *Phyllostachys bambusoides* Sieb. et Zucc.

秆高达 20 m，直径 15 cm；节间长达 40 cm，幼时亮绿色，无毛，无白粉，偶于节下有稍明显的白粉环，秆壁厚约 5 mm；秆环稍高于箨环。箨鞘背面黄褐色，有时带绿色或紫色，具较密的紫褐色斑块、小斑点和脉纹，疏生褐色刺毛；箨耳紫褐色，镰形，有时无箨耳，边缘通常具繸毛；箨舌拱形，淡褐色或带绿色，边缘具纤毛；箨片外翻，带状，平直或偶在顶部微皱曲，两侧紫色，边缘黄色。小枝具叶 2～4；叶耳半圆形，繸毛放射状；叶舌伸出；叶片长 5.5～15.0 cm，宽 1.5～2.5 cm。花枝穗状，长 5～8 cm，偶可长达 10 cm，基部有 3～5 片逐渐增大的鳞片状苞片；佛焰苞 6～8 片，叶耳小型或近于无，繸毛通常存在，短，缩小叶圆卵形至线状披针形，基部收缩呈圆形，上端渐尖呈芒状，每片佛焰苞腋内具 1 枚或有时 2 枚，稀可 3 枚的假小穗，仅基部 1～3 片的苞腋内无假小穗而苞早落。小穗披针形，长 2.5～3.0 cm，含 1 或 2（3）朵小花；小穗轴呈针状延伸于最上孕性小花的内稃后方，其顶端常有不同程度的退化小花，节间除针状延伸的部分外，均具细柔毛；颖 1 片或无颖；外稃长 2.0～2.5 cm，被稀疏微毛，先端渐尖呈芒状；内稃稍短于外稃，除 2 脊外，背部无毛或常于先端有微毛；鳞被菱状长椭圆形，长 3.5～4.0 mm，花药长 11～14 mm；花柱较长，柱头 3，羽毛状。笋期 5 月下旬。

1）桂竹 *Phyllostachys* 'Bambusoides'（原栽培品种）

又名：斑竹、五月季竹；Madake（日本）；Bambou vrai（法国）

异名： *Phyllostachys bambusoides* f. *bambusoides*

Phyllostachys bambusoides f. xitchiku

Phyllostachys reticulata

引证：*Phyllostachys bambusoides* Sieb. et Zucc. f. *bambusoides*, Keng et

Wang in Flora Reip. Pop. Sin. 9(1): 292. 1996.——*P. bambusoides* Sieb. et Zucc. in Abh. Akad. Munchen. 3: 746. 1843 [1844?]; Munro in Trans. Linn Soc. 26: 36. 1868; Gamble in Ann. Bot.Gard. Culcutta 7: 27. pl. 27. 1896; McClure in Agr. Handb. USDA No. 114: 20. ff. 12, 13. 1957; 中国主要植物图说・禾本科 99 页 . 图 670.1959; 华东禾本科植物志 41 页 . 图 11. 1962; 秦岭植物志 1(1): 63 页 . 图 56. 1976; 江苏植物志 上册 153 页 . 图 234. 1977; Fl. Taiwan. 5: 725. f. 1490. 1878; S. Suzuki Ind. Jap. Bambusac. 13 (f. 3-1, 2.), 74, 75 (pl. 13), 336. 1978; 香港竹谱 68 页 . 1985; 广西竹种及其栽培 118 页 . 图 62. 1987; 中国竹谱 66 页 . 1988; 云南树木图志下册 1463 页 . 图 691. 1991; D. Ohrnb., The Bamb. World, 199. 1999; Yi et al. in Icon. Bamb. Sin. 317. 2008, et in Clav. Gen. Spec. Bamb. Sin. 103. 2009; Ma et al. The Genus *Phyllostachys* in China. 82. 2014. ——*P. bambusoides* f. *xitchiku* Makino in Bot. Mag. 14: 63. 1900. ——*P. pinyanensis* Wen in Bull. Bot. Res. 2(1): 67. f. 6. 1982. ——*P. reticulata* auct. non (Rupr.) K. Koch.; 陈嵘 , 中国树木分类学 80 页 . 图 59. 1937.

特征：与桂竹种特征一致。

用途：本种秆粗大，竹材坚硬，篾性也好，为优良用材竹种；笋味略涩；也是大熊猫天然采食的下线竹种。

分布：中国（黄河流域及以南各地区）；日本、法国早有引种栽培。

2）翁竹 *Phyllostachys bambusoides* ‘Albovariegata’

又名：花叶桂竹；Shima-hotei, Fuiri-hotei（日本）

异名：*Phyllostachys aurea* ‘Albovariegata’

Phylloschys aurea f. *albovariega*

Phyllostachys aurea ‘Variegata’

Phyllostachys bambusoides f. *albovariegata*

Phyllostachys bambusoides var. *aurea* f. *albovariegata*

Phyllostachys reticula var. *aurea* f. *albovariegata*

Phyllostachys reticulata f. *albovariegata*

引证：*Phyllostachys bambusoides* ‘Albovariegata’, Hatusima. Woody Pl. Jap. 59.1976. ——*P. bambusoides* Sieb. et Zucc. f. *albovariegata* (Makino) Munoi in Sugimono, New Keys Jap. Tr. 465. 1961; Ma et al. The Genus *Phyllostachys* in

China. 84. 2014; Yi et al. Icon. Bamb. Sin. Ⅱ 47. 2017. ——*P. bambusoides* var. *aurea* f. *albovariegata* Makino in J. Jap. Bot. 3(3): 12. 1926. ——*P. reticula* var. *aurea* f. *albovariegata* (Makino) Makino et Nemoto, Fl. Jap. ed.2. 1376.1931. ——*P. aurea* f. *albovariega* (Makino) Makino ex Nakai in J. Jap. Bot. 9(1): 20. 1933. ——*P. aurea* 'Albovariegata', Hatusima, Woody Pl. Jap. 593.1976; D. Ohrnb., The Bamb. World, 196. 1999; Amer. Bamb. Soc. in Bamb. Species Source List no. 35: 23. 2015. ——*P. aurea* 'Variegata', D. Crampton in Garden J. Roy. Hort. Soc. 119(6): 266. 1994. ——*P. reticulata* f. *albovariegata* Makino in Bot. Mag. Tokyo 26: 24. 1912.

特征：与桂竹特征近似，不同之处在于其秆偶有白色纵条纹，叶片具白色纵条纹。

用途：同桂竹，但更具观赏价值，适于园林栽培观赏。

分布：日本；中国（浙江有引种栽培）。

3）银明竹 *Phyllostachys bambusoides* 'Castilloni-inversa'

又名：碧玉间黄金竹；Ginmei-chiku（日本）

异名：*Phyllostachys bambusoides* 'Castillon Inversa'
Phyllostachys bambusoides 'Castillonis Inversa'
Phyllostachys bambusoides 'Castillonis-inversa-variegata'
Phyllostachys bambusoides f. *castilloni-inversa*
Phyllostachys bambusoldes var. *altemato-lutescens*
Phyllostachys bambusoides var. *castilloni-inversa*
Phyllostachys castillonis var. *inversus*
Phyllostachys reticulata var. *castoni-inversa*
Phyllostachys reticulata var. *altemato-lutescen*

引证：*Phyllostachys bambusoides* 'Castilloni-inversa', Hatusima Woody Pl. Jap. 593.1976; D. Ohrnb., The Bamb. World, 202. 1999. ——*P. bambusoides* 'Castillon Inversa', Amer. Bamb. Soc. in Bamb. Species Source List no. 35: 25. 2015. ——*P. bambusoides* Sieb. et Zucc. f. *castilloni-inversa*（H. de Lehaie）Muroi in Sugimono, New Keys Jap. Tr. 465. 1961; Ma et al. The Genus *Phyllostachys* in China. 85. 2014; Yi et al. Icon. Bamb. Sin. Ⅱ. 47. 2017. ——*P. bambusoldes* var. *altemato-lutescens*, Makino ex Tsuboi in Illus. Jap. Sp. Bamb. 7.1916. ——*P. reticulata* var. *altemato-lutescens* (Makino ex Tsuboi) Makino et Nemoto fl. Jap. ed.2.1376. 1931. ——*P. bambusoides* var. *castilloni-inversa*, Houzeau de Lehaie in Act. Ill. Congr. Int. Bot. Brux. 2: 228. 1912. ——*P. reticulata* var. *castoni-inversa* (Houzeau de Lehaie) Nakai in J. Jap. Bot. 9(1): 34. 1933. ——*P. bambusoides* 'Castillonis Inversa', D. Crampton in Garden J. Roy. Hort. Soc. 119(6): 262. 1994. ——*P. castillonis* var. *inversus*, A. H. Lawson in Bamb. Gard. Guide, 160.1968. ——*P. bambusoides* 'Castillonis-inversa-variegata', hort. ex Ohrnberger, Bamb. World *Phyllostachys* ed. 3: 32. 1996.

特征：与桂竹特征近似，不同之处在于其秆绿色，但在节间分枝一侧沟槽为黄色。

用途：同桂竹，但更具观赏性。

分布：中国（江苏南京、宜兴）；日本；美国、法国、德国有引种栽培。

4）金明竹 *Phyllostachys bambusoides* 'Castillonis'

又名：黄金间碧玉竹、黄秆绿槽桂竹；Kinmei-chiku（日本）

异名：*Bambusa castilloni*
Phyllostachys bambusoides 'Castillon'
Phyllostachys bambusoides 'Castillonis Variegata'
Phyllostachys bambusoides f. *castillonis*
Phyllostachys bambusoides var. *castillonis*
Phyllostachys castillonis
Phyllostachys nigra var. *castillonis*

引证：*Phyllostachys bambusoides* 'Castillonis', Hatusima, Woody Pl. Jap. 593.1976; D. Ohrnb., The Bamb. World, 201. 1999. ——*P. bambusoides* 'Castillon', Amer. Bamb. Soc. in Bamb. Species Source List no. 35: 25. 2015. ——*P. bambusoides* Sieb. et Zucc. f. *castillonis* (Marl. ex Carr.) Muroi in Sugimoto, New Keys Jap. Tr. 465. 1961; Yi et al. in Icon. Bamb. Sin. 318. 2008, et in Clav. Gen. Spec. Bamb. Sin. 99. 2009; Ma et al. The Genus *Phyllostachys* in China. 84. 2014. ——*P. castillonis* Mitford in Garden 47: 3. 1895; Mitford, Bamb. Gard. 1896: 152. ——*P. bambusoides* var. *castillonis* (Mitford) Makino in Bot. Mag. Tokyo 13:

268. 1899. ——*P. bambusoides* 'Castillonis Variegata'; J. P. Demoly in Bamb. Assoc. Europ. Bamb. EBS Sect. Fr. no. 8: 23. 1991; T. Grieb Collect. Bamb. Juin 1995. ——*P. nigra* var. *castillonis* (Mitford) Bean in Bull. Misc. Inf. 232.1907. ——*Bambusa castilloni* Marliac ex Carrière in Rev. Hort. 38: 513. 1886.

特征：与桂竹特征近似，不同之处在于其秆及主枝黄色，但在节间分枝一侧沟槽常为鲜绿色，有时该沟槽旁侧亦有同样绿色纵条纹 2～3 条；叶有少数淡黄色纵条纹。

用途：同桂竹，但更具观赏价值，适于公园、小区、庭院栽培观赏。

分布：中国（浙江安吉，江苏南京，陕西周至）；日本、欧洲庭园中有栽培。

5）对花竹 *Phyllostachys bambusoides* 'Duihuazhu'

又名：斑槽桂竹

异名：*Phyllostachys bambusoides* f. *duihuazhu*

引证：*Phyllostachys bambusoides* 'Duihuazhu', J. Y. Shi in Int. Cul. Regist. Rep. Bamboos (2013-2014): 23. 2015. ——*P. bambusoides* Sieb. et Zucc. f. *duihuazhu* C. J. Wu in J. Bamb. Res. 25(3): 13. 2006 ex G. H. Lai, Subtrop. Pl. Sci. 42(1): 60. 2013; Yi et al. Icon. Bamb. Sin. 319. 2008, et in Clav. Gen. Spec. Bamb. Sin. 100. 2009; Ma et al. The Genus *Phyllostachys* in China. 85. 2014.

特征：与桂竹特征近似，不同之处在于其秆节间在具芽或分枝一侧的沟槽具紫黑色斑块。

用途：同桂竹，但更具观赏性。

分布：中国（河南博爱，陕西周至）。

6）弓节桂竹 *Phyllostachys bambusoides* 'Geniculata'

又名：Mutsuore-dake（日本）；Slender Crookstem（英国）

异名：*Phyllostachys bambusoides* 'Slender Crookstem'

Phyllostachys bambusoides f. *geniculata*

Phyllostachys bambusoides f. *zigzag*

Phyllostachys genicuta

Phyllostachys reticulata f. *genicula*

引证：*Phyllostachys bambusoides* 'Geniculata', Hatusima in Woody Pl. Jap.

594.1976; D. Ohrnb., The Bamb. World, 204. 1999. ——*P. bambusoides* 'Slender Crookstem', McClure in J. Arnold Arbor. 37: 194. 1956. ——*P. bambusoides* f. *geniculata* (Nakai) Muroi in Sugimoto New Keys Jap. Tr., 465.1961. ——*P. bambusoides* f. *zigzag* Muroi; Muroi et H. Okamura in Take Sasa, 10, 116.1977——*P. genicuta* Stover Bamb. Book 52.1983. ——*P. reticulata* f. *genicula* Nakai in J. Jap. Bot. 9(1): 34. 1933; Nemoto in Fl. Jap. Suppl. 866.1936.

特征：与桂竹特征近似，不同之处在于其秆各节间弯曲呈“弓”状，节间与节间之间反向“弓”状连接，且过度平滑，使秆节显得不甚突兀。

用途：园林栽培供观赏，其他不详。

分布：中国（广东，四川）；日本、欧洲、美国有引种栽培。

7）白弓桂竹 *Phyllostachys bambusoides* 'White Crookstem'

又名：White Crookstem（英国）

引证：*Phyllostachys bambusoides* 'White Crookstem', McClure in Agr. Handb. US Departm. Agr. 114: 25. 1957; D. Ohrnb., The Bamb. World, 204. 1999.

特征：与弓节桂竹特征近似，不同之处在于其秆较纤细，下部节间呈“弓”状弯曲，老秆覆着白色蜡粉，或多或少使秆的绿色变得模糊。

用途：不详。

分布：中国（广东）；欧洲、美国有引种栽培。

8）金桂竹 *Phyllostachys bambusoides* 'Holochrysa'

又名：Kinmei-chiku（日本）

异名：*Phyllostachys bambusoides*'Allgold'

Phyllostachys bambusoides f. holochrysa

Phyllostachys bambusoides 'Sulphurea'

Phyllostachys bambusoides var. *castilloni-holochrysa*

Phyllostachys bambusoides var. *holochrysa*

Phyllostachys bambusoides var. *sulphurea*

Phyllostachyscastillonis var. *holochrysa*

Phyllostachys quilioi var. *castillonis-holochrysa*

Phyllostachys reticulata var. *holochrysa*

引证：*Phyllostachys bambusoides* 'Holochrysa', Hatusima in Woody Pl.

Jap. 594. 1976; D. Ohrnb., The Bamb. World, 202. 1999. ——*P. bambusoides* 'Allgold', McClure in J. Arnold Arbor. 37: 193. 1956; Amer. Bamb. Soc. in Bamb. Species Source List no. 35: 24. 2015. ——*P. bambusoides* 'Sulphurea', Martin et J. P. Demoly in Bull. Assoc. Parcs Bot. France 1: 12.1979. ——*P. bambusoides* var. *holochrysa*, Pfitzer ex Camus Bamb. 57.1913; S. Suzukj index Jap. Bamb. 74, 337. 1978. ——*P. bambusoides* Sieb. et Zucc. f. *holochrysa* (Pfitzer) Muroi in Sugimono, New Keys Jap. Tr. 465. 1961; T. G. Chen in World Bamb. Ratt. 11(3): 11. 2013; Ma et al. The Genus *Phyllostachys* in China. 86. 2014; Yi et al. Icon. Bamb. Sin. Ⅱ 49. 2017. ——*P. bambusoides* var. *sulphurea* Makino ex Tsuboi in Illus. Jap. Sp. Bamb. 7.1916. ——*P. castillonis* (Marliac ex Carrière) Mitford var. *holochrysa* Pfitzer in, Mitt. Deutsch. Dendrol. Ges. 11: 96. 1902. ——*P. bambusoides* var. *castilloni-holochrysa*, Pfitzer ex Houzeau de Lehaie in Act. 111 Congr. Int. Bot. Brux. 2: 228. 1912. ——*P. quilioi* var. *castillonis-holochrysa*, Regel ex Houzeau de Lehaie in Bamb. 4: 118. 1906. ——*P. reticulata* var. *holochrysa*, Nakai in J. Jap. Bot. 9(1): 34. 1933.

特征：与桂竹特征近似，不同之处在于其秆及枝条金黄色，有时秆基部节间具绿色纵条纹；叶片绿色具不规则黄白色纵条纹。

用途：同桂竹，但更具观赏性。

分布：日本；中国（江苏常州有引种栽培）；法国、美国亦有引种栽培。

9）白箨桂竹 *Phyllostachys bambusoides* 'Kashirodake'

又名：Kashiro-dake, Shiro-dake, Shira-take（日本）

异名：*Phyllostachys bambusoides* f. *kashirodake*

Phyllostachys reticulata f. *kashirodake*

引证：*Phyllostachys bambusoides* 'Kashirodake', Hatusima Woody Pl. Jap. 594.1976; Stover in Bamb. Book, 52.1983; D. Ohrnb., The Bamb. World, 203. 1999. ——*P. bambusoides* f. *kashirodake* Makino in S. Honda, Descr. Prod. For. Jap. 1900: 38; Makino ex Tsuboi in Illus. Jap. Sp. Bamb. 5.1916; Makino ex Muroi in Sugimoto New Keys Jap. Tr. 465.1961. ——*P. reticulata* f. *kashirodake* Makino in Bot. Mag. Tokyo 26: 20. 1912.

特征：与桂竹特征近似，不同之处在于其秆绿色，箨灰白色，上具浅色斑点，但这些斑点会逐渐淡化。

用途：主要用笋壳制作工艺品。

分布：日本（九州北部、本州新潟和爱知县）；韩国有引种栽培。

10）皱槽桂竹 *Phyllostachys bambusoides* 'Katashibo'

又名：Katashibo-chiku（日本）

异名：*Phyllostachys bambusoides* f. katashibo

Phyllostachys bambusoides var. *marliacea* f. *katashibo*

引证：*Phyllostachys bambusoides* 'Katashibo', Hatusima in Woody Pl. Jap. 593.1976; D. Ohrnb., The Bamb. World, 203. 1999. ——*P. bambusoides* f. *katashibo* Muroi in J. Himeji Gakuin Wom. Coll. No. 17, 1989; Muroi in Guide Book iFBamb. Gard. 21,71 1963. ——*P. bambusoides* var. *marliacea* f. *katashibo* Muroi in Sugimoto, New Keys Jap. Tr. 465.1961.

特征：与桂竹特征近似，不同之处在于其秆节间较长，在分支一侧沟槽部分具皱纹。

用途：不详。

分布：日本；欧洲有引种栽培。

11）黄缟竹 *Phyllostachys bambusoides* 'Kawadana'

又名：Kishima-dake（日本）

异名：*Phyllostachys bambusoides* f. *kawadana*

Phyllostachys reticulata f. *kawadana*

引证：*Phyllostachys bambusoides* 'Kawadana', Hatusima Woody Pl. Jap. 593. 1976; D. Ohrnb., The Bamb. World, 200. 1999; Amer. Bamb. Soc. in Bamb. Species Source List no. 35: 25. 2015. ——*P. bambusoides* Sieb. et Zucc. f. *kawadana* Makino ex Tsuboi in Ill. Jap. Sp. Bamb. ed. 2. 5, t. 2, f. 2. 1916; Ma et al. The Genus *Phyllostachys* in China. 86. 2014; Yi et al. Icon. Bamb. Sin. Ⅱ 49. 2017. ——*P. reticulata* f. *kawadana* (Makino ex Tsuboi) Makino et Nemot Fl. Jap. ed. 2. 1376.1931.

特征：与桂竹特征近似，不同之处在于其秆绿色，但秆节间偶见宽窄不等的黄色纵条纹；叶片具宽窄不等的黄色纵条纹。

用途：同桂竹，但更具观赏性。

分布：日本；中国（浙江有引种栽培）；欧洲、美国亦有引种栽培。

12）斑竹 *Phyllostachys bambusoides* 'Lacrima-deae'

又名：Hyuga-hanchiku（日本）

异名：*Phyllostachys bambusoides* 'Tanakae'

Phyllostachys bambusoides f. *lacrima*

Phyllostachys bambusoides f. *lacrima-deae*

Phyllostachys bambusoides f. *tanake*

Phyllostachys makinoi f. *tanakae*

Phyllostachys reticulata f. *tanakae*

引证：*Phyllostachys bambusoides* 'Lacrima-deae', J. Y. Shi in Int. Cul. Regist. Rep. Bamboos (2013-2014): 23. 2015. ——*P. bambusoides* Sieb. et Zucc. f. *lacrima-deae* Keng f. et Wen in Bull. Bot. Res. 2(1): 73. 1982; D. Ohrnb., The Bamb. World, 205. 1999; Yi et al. in Icon. Bamb. Sin. 319. 2008, et in Clav. Gen. Spec. Bamb. Sin. 100. 2009; Ma et al. The Genus *Phyllostachys* in China. 87. 2014. ——*P. bambusoides* f. *tanake* Makino ex Tsuboi in Jap. Sp. Bamb. 4.1916; 江苏植物志上册 153 页 . 1977; 中国竹谱 67 页 . 1988. ——*P. bambusoides* 'Tanakae', Hatusima in Woody Pl. Jap. 593.1976; Amer. Bamb. Soc. in Bamb. Species Source List no. 35: 25. 2015. ——*P. makinoi* f. *tanakae* H. Okamura in H. Okamura et Y. Tanaka, Hort. Bamb. Sp. Jap. 21.1986 ——*P. reticulata* f. *tanakae* (Makino ex Tsuboi) Makino et Nemoto in Fl. Jap. ed.2.1376.1931.

特征：与桂竹特征近似，不同之处在于其秆具紫褐色或淡褐色斑点。

用途：秆粗大，竹材坚硬，篾性也好，为优良用材竹种；优质观赏竹，常见园林栽培以供观赏；秆可制作乐器和工艺品。

分布：中国（黄河至长江流域各地）；日本、欧洲有引种栽培。

13）皱竹 *Phyllostachys bambusoides* 'Marliacea'

Bambusa marliacea

异名：*Phyllostachys bambusoides* 'Marliac'

Phyllostachys bambusoides f. *marliacea*

Phyllostachys bambusoides var. *marliacea*

Phyllostachys marliacea

Phyllostachys reticulata var. *marliacea*

引证： *Phyllostachys bambusoides* 'Marliacea', Hatusima in Woody Pl. Jap. 593.1976; D. Ohrnb., The Bamb. World, 203. 1999. ——*P. bambusoides* 'Marliac', Amer. Bamb. Soc. in Bamb. Species Source List no. 35: 25. 2015. ——*P. marliacea* (Mitford) Mitford in Bamb. Gard. 158.1896. ——*P. bambusoides* Sieb. et Zucc. f. *marliacea* (Makino ex I. Tsuboi) Muroi in Rep. Fuji Bamb. Gard. 17: 8. 1972; Muroi in J. Himeji Gakuin Wom. Coll. no. 17, 1989 ; Ma et al. The Genus *Phyllostachys* in China. 87. 2014; Yi et al. Icon. Bamb. Sin. Ⅱ . 50. 2017. ——*P. bambusoides* var. *marliacea* (Mitford) Makino in Bot. Mag. Tokyo 13: 297. 1899. ——*P. reticulata* var. *marliacea* (Mitford) Makino in Bot. Mag. Tokyo 26: 21. 1912. ——*Bambusa marliacea* Mitford in Garden 46: 547. 1894.

特征： 与桂竹特征近似，不同之处在于其秆节间具宽窄不等的纵肋，秆基部节间很短。

用途： 环境绿化；盆栽观赏。

分布： 日本；中国、韩国、法国、英国、美国有引种栽培。

14）黄槽斑竹 *Phyllostachys bambusoides* 'Mixta'

异名： *Phylloschys bambusoides* 'Mix',
Phyllostachys bambusoides f. *mixta*

引证： *Phyllostachys bambusoides* 'Mixta', J. Y. Shi in Int. Cul. Regist. Rep. Bamboos (2013-2014): 23. 2015. ——*P. bambusoides* 'Mix', Ohrnberger in Bamb. World *Phyllostachys* ed. 3: 40. 1996; D. Ohrnb., The Bamb. World, 203. 1999. ——*P. bambusoides* Sieb. et Zucc. f. *mixta* Z. P. Wang et N. X. Ma in J. Nanjing Univ. (Nat. Sci. ed.) (3): 494. 1983; Keng et Wang in Flora Reip. Pop. Sin. 9(1): 295. 1996; Yi et al. in Icon. Bamb. Sin. 320. 2008, et in Clav. Gen. Spec. Bamb. Sin. 100. 2009; Ma et al. The Genus *Phyllostachys* in China. 88. 2014.

特征： 与桂竹特征近似，不同之处在于其秆节间具黄色沟槽，且沟槽中具褐色斑点。

用途： 与斑竹类似。

分布： 中国（河南博爱，浙江安吉）。

15）麦氏桂竹 *Phyllostachys bambusoides* 'McClure's Castillon'

又名： McClure's Castillon Bamboo（英国）

异名： *Phyllostachys bambusoides* 'Castillon'

Phyllostachys bambusoides 'Castillonis'

Phyllostachys quilioi var. *castillonis*

引证： *Phyllostachys bambusoides* 'McClure's Castillon', Ohrnberger in Bamb. World *Phyllostachys*. 3: 39. 1996; D. Ohrnb., The Bamb. World, 201. 1999. ——*P. bambusoides* 'Castillon', McClure in J. Arnold Arbor. 37: 192. 1956. ——*P. bambusoides* 'Castillonis', Soder-strom et C. E. Calderón in Pac. Hort. 37(3): 13. 1976. ——*P. quilioi* var. *castillonis* Crouzet in Allg. Kat. Bambous. German Ed. [1996]: 68.

特征： 与桂竹特征近似，不同之处在于其秆高 9～12 m，直径 6～8 cm；秆黄色，分枝一侧沟槽绿色；叶偶见 1 至数条白色或黄色纵条纹。

用途： 优质观赏竹，适于公园、小区、庭院栽培观赏。

分布： 日本；欧洲；中国、美国有引种栽培。

16）寿竹 *Phyllostachys bambusoides* 'Shouzhu'

异名： *Phyllostachys bambusoides* f. *shouzhu*

引证： *Phyllostachys bambusoides* Sieb. et Zucc. f. *shouzhu* Yi in Bull. Bot. Res. 2(4): 102. 1982; D. Ohrnb., The Bamb. World, 205. 1999; Yi et al. in Icon. Bamb. Sin. 320. 2008, et in Clav. Gen. Spec. Bamb. Sin. 100. 2009; Ma et al. The Genus *Phyllostachys* in China. 88. 2014.

特征： 与桂竹特征近似，不同之处在于其新秆微被白粉，秆环较平坦，节间较长；箨鞘无毛；通常无叶耳和鞘口繸毛。

用途： 笋味甜，较毛竹味美，最宜鲜食；秆材柔韧，供建筑、家具、农具等用，也可劈篾供编织竹器；箨鞘作斗笠和包裹粽子用。

分布： 中国（四川、重庆）；欧洲有引种栽培。

17）条斑桂竹 *Phyllostachys bambusoides* 'Subvariegata'

又名： Konshima-dake（日本）

异名： *Phyllostachys bambusoides*

Phyllostachys bambusoides f. *subvariegata*

Phyllostachys reticulata f. *subvariegata*

引证： *Phyllostachys bambusoides* 'Subvariegata', Hatusima, Woody Pl. Jap.

593.1976; D. Ohrnb., The Bamb. World, 201. 1999; Amer. Bamb. Soc. in Bamb. Species Source List no. 35: 25. 2015. ——*P. bambusoides* f. *subvariegata* Makino ex Tsuboi Illus. Jap. Sp. Bamb. 4.1916. ——*P. reticulata* f. *subvariegata* Makino in Bot. Mag. Tokyo 26: 24. 1912.

特征：与桂竹特征近似，不同之处在于其秆 4～10 m，直径 4～6 cm；秆偶见明显暗绿色纵条纹；叶片具明暗相间的绿色条纹。

用途：不详。

分布：日本；德国、美国有引种栽培。

18）花秆桂竹 *Phyllostachys bambusoides* 'Violascens'

异名：*Phyllostachys aurea* 'Violascens'

引证：*Phyllostachys bambusoides* 'Violascens', Martin et J. P. Demoly in Bull. Assoc. Parcs Bot. France 1. 10. 1979; Crouzet Bamb. 71.1981; G. Cooper in Amer. Bamb. Soc. Newsl. 16(4): 17, 1995; D. Ohrnb., The Bamb. World, 203. 1999. ——*P. aurea* 'Violascens', New Roy. Hort. Soc. Dict. Gard. 3. 564.1992.

特征：与桂竹特征近似，不同之处在于其秆高 12～15（17）m，直径 16～7（9）cm；幼秆呈暗绿色，秆上分布许多宽度不一的细纵条纹，这些条纹随着竹子的成熟而变成不同颜色（淡黄、浅绿、墨绿）相间的花秆状。

用途：德国有记载，可耐 −15℃，应为耐寒观赏竹品种。

分布：欧洲；美国有引种栽培。

（6）蓉城竹 *Phyllostachys bissetii* McClure

秆高 5～7 m，直径达 4 cm；节间长达 25（30）cm，幼时被白粉，有白色短硬毛，微粗糙，秆壁厚约 4 mm；秆环隆起，略高于箨环。箨鞘背面暗绿色至淡绿色，并微带紫色，先端有时具乳白色纵条纹，被白粉，无毛或秆下部箨鞘有时具柔毛，无斑点或在上部具极微小斑点，边缘具纤毛；箨耳绿色或绿色带紫色，镰形或微小，或不存在，有或无緣毛；箨舌截平或拱形，紫色，宽于箨片基部而常露出，边缘生纤毛；箨片直立，深绿色或深绿色带紫色，狭三角形或三角状披针形。小枝具叶 2；叶耳和鞘口緣毛易脱落；叶片长 7～11 cm，宽 1.2～1.6 cm。笋期 4 月中、下旬。

1）蓉城竹 *Phyllostachys* 'Bissetii'（原栽培品种）

又名：龙竹

引证： *Phyllostachys bissetii* McClure in J. Arn. Arb. 37: 180. f. 1. 1956, et in Agr. Handb. USDA No. 114. 25. ff. 14,15. 1957; Keng et Wang in Flora Reip. Pop. Sin. 9(1): 286. 1996; Yi et al. in Icon. Bamb. Sin. 321. 2008, et in Clav. Gen. Spec. Bamb. Sin. 102. 2009; Ma et al. The Genus *Phyllostachys* in China. 43. 2014.

特征： 与蓉城竹种特征一致。

用途： 笋材两用竹种；也是大熊猫天然取食的主要竹种之一。

分布： 中国（四川，浙江）；美国有引种栽培。

2）黑蓉城竹 *Phyllostachys bissetii* ‘Denigrata’

又名： 黑竹

异名： *Phyllostachysbissetii* f. *denigrata*

引证： *Phyllostachys bissetii* McClure f. *denigrata* Yi et H. R. Qi in J. Bamb. Res. 10(1): 32. 1991; Yi et al. Icon. Bamb. Sin. Ⅱ. 50. 2017.

特征： 与蓉城竹特征近似，不同之处在于其当年生秆绿色，以后逐渐变为紫黑色；地下茎有时为紫黑色。

用途： 同蓉城竹，但更具观赏性。

分布： 中国（重庆梁平）。

（7）毛竹 *Phyllostachys edulis* (Carr.) H. de Lehaie

秆高达 20 m，直径约 20 cm；节间长达 40 cm，幼时密被柔毛和厚白粉，秆壁厚约达 10 mm；箨环初时被毛；秆环不明显或在细秆中隆起。箨鞘背面黄褐色或紫褐色，具褐色斑点，密被棕色刺毛；箨耳小，繸毛发达；箨舌强隆起，边缘具粗长纤毛；箨片外翻，绿色，长三角形或披针形，有皱曲。小枝具叶 2～4；叶耳不明显，鞘口有繸毛；叶舌隆起；叶片长 4～11 cm，宽 0.5～ 1.2 cm，下面基部沿中脉两侧被灰白色短柔毛，次脉 3～6 对。花枝穗状，长 4～7 cm，基部具苞片；佛焰苞 10 余片，缩小叶披针形或锥状，每片孕性佛焰苞腋内具假小穗 1～3 枚；小穗含小花 1；小穗轴节间具短柔毛；颖片 1；外稃长 22～24 mm，上部及边缘被毛；内稃稍短于外稃，中部以上被毛；鳞被 3，披针形；雄蕊 3，花丝分离，花药长约 12 mm；柱头 3，羽毛状。颖果长椭圆形，长 4.5～6.0 mm，直径 1.5～1.8 mm，顶端具宿存花柱基部。笋期 5 月。

1）毛竹 *Phyllostachys* 'Edulis'（原栽培品种）

又名：楠竹、孟宗竹

异名：*Bambusa mitis*

Phyllostachys edulis 'Pubescens'

Phyllostachys edulis f. *edulis*

Phyllostachys heterocycla

Phyllostachys heterocycla f. *pubescens*

Phyllostachys heterocycla var. *pubescens*

Phyllostachys macroculmis var. *edulis*

Phyllostachys mitis

Phyllostachys pubescens

Phyllostachys pubescens f. *lutea*

引证：*Phyllostachys edulis* 'Pubescens', J. Y. Shi in Int. Cul. Regist. Rep. Bamb. (2013-2014): 24. 2015. ——*P. edulis* (Carr.) H. de Leh. in Le Bambou 1: 39. 1906; 陈嵘，中国树木分类学 78 页 . 图 58. 1937, et in Nat'l Hort. Mag. 25: 45. 1946; C. S. Chao et S. A. Renv. in Kew Bull. 43: 420. 1988 ; R. A. Young in Wash. Acad. Sci. 37: 345. 1937, et in Nat'l Hort. Mag. 25: 45. 1946; C. S. Chao et S. A. Renv. in Kew Bull. 43: 420. 1988. ——*P. edulis* (Carr.) H de Leh. f. *edulis*, Ma et al. The Genus *Phyllostachys* in China. 92. 2014. ——*P. heterocycla* (Carr.) Matsumura Shokubutsu in mei-i.2013.1895; Mitford in Bamb. Gard. 160.1896. ——*P. heterocycla* f. *pubescens* (H. de Leh.) D. McClink in Kew Bull. 38: 185. 1983. ——*P. heterocycla* (Carr.) Mitford var. *pubescens* (Mazel) Ohwi. Fl. Jap. 77. 1953. Yi et al. in Icon. Bamb. Sin. 327, 2008. et in Clav. Gen. Spec. Bamb. Sin. 97. 2009. ——*P. macroculmis* var. *edulis* Simonson ex A.V. Vasil'ev in Trans. in Sukhumi Bot. Gard. 9: 23. 1956. ——*P. mitis* Bean in Gard. Chron. ser. 3, 15, 1894: 238, 369; not *Phyllostachys mitis* A. et C. Rivière, 1878. ——*P. pubescens* Mazel ex H. de Leh., Bamb. 1: 7. 1906; McClure in J. Arn. Arb. 37: 189. 1956, et in Agr. Handb. USDA No. 114: 51. ff. 40, 41. 1957; 中国主要植物图说 · 禾本科 89 页 . 图 65. 1959; 华东禾本科植物志 39 页 . 图 10. 1962; 江苏植物志上册 152 页 . 图 233. 1977; Fl. Taiwan 5: 733. pl. 1495. 1978; S. Suzuki, Ind. Jap. Bambusac. 10(f. 1),

12(f. 2), 70, 71(pl. 1), 336. 1978; 广西竹种及其栽培 119 页 . 图 63. 1987; 云南树木图志下册 1460 页 . 图 687. 1991; Keng et Wang in Flora Reip. Pop. Sin. 9(1): 275. 1996. ——*P. pubescens* f. *lutea* Wen in Bull. Bot. 2(1): 79. 1982. ——*Bambusa mitis* hort. ex Carrière in Rev. Hort. 1866: 380.

特征：与毛竹种特征一致。

用途：毛竹是中国分布广，栽培历史悠久，经济价值大的笋材两用竹种。秆供建筑和劈篾编织竹器、工艺品，竹篼亦是制作工艺品的良好材料；枝梢作扫帚；笋鲜食，也可加工成即食笋、玉兰片、笋干和罐头笋等，笋衣也是蔬菜；箨鞘为编织麻袋、地毯、鞋垫和造纸原料。毛竹林地可种植竹荪等食用真菌；毛竹还是重要的风景用竹，目前中国各地开发的竹海风景区，大多地处毛竹分布区；该竹亦被用于饲喂圈养大熊猫。

分布：中国（自秦岭、汉水流域至长江流域以南和台湾，黄河流域一些地区有栽培）；日本、欧美各国均有引种栽培。

2）蝶毛竹 *Phyllostachys edulis* 'Abbreviata'

又名：Butsumen-chiku（日本）

异名：*Phyllostachys edulis* f. abbreviata

Phyllostachys edulis 'Subconvexa'

Phyllostachys edulis var. *heterocycla* f. *subconvexa*

Phyllostachys heterocycla f. *subconvexa*

引证：*Phyllostachys edulis* (Carr.) H. de Lehaie f. *abbreviata* G. H. Lai in Subtrop. pl. Sci. 42(1): 56. 2013; Ma et al. The Genus *Phyllostachys* in China. 94. 2014; Yi et al. Icon. Bamb. Sin. Ⅱ. 55. 2017. ——*P. edulis* 'Subconvexa', J. P. Demoly in Bamb. Assoc. Europ. Bamb. EBS Sect. Fr. no. 8: 23. 1991; D. Ohrnb., The Bamb. World, 211. 1999. ——*P. edulis* var. *heterocycla* f. *subconvexa* Makino ex Tsuboi in Illus. Jap. Sp. Bamb. 21.1916. ——*P. heterocycla* f. *subconvexa* (Makino ex Tsuboi) K. Kasahara et H. Okamura, 1967?; Muroi et H. Okamura in Take Sasa, 1977: 118, 14; H. Okamura et al. Ill. Hort. Bamb. Sp. Jap. 150, 344. 1991.

特征：与毛竹另一栽培品种龟甲竹（*P. edulis* 'Kikko-chiku'）特征近似，不同之处在于其秆中下部一部分连续的节间畸形短缩，并有凹陷，节多少歪斜不平，但上下节并不相连，或有时略在一侧相连，另一侧并不鼓胀呈龟甲状，而略呈蝴蝶结形。

用途：同龟甲竹。

分布：中国；日本有引种栽培。

3）安德森竹 *Phyllostachys edulis* ‘Anderson’

异名：*Phyllostachys pubescens* ‘Anderson’

引证：*Phyllostachys edulis* ‘Anderson’, Ohrnberger in Bamb. World *Phyllostachys* ed. 3: 58. 1996; D. Ohrnb., The Bamb. World, 213. 1999; Amer. Bamb. Soc. in Bamb. Species Source List no. 35: 26. 2015. ——*P. pubescens* ‘Anderson’, in Amer. Bamb. Soc. Newsl. 16(4): 10. 1995.

特征：与毛竹特征近似，不同之处在于其更加耐寒，可在美国 −15.5℃气候条件下正常生长。

用途：不详。

分布：美国。

4）安吉锦毛竹 *Phyllostachys edulis* ‘Anjiensis’

异名：*Phyllostachys edulis* f. *anjiensis*

引证：*Phyllostachys edulis* (Carr.) H. de Lehaie f. *anjiensis* (P. X. Zhang) G. H. Lai in Subtrop. pl. Sci. 42(1): 59. 2013; Ma et al. The Genus *Phyllostachys* in China. 95. 2014; Yi et al. Icon. Bamb. Sin. Ⅱ. 55. 2017.

特征：与毛竹特征近似，不同之处在于其箨鞘淡黄褐色或灰黄褐色，具宽窄不等的淡紫褐色纵条纹，边缘部位尤明显，上部紫褐色斑较密集，中下部紫褐色斑较稀疏。

用途：环境绿化；建植竹种园。

分布：中国（浙江安吉）。

5）黄纹毛竹 *Phyllostachys edulis* ‘Aureovariegata’

又名：Fuiri-môsôchiku, Shima-môsô（日本）

异名：*Phyllostachys edulis* f. aureostriata
Phyllostachys edulis f. *aureovariegata*
Phyllostachys heterocycla ‘Aureovariegata’
Phyllostachys heterocycla f. *aureovariegata*
Phyllostachys pubescens f. *aureovariegata*

引证：*Phyllostachys edulis* 'Aureovariegata', D. Ohrnb., The Bamb. World, 208. 1999. ——*P. edulis* f. *aureostriata* Uchida ex Ueda in Bull. Kyoto Univ. For. 30: 4. 1960. ——*P. edulis* f. *aureovariegata* (Uchida) Ohrnberger in Bambus-Brief no. 2: 17. 1990. ——*P. pubescens* f. *aureovariegata* Uchida in Bull. Sci. Res. Alumni Assoc. Morioka Coll. Agr. 12: 84. 1936. ——*P. heterocycla* f. *aureovariegata* (Uchida) Muroi in Sugimoto, New Keys Jap. Tr. 465.1961; Muroi in J. Himi Gakuin Wom. Coll. no. 1974: 4. ——*P. heterocycla* 'Aureovariegata', Hatusima in Woody Pl. Jap. 1976: 593; Murata in Kitamura et Murata Col. Ill. Woody Pl. Jap. 2: 362. 1979.

特征：与毛竹特征近似，不同之处在于其叶具黄色条纹。

用途：不详。

分布：日本；美国；欧洲有引种栽培。

6）绿槽毛竹 *Phyllostachys edulis* 'Bicolor'

又名：Hon-kimmei, Kmmei-môsô, Gimmei-môsô（日本）

异名：*Phyllostachys edulis* f. *bicolor*

Phyllostachys edulis f. *gimmei*

Phyllostachys edulis 'Gimmei'

Phyllostachys edulis f. *viridisulcata*

Phyllostachys edulis 'Viridisulcata'

Phyllostachys heterocycla f. *bicolor*

Phyllostachys heterocycla f. *gimmei*

Phyllostachys heterocycla f. *luteosulcata*

Phyllostachys heterocycla f. *pubescens* 'Bicolor'

Phyllostachys heterocycla 'Luteosulca'

Phyllostachys heterocycla f. *viridisulcata*

Phyllostachys heterocycla var. *pubescens* f. *bicolor*

Phyllostachys pubescens 'Bicolor'

Phyllostachys pubescens 'Gimmei'

Phyllostachys pubescens f. *bicolor*

Phyllostachys pubescens f. *luteosulcata*

Phyllostachys pubescens f. *viridisulcata*

Phyllostachys pubescens 'Viridisulcata'

Sinoarundinaria pubescens var. *bicolor*

引证： *Phyllostachys edulis* 'Bicolor', Ohrnberger in Bamb. World *Phyllostachys* ed. 3: 59. 1996; D. Ohrnb., The Bamb. World, 208. 1999; Amer. Bamb. Soc. in Bamb. Species Source List no. 35: 26. 2015; J. Y. Shi in Int. Cul. Regist. Rep. Bamb. (2013-2014): 24. 2015. ——*P. edulis* f. *bicolor* (Nakai) C. S. Chao et Renvoize ex G. H. Lai et Y. Hong in J. Bamb. Res. 14(2): 7. 1995; G. H. Lai in J. Anhui Agr. Sci. 40(8): 4624. 2012; Ma et al. The Genus *Phyllostachys* in China. 96. 2014. ——*P. edulis* 'Gimmei', Ohrnberger in Bamb World *Phyllostachys* ed. 3: 62. 1996. ——*P. edulis* f. *gimmei* (Muroi et Ksahara) Ohrnberger in Bambus-Brief no. 2: 18. 1990. ——*P. edulis* (Carr.) H. de Lehaie f. *viridisulcata* (Wen) C. S. Chao et S. A. Renv. in Kew Bull. 43(3): 421. 1988. ——*P. edulis* 'Viridisulcata', D. Ohrnb., The Bamb. World, 209. 1999. ——*P. heterocycla* f. *bicolor* (Nakai) Muroi et Ksahara in J. Himeji Gakuin Wom. Coll. no. 1: 3. 1974. ——*P. heterocycla* f. *gimmei* Muroi et K. Kasahara in Rep. Fuji Bamb. Gard. no. 17: 8. 1972; Muroi in J. Himeji Gakuin Wom. Coll. no. 4.1974. ——*P. heterocycla* f. *luteosulcata* (Wen) Wen in J. Bamb. Res. 4(2): 17 1985; P. R. Rong in J. Bamb. Res. 4(2): 89. 1985; C. S. Chao et Renvoize in Kew Bull. 43(3): 420. 1988. ——*P. heterocycla* f. *pubescens* 'Bicolor', Muroi et K. Kasahara, 1985; cf. H. Okamura in H. Okamura et Y. Tanaka in Hort. Bamb. Sp. Jap. 18.1986. ——*P. heterocycla* 'Luteosulca', W. Y. Zhang et N. X. Ma in S. L. Zhu et Compend. Chin. Bamb. 124.1994. ——*P. heterocycla* f. *viridisulcata* (Wen) Wen in J. Bamb. Res. 4(2): 17. 1985; Yi et al. in Icon. Bamb. Sin. 331. 2008, et in Clav. Gen. Spec. Bamb. Sin. 96. 2009. ——*P. heterocycla* var. *pubescens* f. *bicolor* (Nakai) Muroi et Ksahara in J. Himeji Gakuin Wom. Coll. no. 4.1974. ——*P. pubescens* 'Bicolor', Martin et J. P. Demoly in Bull. Assoc. Parcs 80t. France 1: 10. 1979. ——*P. pubescens* f. *bicolor* (Muroi et Kasahara) Wen in J. Bamb. Res. 10(1): 23. 1991; Wen in Col. Ill. Bamb. China, 188. 1993. ——*P. pubescens* 'Gimmei', Martin et J. P. Demoly in Bull. Assoc. Parcs Bot. France 1: 10. 1979. ——*P. pubescens* f. *luteosulcata*

Wen in Bull. Bot. Res. 2(1): 76. 1982. ——*P. pubescens* f. *viridisulcata* Wen in Bull. Bot. Res. 2(1): 76. 1982. ——*P. pubescens* 'Viridisulcata', W. Y. Zhang et N. X. Ma in S. L. Zhu et al. Compend. Chin. Bamb. 125.1994; Keng et Wang in Flora Reip. Pop. Sin. 9(1): 278. 1996. ——*Sinoarundinaria pubescens* var. *bicolor* Nakai in Tennen kinenbutsu chosahokoku 19: 36. 1942.

特征：与毛竹特征近似，不同之处在于其秆黄色，节间的沟槽绿色，并在沟槽外还有少数绿色细纵条纹；部分叶片具淡黄色细纵条纹。

用途：环境绿化；园林观赏；建植竹种园。

分布：中国（浙江等毛竹产区均有少量分布）；日本、欧洲、美国有引种栽培。

7）紫箨毛竹 *Phyllostachys edulis* 'Early Purple'

又名：早毛竹

异名：*Phyllostachys edulis* f. purpurescens

Phyllostachys pubescens f. *purpurescens*

引证：*Phyllostachys edulis* 'Early Purple', Ohrnberger in Bamb. World *Phyllostachys* ed. 3: 60. 1996; D. Ohrnb., The Bamb. World, 213. 1999. ——*P. edulis* f. *purpurescens* (W. Y. Hsiung, Q. H. Dai et J. K. Liu) Ohrnberger in Bambus-Brief No. 2: 19. 1990. ——*P. pubescens* f. *purpurescens* W. Y. Hsiung, Q. H. Dai et J. K. Liu in 竹类研究 No.10: 3. 1977(?).

特征：与毛竹特征近似，不同之处在于其发笋早，秆箨紫褐色至棕黑色，箨片长 3～4 cm，紫红色并具强皱褶。

用途：不详。

分布：中国（广西）。

8）油毛竹 *Phyllostachys edulis* 'Epruinosa'

异名：*Phyllostachys edulis* f. *epruinosa*

Phyllostachys heterocycla f. *epruinosa*

引证：*Phyllostachys edulis* (Carr.) Mitford f. *epruinosa* G. H. Lai in J. Bamb. Res. 14(2): 7. 1995; D. Ohrnb., The Bamb. World, 213. 1999; Yi in J. Bamb. Res. 14(2): 7. 1995; Ma et al. The Genus *Phyllostachys* in China. 96. 2014. ——*P. heterocycla* (Carr.) Mitford f. *epruinosa* (G. H. Lai) Yi, Yi et al. in Icon. Bamb.

Sin. 329. 2008, et in Clav. Gen. Spec. Bamb. Sin. 95. 2009.

特征：与毛竹特征近似，不同之处在于其新秆光滑无毛，无白粉，节下白粉环不明显。

用途：环境绿化；建植竹种园。

分布：中国（安徽广德）。

9）麻衣竹 *Phyllostachys edulis* 'Exaurita'

异名：*Phyllostachys edulis* f. *exaurita*

引证：*Phyllostachys edulis* (Carr.) H. de Lehaie f. *exaurita* T G. Chen in World Bamb. Ratt. 11(6): 25. 2013; Ma et al. The Genus *Phyllostachys* in China. 97. 2014; Yi et al. Icon. Bamb. Sin. Ⅱ. 56. 2017.

特征：与毛竹特征近似，不同之处在于其秆箨无箨耳，亦无鞘口繸毛；秆梢端通常不规则弯曲呈长下垂状。

用途：建植竹种园；园林栽培供观赏。

分布：中国（江苏常州）。

10）金丝毛竹 *Phyllostachys edulis* 'Gracilis'

又名：Kleiner Moso-Bambus（德国）; Little Moso（英国）

异名：*Phyllostachys edulis* f. gracilis

Phyllostachys heterocycla f. *gracilis*

Phyllostachys heterocycla 'Gracilis'

Phyllostachys pubescens f. *gracilis*

引证：*Phyllostachys edulis* 'Gracilis', Keng et Wang in Flora Reip. Pop. Sin. 9(1): 277. 1996; D. Ohrnb., The Bamb. World, 212. 1999; Amer. Bamb. Soc. in Bamb. Species Source List no. 35: 26. 2015; J. Y. Shi in Int. Cul. Regist. Rep. Bamb. (2013-2014): 24. 2015. ——*P. edulis* (Carr.) H. de Lehaie f. *gracilis* (W. Y. Hsiung) Chao et Renv. in Kew Bull. 43(3): 420. 1988; Ma et al. The Genus *Phyllostachys* in China. 98. 2014. ——*P. heterocycla* (Carr.) Mitford f. *gracilis* W. Y. Hsiung ex Ohrnberger in Bamb. World Gen. *Phyllostachys* 13.1983; Yi et al. in Icon. Bamb. Sin. 329. 2008, et in Clav. Gen. Spec. Bamb. Sin. 98. 2009. ——*P. heterocycla* 'Gracilis', W. Y. Zhang et N. X. Ma in S. L. Zhu et al. in Compend. Chin. Bamb. 124.1994. ——*P. pubescens* Mazel ex H. de Leh. f. *gracilis* W. Y.

Hsiung in Act. Phytotax. Sin. 18(2): 178. 1980; 江苏植物志上册 152 页 . 1977 (tantum in Sinica. descr.).

特征：与毛竹特征近似，不同之处在于其秆始终矮小，高 7～8 m，直径 3～4 cm，秆壁较厚。

用途：建植竹种园；园林栽培供观赏；制作农具。

分布：中国（江苏南京、宜兴，安徽广德、泾县）；德国、瑞士有引种栽培。

11）黄皮毛竹 *Phyllostachys edulis* 'Holochrysa'

又名：Ôgon-môsô（日本）

异名：*Phyllostachys edulis* f. *holochrysa*

Phyllostachys edulis 'Lutea'

Phyllostachys heterocycla f. *holochrysa*

Phyllostachys heterocycla 'Holochrysa'

Phyllostachys pubescens 'Aurea'

Phyllostachys pubescens f. *holochrysa*

Phyllostachys pubescens f. *lutea*

引证：*Phyllostachys edulis* 'Holochrysa', Amer. Bamb. Soc. in Bamb. Species Source List no. 35: 26. 2015. ——*P. edulis* (Carr.) H. de Lehaie f. *holochrysa* (Muroi et K. Kasahara) Ohrberger in Bambus-Brief (2): 18. 1990; G. H. Lai in Subtrop. pl. Sci. 42(1): 64. 2013; Ma et al. The Genus *Phyllostachys* in China. 98. 2014; Yi et al. Icon. Bamb. Sin. Ⅱ. 58. 2017. ——*P. edulis* 'Lutea', Ohrnberger in Bamb. World *Phyllostachys* ed. 3: 66. 1996. ——*P. heterocycla* (Carr.) Matsum. f. *holochrysa* Muroi et K. Kasahara, J. Himeji Gakuin Wom Coll. Jap. (1): 4. 1974. ——*P. heterocycla* 'Holochrysa', Muroi et K. Kasahara; cf. H. Okamura et Y. Tanaka Hort Bamb. Sp. Jap. 19.1986. ——*P. pubescens* 'Aurea', Stover in Bamb Book, 54.1983. ——*P. pubescens* Mazel ex H. de Leh. f. *holochrysa* (Muroi et K. Kasahara) Wen, J. Bamb. Res. 10(1): 23. 1991. ——*P. pubescens* f. *lutea* Wen in Bull. Bot Res. 2 (1): 76. 1982.

特征：与毛竹特征近似，不同之处在于其幼秆和枝鲜黄色，有光泽，有时具紫红色晕斑；2 年生秆和枝金黄色，3 年生以上者暗黄色，仅极少数节间偶有1～2枚绿色细纵条纹；部分叶片有淡白色纵条纹；箨鞘和斑块颜色较淡。

用途：秆型挺拔，秆色优美，属优质观赏竹，可供庭院、小区、公园、风景区栽培观赏。

分布：中国（浙江，安徽，江苏，四川）；日本福冈。

12）龟甲竹 *Phyllostachys edulis* ‘Kikko-chiku’

异名：*Bambusa heterocycla*

Phyllostachys edulis f. *heterocycla*

Phyllostachys edulis ‘Heterocycla’

Phyllostachys edulis ‘Kikko’

Phyllostachys edulis var. *heterocycla*

Phyllostachys heterocycla

Phyllostachys heterocycla ‘Heterocycla’

Phyllostachys heterocycla ‘Kikko-chiku’

Phyllostachys heterocycla ‘Kikku-chiku’

Phyllostachys heterocycla ‘Kiko’

Phyllostachys mitis var. *Heterocycla*

Phyllostachys pubescens ‘Heterocycla’

Phyllostachys pubescens ‘Kiko’

Phyllostachys pubescens var. *biconvexa*

Phyllostachys pubescens var. *heterocycla*

引证：*Phyllostachys edulis* ‘Kikko-chiku’, G. H. Lai in J. Anhui Agr. Sci. 40(8): 4623. 2012; Ma et al. The Genus *Phyllostachys* in China. 106. 2014; J. Y. Shi in Int. Cul. Regist. Rep. Bamb. (2013-2014): 24. 2015. ——*P. edulis* (Carr.) H. de Lehaie f. *heterocycla* (Carr.) Makino ex A.V. Vasil’ev in Trans. Sukhumi Bot Gard. 9: 23. 1956; Yi in J. Sichuan For. Sci. Techn. 36(2): 24.2015. ——*P. edulis* ‘Heterocycla’, J. P. Demoly in Bamb. Assoc. Europ. Bamb. EBS Sect. Fr. no. 8: 23. 1991; D. Ohrnb., The Bamb. World, 210. 1999; Amer. Bamb. Soc. in Bamb. Species Source List no. 35: 26. 2015. ——*P. edulis* ‘Kikko’, J. P. Demoly in Bamb. Assoc. Europ. Bamb. EBS Sect. Fr. no. 8: 23. 1991. ——*P. edulis* (Carr.)

H. de Leh. var. *heterocycla* (Carr.) H. de Leh. in Bamb.1: 39. 1906; Makino in Bot. Mag. Tokyo 26: 22. 1912. ——*P. heterocycla* (Carr.) Mitford in Bamb. Gard. 160. 1896; Z. P. Wang et G. H. Ye. in J. Nanjing Univ. (Nat. Sci. ed.) (3): 493. 1983; 中国竹谱 69 页 . 1988; Yi et al. in Icon. Bamb. Sin. 326. 2008, ct in Clav. Gen. Spec. Bamb. Sin. 98. 2009. ——*P. heterocycla* 'Heterocycla', Murata in Kitamura et Murata Col. Ill. Woody Pl. Jap. 2: 362. 1979. ——*P. mitis* var. *heterocycla* (Carrière) Makino in Bot. Mag. Tokyo 13: 267. 1899. ——*P. pubescens* 'Heterocycla', Martin et J. P. Demoly in Bul. Assoc. Parcs Bot. France 1: 10. 1979. Brennecke in J. Amer. Bamb. Soc. 1(1): 8. 1980; Keng et Wang in Flora Reip. Pop. Sin. 9(1): 276. 1996. ——*P. pubescens* var. *biconvexa* Nakai in J. Jap. Bot. 9(1): 29. 1933. ——*P. heterocycla* 'Kikko-chiku', Mitford ex Ohwi in Fl. Jap. rev. ed. 136.1965. ——*P. heterocycla* 'Kikku-chiku', A. H. Lawson in Bamb. Gard. Guide, 160.1968. ——*P. heterocycla* 'Kiko', Crouzet in Bamb. 75,76.1981. ——*P. pubescens* Mazel ex H. de Leh. var. *heterocycla* (Carr.) H. de Leh., Bamb. 1: 39. 1906; 中国主要植物图说 · 禾本科 99 页 . 图 66. 1959; 江苏植物志上册 153 页 . 1977; S. Suzuki, Ind. Jap. Bambusac. 13 (f. 1-3), 70, 71 (pl. 1), 336. 1978.——*P. pubescens* 'Kikko', Crouzet in Allg. Kat. Bambous. German Ed. [1996]: 82. ——*Bambusa heterocycla* Carr. in Rev. Hort. 49: 354. f. 80. 1878.

特征：与毛竹另一栽培品种蝶毛竹（*Phyllostachys edulis* 'Abbreviata'）特征近似，不同之处在于其秆中部以下的一些节间极度短缩并一侧肿胀，相邻的节交互倾斜而于一侧彼此上下相接或近于相接，呈明显龟甲状。

用途：属优质观赏竹，可盆栽、庭院或公园栽培供观赏；建植竹种园。

分布：中国（浙江，四川）；法国有引栽。

13）黄槽毛竹 *Phyllostachys edulis* 'Luteosulcata'

异名：*Phyllostachys edulis* f. luteosulcata

Phyllostachys pubescens f. luteosulcata

Phyllostachys pubescens 'Luteosulcata'

Phyllostachys heterocycla f. *luteosulcata*

引证：*Phyllostachys edulis* 'Luteosulcata', J. Y. Shi in Int. Cul. Regist. Rep. Bamb. (2013-2014): 24. 2015. ——*P. pubescens* 'Luteosulcata', Keng et Wang in Flora Reip. Pop. Sin. 9(1): 278. 1996. ——*P. pubescens* Mazel ex H. de Leh. f. *luteosulcata* Wen in Bull. Bot. Res. 2(1): 76. 1982. ——*P. heterocycla* (Carr.) Matsum. f. *luteosulcata* (Wen) Wen. in J. Bamb. Res. 4(2): 17. 1985; Yi et al. in Icon. Bamb. Sin. 329. 2008. ——*P. edulis* (Carr.) H. de Leh. f. *luteosulcata* (Wen) C. S. Chao et S. A. Renv. in Kew Bull. 43: 420. 1988; Ma et al. The Genus *Phyllostachys* in China. 99. 2014.

特征：与毛竹特征近似，不同之处在于其秆绿色，但节间的沟槽为黄色。

用途：同毛竹，但更具观赏性。

分布：中国（湖南，浙江杭州和安吉有引种栽培）。

14）花龟竹 *Phyllostachys edulis* ‘Mira’

异名：*Phyllostachys edulis* f. *mira*

引证：*Phyllostachys edulis* (Carr.) H. de Lehaie cv. Mira P. X. Zhang, G. H. Lai et X. Q. Hua in J. Bamb. Res. 32(2): 4. f. 1. 2013；Ma et al. The Genus *Phyllostachys* in China 107. 2014. ——*P. edulis* (Carr.) H. de Lehaie f. *mira* (P. X. Zhang, G. H. Lai et X. Q. Hua) Yi in J. Sichuan For. Sci. Techn. 36(2): 25. 2015; Yi et al. in Icon. Bamb. Sin. Ⅱ. 60. 2017.

特征：与毛竹中另一栽培品种龟甲竹（*Phyllostachys edulis* ‘Kikko-chiku’）特征相似，即秆下部一段的节交互歪斜，上下节在一侧相连，而另一侧节间偏肿呈龟甲状，区别在于其秆和枝有宽窄不等的黄绿相间纵条纹，分枝一侧纵沟槽绿色；部分叶片有少量淡黄色纵条纹；地下茎在土壤中呈黄色，出土见光后逐渐出现绿色条纹。

用途：优质观赏竹，适宜盆栽或庭院栽培观赏。

分布：中国（浙江安吉）。

15）白纹毛竹 *Phyllostachys edulis* ‘Moonbeam’

异名：*Phyllostachys edulis* ‘Albovariegata’
Phyllostachys heterocycla f. *albovariegata*
Phyllostachys pubescens ‘Albovariegata’

引证：*Phyllostachys edulis* ‘Moonbeam’, Ohrnberger in Bamb. World *Phyllostachys* ed. 3: 66. 1996; D. Ohrnb., The Bamb. World, 208. 1999. ——*P. edulis*

'Albovariegata', Ohrnberger in Bambus-Brief no. 2: 17. 1990. ——*P. pubescens* 'Albovariegata', Haubrich in Amer. Bamb. Soc. Newsl. 4(3): 2. 1983. ——*P. heterocycla* f. *albovariegata* Ohrnberger in Bamb. World Gen. *Phyllostachys*, 14.1983.

特征：与毛竹特征近似，不同之处在于其叶具白色条纹。

用途：不详。

分布：美国。

16）绿皮花毛竹 *Phyllostachys edulis* 'Nabeshimana'

又名：Tatejima-môsô (ex H. Okamura)（日本）

异名：*Phyllostachys edulis* f. *nabeshimana*

Phyllostachys heterocycla f. *nabeshimana*

Phyllostachys heterocycla 'Nabeshimana'

Phyllostachys pubescens f. *nabeshimana*

Phyllostachys pubescens 'Nabeshimana'

Phyllostachys pubescens var. *nabeshimana*

Sinoarundinaria pubescens f. *nabeshimana*

引证：*Phyllostachys edulis* 'Nabaeshimana', Crouzet in Bamb. 1981:57; Ohrnberger in Bamb. World *Phyllostachys* ed. 3: 67. 1996; D. Ohrnb., The Bamb. World, 209. 1999. ——*P. edulis* (Carr.) H. de Lehaie f. *nabeshimana* (Muroi) Chao et Renv. in Kew Bull. 43(3): 420. 1988; Ma et al. The Genus *Phyllostachys* in China 100. 2014; Yi et al. in Icon. Bamb. Sin. Ⅱ. 60. 2017. ——*P. heterocycla* f. *nabeshimana* (Muroi) Muroi in Sugimoto New Keys Jap. Tr1. 1961: 465. ——*P. heterocycla* 'Nabeshimana', Hatusima in Woody Pl. Jap. 1976: 593; Murata in Kmura et Murata Col. Ill. Woody Pl. Jap 2: 362. 1979. ——*P.pubescens* 'Nabeshimana', Stover in Bamb. Book, 54.1983. ——*P. pubescens* f. *nabeshimana* (Muroi) Wen in J. Bamb. Res. 10(1): 23. 1991. ——*P. pubescens* var. *nabeshimana* (Muroi) S. Suzukiin Hikobia 8: 59. 1977; S. Suzuki in Index Jap. Bamb. 70, 336, 13 [fig.]. 1978. ——*Sinoarundinaria pubescens* f. *nabeshimana* Muroi in Hyogo-ken Chuto-kyoiku Hakubutsugaku Zasshi 7: 36. 1941.

特征：与毛竹特征近似，不同之处在于其秆节间绿色，具宽窄不等的淡黄色或淡黄绿色细纵条纹。

用途：同毛竹，但更具观赏性，通常作为园林观赏植物。

分布：中国（安徽，浙江，其他省区毛竹林中偶见分布）；日本、欧洲、美国有引种栽培。

17）强竹 *Phyllostachys edulis* ‘Obliquinoda’

异名：*Phyllostachys edulis* ‘Dance Frock’
Phyllostachys edulis f. *obliquinoda*
Phyllostachys heterocycla f. *obliquinoda*
Phyllostachys heterocycla ‘Obliquino’
Phyllostachys heterocycla var. *pubescens* f. *obliquinoda*

引证：*Phyllostachys heterocycla* ‘Obliquinoda’, W. Y. Zhang et N. X. Ma in S. L. Zhu et al., Compend. Chin. Bamb. 125. 1994; Keng et Wang in Flora Reip. Pop. Sin. 9(1): 276. 1996. ——*P. edulis* ‘Dance Frock’, Ohrnberger in Bamb. World *Phyllostachys* ed. 3: 60. 1996; D. Ohrnb., The Bamb. World, 211. 1999. ——*P. edulis* (Carr.) H. de Lehaie f. *obliquinoda*（Z. P. Wang et N. X. Ma）Ohrnberger in Bambus-Brief (2): 19. 1990; G. H. Lai in J. Anhui. Agr. Sci. 40(8): 4624. 2012; Ma et al. The Genus *Phyllostachys* in China 102. 2014. ——*P. heterocycla* (Carr.) Mitford f. *obliquinoda* Z. P. Wang et N. X. Ma, Yi et al. in Icon. Bamb. Sin. 330. 2008, et in Clav. Gen. Spec. Bamb. Sin. 98. 2009. ——*P. heterocycla* (Carr.) Mitford var. *pubescens* (Mazel ex H. de Leh.) Ohwi f. *obliguinoda* Z. P. Wang et N. X. Ma in J. Nanjing Univ. (Nat. Sci. ed.) 1983(3): 493. 1983.

特征：与毛竹特征近似，不同之处在于其秆较细，相邻的节交互倾斜，但节间正常不畸形。

用途：同毛竹。

分布：中国（浙江，江苏，安徽）。

18）梅花毛竹 *Phyllostachys edulis* ‘Obtusangula’

又名：梅花竹

异名：*Phyllostachys edulis* f. *obtusangula*
Phyllostachys heterocycla f. *obtusangula*
Phyllostachys pubescens ‘Obtusangula’

Phyllostachys pubescens f. *obtusangula*

引证： *Phyllostachys edulis* 'Obtusangula', D. Ohrnb., The Bamb. World, 212. 1999. ——*P. pubescens* 'Obtusangula', Keng et Wang in Flora Reip. Pop. Sin. 9(1): 277. 1996. ——*P. edulis* (Carr.) H. de Lehaie f. *obtusangula* (S. Y. Wang) Ohrnberger in Bambus-Brief (2): 18. 1990; Ma et al. The Genus *Phyllostachys* in China 101. 2014.——*P. pubescens* Mazel ex H. de Leh. f. *obtusangula* S. Y. Wang in Guihaia 4(4): 319. 1984. ——*P. heterocycla* (Carr.) Mitford f. *obtusangula* (S. Y. Wang) Ohrnberger in Bamb. World Gen. *Phyllostachys* ed. 2: 74. 1987; Yi et al. in Icon. Bamb. Sin. 330. 2008, et in Clav. Gen. Spec. Bamb. Sin. 98. 2009.

特征： 与毛竹特征近似，不同之处在于其秆具 5～7 条钝棱，横断面略似梅花形。

用途： 园林栽培供观赏及制作工艺品。

分布： 中国（湖南岳阳君山，福建南靖）。

19）兵库竹 *Phyllostachys edulis* 'Okina'

又名： Okina-môsô（日本）

异名： *Phyllostachys heterocycla* f. *pubescens* 'Okina'

Phyllostachys heterocycla f. *okina*

引证： *Phyllostachys edulis* 'Okina', Ohrnberger in Bambus-Brief no. 2: 17. 1990; D. Ohrnb., The Bamb. World, 208. 1999. ——*P. heterocycla* f. *okina* Muroi et H. Okamura in Muroi, 1989; H. Okamura et al. Ill. Hort. Bamb. Sp. Jap. 345. 1991. ——*P. heterocycla* f. *pubescens* 'Okina', Muroi et H. Okamura in H. Okamura et Y. Tanaka Hort. Bamb. Sp. Jap. 20, 113. figs. 1986.

特征： 与毛竹特征近似，不同之处在于其秆节间黄绿色，秆节绿色；白色叶面上具多数绿色条纹，或有时绿色叶面上具白色条纹。

用途： 不详。

分布： 日本（兵库）。

20）斑毛竹 *Phyllostachys edulis* 'Porphyrosticta'

异名： *Phyllostachys edulis* f. *porphyrosticta*

引证： *Phyllostachys edulis* (Carr.) H. de Lehaie f. *porphyrosticta* G. H. Lai in World Bamb. Ratt. 11(4): 21. 2013；Ma et al. The Genus *Phyllostachys* in

China 102. 2014; Yi et al. in Icon. Bamb. Sin. Ⅱ. 64. 2017.

特征：与毛竹特征近似，不同之处在于其秆节间绿色，具紫色斑纹。

用途：同毛竹，但更具观赏性。

分布：中国（浙江，重庆，四川，陕西）。

21）安吉紫毛竹 *Phyllostachys edulis* 'Purpureoculmis'

异名：*Phyllostachys edulis* f. *purpureoculmis*

引证：*Phyllostachys edulis* (Carr.) H. de Lehaie f. *purpureoculmis* P. X. Zhang, G. H. Lai et H. F. Zhang in World Bamb. Ratt. 10(3): 32. f. 2. 2012；Ma et al. The Genus *Phyllostachys* in China 102. 2014; Yi et al. in Icon. Bamb. Sin. Ⅱ. 64. 2017.

特征：与毛竹特征近似，不同之处在于其新秆基部节间具淡紫褐色斑点，以后颜色逐渐加深变密，几乎全秆变为紫色。

用途：观赏价值高，适宜园林栽培观赏。

分布：中国（浙江安吉）。

22）孝丰紫筋毛竹 *Phyllostachys edulis* 'Purpureosulcata'

异名：*Phyllostachys edulis* f. *purpureosulcata*

引证：*Phyllostachys edulis* (Carr.) H. de Lehaie f. *purpureosulcata* P. X. Zhang, G. H. Lai et H. F. Zhang in World Bamb. Ratt. 10(3): 32. f. 1. 2012；Ma et al. The Genus *Phyllostachys* in China 103. 2014; Yi et al. in Icon. Bamb. Sin. Ⅱ. 65. 2017.

特征：与毛竹特征近似，不同之处在于其新秆绿色，以后在秆和枝条分枝一侧纵沟槽逐渐变为紫黑色，且在节间其他部位尚有紫色和淡黄色纵条纹。

用途：观赏价值高，适宜园林栽培观赏。

分布：中国（浙江安吉）。

23）方秆毛竹 *Phyllostachys edulis* 'Quadrangulata'

又名：方毛竹

异名：*Phyllostachys edulis* f. *quadrangulata*
Phyllostachys heterocycla f. *quadrangulata*
Phyllostachys heterocycla 'Quadrangulata'

Phyllostachys pubescens f. *quadrangulata*

Phyllostachys pubescens f. *tetrangulata*

Phyllostachys pubescens 'Tetrangulata'

引证： *Phyllostachys edulis* 'Quadrangulata', S. C. Li et al. in J. Bamb. Res. 9(1): 37. 1990; D. Ohrnb., The Bamb. World, 212. 1999; J. Y. Shi in Int. Cul. Regist. Rep. Bamb. (2013-2014): 24. 2015. ——*P. edulis* (Carr.) H. de Lehaie f. *quadrangulata* (S. Y. Wang) Ohrnberger in Bambus-Brief No. 2: 18. 1990; G. H. Lai in J. Bamb. Res. 14(2): 8. 1995; Yi in J. Sichuan For. Sci. Techn. 36(2): 2015. ——*P. heterocycla* 'Quadrangulata', W. Y. Zhang et N. X. Ma in S. L. Zhu et al. Compend Chin. Bamb., 125.1994. ——*P. heterocycla* (Carr.) Mitford f. *quadrangulata* (S. Y. Wang) Ohrnberger in Bamb. World Gen. *Phyllostachys* ed. 2: 74. 1987; Yi et al. in Icon. Bamb. Sin. 330. 2008, et in Clav. Gen. Spec. Bamb. Sin. 97. 2009. ——*P. pubescens* Mazel ex H. de Leh. f. *tetrangulata* S. Y. Wang in Guihaia 4(4): 319. 1984. ——*P. pubescens* 'Tetrangulata', Keng et Wang in Flora Reip. Pop. Sin. 9(1): 277. 1996. ——*P. pubescens* f. *quadrangulata* S. Y. Wang in Guihaia 4(4): 319. 1984.

特征： 与毛竹特征近似，不同之处在于其秆为钝四棱形，且此种钝四棱形并非因人工作用所成。

用途： 供观赏或制作工艺品。

分布： 中国（湖南）。

24）厚竹 *Phyllostachys edulis* 'Rigid'

又名： 厚皮毛竹、实心毛竹、厚壁毛竹

异名： *Phyllostachys edulis* f. *pachyloen*

Phyllostachys edulis f. *rigid*

Phyllostachys heterocycla f. *pachyloen*

Phyllostachys pubescens f. *rigid*

引证： *Phylfostachys edulis* 'Rigid', Ohrnberger in Bamb. World *Phyllostachys* ed. 3: 70. 1996; D. Ohrnb., The Bamb. World, 212. 1999. ——*P. edulis* f. *rigid* (W. Y. Hsiung Q. H. Dai et J.K. Liu) Ohrnberger in Bambus-Brief no. 2: 19. 1990. ——*P.*

edulis (Carr.) H. de Lehaie f. *pachyloen* (G. Y. Yang et al.) Y. L. Ding ex G. H. Lai in Subtrop. Pl. Sci. 42(1): 60. 2013; Ma et al. The Genus *Phyllostachys* in China 101. 2014. ——*P. pubescens* f. *rigid* W. Y. Hsiung, Q. H. Dai et J. K. Liu in 竹类研究 no. 10: 3. 1977. ——*P. heterocycla* (Carr.) Mitford f. *pachyloen* (G. Y. Yang et al.) Yi, Yi et al. in Icon. Bamb. Sin. 330. 2008, et in Clav. Gen. Spec. Bamb. Sin. 96. 2009.

特征：与毛竹特征近似，不同之处在于其秆略呈四方形，秆壁厚达4 cm，或有时基部节间近于实心。

用途：适于制作家具、生活用具；笋味佳。

分布：中国（江西万载，南昌、宜丰有引种栽培）。

25）花毛竹 *Phyllostachys edulis* 'Tao Kiang'

又名：黄皮花毛竹、花秆毛竹、江氏孟宗竹；Kiang's Moso Bamboo（英国）

异名：*Phyllostachys edulis* f. *huamaozhu*

Phyllostachys edulis 'Hsiung's Grammica'

Phyllostachys heterocycla f. *huamaozhu*

Phyllostachys heterocycla f. *huamaozhu* 'Tao Kiang'

Phyllostachys heterocycla 'Taokiang'

Phyllostachys heterocycla f. *nabeshimana*

Phyllostachys heterocycla f. *taokiang*

Phyllostachys pubescens 'Tao Kiang'

Phyllostachys pubescens f. *huamozhu*

Sinoarundinaria pubescens f. *nabeshimana*

引证：*Phyllostachys edulis* 'Tao Kiang', Ohrnberger in Bamb. World *Phyllostachys* ed. 3: 71. 1996; D. Ohrnb., The Bamb. World, 209. 1999; J. Y. Shi in Int. Cul. Regist. Rep. Bamb. (2013-2014): 24. 2015. ——*P. edulis* 'Hsiung's Grammica', Ohrnberger in Bamb. World *Phyllostachys* ed. 3: 63. 1996. ——*P. edulis* (Carr.) H. de Leh. f. *huamaozhu* (Wen) C. S. Chao et S. A. Renv. in Kew. Bull. 43: 420. 1988; C. L. Huang, G. L. Chen et H. Y. Wang in J. Bamb. Res. 10(3): 62. 1991. ——*P. heterocycla* (Carr.) Matsum. f. *huamaozhu* (Wen) Wen in

J. Bamb. Res. 4(2): 17. 1985. ——*P. heterocycla* 'Taokiang', W. Y. Zhang et N. X. Ma in S. L. Zhu et al. in Compend. Chin. Bamb. 125, 1994; Keng et Wang in Flora Reip. Pop. Sin. 9(1): 278. 1996. ——*P. heterocycla* f. *huamaozhu* 'Tao Kiang', Ohrnberger in Bamb. World Gen. *Phyllostachys* 14, 1983. ——*P. heterocycla* (Carr.) Matsum. f. *nabeshimana* (Muroi) Muroi in New Keys Jap. Trees 465. 1961; 中国竹谱 70 页 . 1988. ——*P. heterocycla* (Carr.) *Matsum*. f. *taokiang* (W. C. Lin) Yi in J. Bamb. Res. 12(4): 46. 1993; Yi et al. in Icon. Bamb. Sin. 331. 2008. ——*P. pubescens* 'Tao Kiang', Lin in Bul. Taiwan For. Res. Inst. 98:21. 1964; Keng et Wang in Flora Reip. Pop. Sin. 9(1): 278. 1996. ——*P. pubescens* 'Tao Kiang' W. C. Lin in Bull. Taiwan For. Res. Inst. 98: 21. ff. 13, 14. 1964; Fl. Taiwan 5: 735. 1978. ——*P. pubescens* f. *huamozhu* Wen in Act. Phytotax. Sin. 16(4): 99. 1978. ——*S inoarundinaria pubescens* (Mazel) Ohwi f. *nabeshimana* Muroi in Hyogo Tyuto Hakubutsu Zasshi 7: 362. 1941.

特征：与毛竹特征近似，不同之处在于其秆具黄绿相间的纵条纹，叶片有时也具黄色条纹。

用途：笋材两用竹；亦属优质观赏竹，可盆栽、庭院或公园栽培供观赏。

分布：中国（毛竹产区均有零星分布，长江流域园林中常有栽培，台湾嘉仪和高雄也有栽培）；欧洲、美国亦有引种栽培。

26）圣音毛竹 *Phyllostachys edulis* 'Tubaeformis'

又名：圣音竹

异名：*Phyllostachys edulis* f. *tubaeformis*

Phyllostachys heterocycla f. *quadrangulata*

Phyllostachys heterocycla f. *tubaeforrnis*

Phyllostachys heterocycla 'Tubaeformis'

Phyllostachys pubescens cv. *Tubaeformis*

Phyllostachys pubescens f. *tubaeforrnis*

引证：*Phyllostachys edulis* 'Tubaeformis', D. Ohrnb., The Bamb. World, 212. 1999; J. Y. Shi in Int. Cul. Regist. Rep. Bamb. (2013-2014): 24. 2015. ——*P. edulis* (Carr.) H. de Lehaie f. *tubaeformis* (S. Y. Wang) Ohrnberger in Bambus-

Brief (2): 18. 1990. ——*P. heterocycla* (Carr.) Mitford f. *quadrangulata* (S. Y. Wang) Yi, Yi & al. in Icon. Bamb. Sin. 330. 2008. & in Clav. Gen. Spec. Bamb. Sin. 97. 2009. ——*P. heterocycla* 'Tubaeformis', W. Y. Zhang & N. X. Ma in S. L. Zhu & al. Compend Chin. Bamb. 125. 1994. ——*P. heterocycla* f. *tubaeforrnis* (S.Y. Wang) Ohrnberger in Bamb. World Gen. *Phyllostachys* ed. 2: 75. 1987. ——*P. pubescens* cv. Tubaeformis, Keng & Wang in Flora Reip. Pop. Sin. 9(1): 276. 1996. ——*P. pubescens* Mazel ex H. de Leh.f. *tubaeformis* S. Y. Wang in Guihaia 4(4): 319. 1984.

特征：与毛竹特征近似，不同之处在于其秆基部向下呈喇叭状强烈增粗，常略呈三棱形，节间短缩，中部以下者长 5～10 cm，节多少倾斜。

用途：优质观赏竹，盆栽、庭院、小区、公园、风景区栽培供观赏。

分布：中国（湖南长沙，岳阳君山及桃江，益阳市林业科学研究所竹园栽培较多，四川成都有引种栽培）。

27）瘤枝毛竹 *Phyllostachys edulis* 'Tumescens'

异名：*Phyllostachys edulis* f. *tumescens*

Phyllostachys heterocycla f. *tumescens*

引证：*Phyllostachys edulis* (Carr.) H. de Lehaie f. *tumescens* Yi in J. Sichuan For. Sci. Techn. 36(2): 2015. ——*P. heterocycla* (Carr.) Mitford f. *tumescens* Yi et L. Yang, Yi et al. in Icon. Bamb. Sin. 331. 2008, et in Clav. Gen. Spec. Bamb. Sin. 98. 2009.

特征：与毛竹特征近似，不同之处在于其秆高 4～6 m，直径 7～8 cm，其下部枝条的下部各节极度瘤状肿起。

用途：园林栽培供观赏。

分布：中国（四川长宁）。

28）佛肚毛竹 *Phyllostachys edulis* 'Ventricosa'

异名：*Phyllostachys edulis* 'Buddha's Belly'

Phyllostachys edulis f. *ventricosa*

Phyllostachys heterocycla f. *ventricosa*

Phyllostachys heterocycla var. *pubescens* f. *ventricosa*

引证：*Phyllostachys edulis* 'Ventricosa', J. Y. Shi in Int. Cul. Regist. Rep.

Bamb. (2013-2014): 24. 2015. ——*P. edulis* (Carr.) H. de Lehaie f. *ventricosa* (Z. P. Wang et N. X. Ma) Ohrnberger in Bambus-Brief (2): 19. 1990, invalid; ex G. H. Lai in J. Anhui Arg. Sci. 40(8): 4624. 2012; Ma et al. The Genus *Phyllostachys* in China 105. 2014. ——*P. edulis* 'Buddha's Belly', Ohrnberger in Bamb. World *Phyllostachys* ed. 3: 59. 1996. ——*P. heterocycla* var. *pubescens* f. *ventricosa* Z. P. Wang et N. X. Ma in J. Ning Univ. Nat. Sci. no. 3: 493. 1983. ——*P. heterocycla* (Carr.) Mitford f. *ventricosa* Z. P. Wang et N. X. Ma, Yi et al. in Icon. Bamb. Sin. 331. 2008, et in Clav. Gen. Spec. Bamb. Sin. 98. 2009.

特征：与毛竹特征近似，不同之处在于其秆中部以下有 10 个以上的节间在中部膨大如佛肚状，但相邻的各节不彼此交互倾斜。

用途：园林栽培供观赏。

分布：中国（浙江安吉）。

29）花秆金丝毛竹 *Phyllostachys edulis* 'Venusta'

异名：*Phyllostachys edulis* f. *venusta*

Phyllostachys heterocycla f. *Venusta*

引证：*Phyllostachys edulis* 'Venusta', J. Y. Shi in Int. Cul. Regist. Rep. Bamb. (2013-2014): 24. 2015. ——*P. edulis* (Carr.) H. de Lehaie f. *venusta* G. H. Lai in J. Bamb. Res. 14(2): 8. 1995. 2012; Ma et al. The Genus *Phyllostachys* in China 105. 2014. ——*P. heterocycla* (Carr.) Mitford f. *venusta* (G. H. Lai) Yi, Yi et al. in Icon. Bamb. Sin. 331. 2008, et in Clav. Gen. Spec. Bamb. Sin. 96. 2009.

特征：与毛竹特征近似，不同之处在于其秆始终较小，高仅 5 m 左右，直径 2～3 cm，秆节间绿色或淡绿色，具宽窄不等的黄色纵条纹。

用途：园林栽培供观赏。

分布：中国（安徽广德，江苏宜兴）。

（8）曲秆竹 *Phyllostachys flexuosa* (Carr.) A. et C. Riv.

秆高 5～6（12）m，直径 2～4（7）cm，基部有时"之"字形曲折；节间长达 30 cm 或过之，幼时微被白粉，老秆灰白色，秆壁厚 2～5 mm；秆环隆起与箨环等高。箨鞘背面绿褐色，有淡紫色脉纹，具或疏或密的褐色小斑点；箨耳及鞘口繸毛缺失；箨舌截平或稍拱形，紫褐色或有时黄绿带紫色，边缘具纤毛；箨片外翻，狭三角形或带状，平直，淡绿紫色，近边缘淡黄色。小枝具叶 2～3；叶耳和鞘口繸毛缺失；叶片长 8～12 cm，宽 1～2 cm，下面基部被柔毛。花枝穗状，长 4～6 cm，基部具 3～6 片逐渐增大的鳞片状苞片；佛焰苞 4～6 片，鞘部两侧常被短柔毛，无叶耳及鞘口繸毛，缩小叶狭小，披针形至锥状，每片苞腋内生有 2 或 3 枚假小穗。小穗长 2.5～3.5 cm，狭披针形，含 2 或 3 朵小花，常仅最上端 1 朵小花发育；小穗轴顶端延伸呈针状，节间有毛；颖常 1 片；外稃长约 2.5 cm，无毛，顶端延伸成芒状尖头；内稃长约 2.2 cm，几无毛或仅顶端有稀疏的柔毛；鳞被狭卵状披针形，长约 2 mm；花药长约 1 cm；柱头 3。笋期 4 月下旬至 5 月上旬。

1）曲秆竹 *Phyllostachys* 'Flexuosa'（原栽培品种）

又名：甜竹

引证：*Phyllostachys flexuosa* Carr. in Rev. Hort. 320.1870; A. et C. Riv. in Bull. Soc. Acclim. (ser. 3) 5: 758, f. 38-41. 1878; D. Ohrnb., The Bamb. World, 214. 1999; Yi et al. in Icon. Bamb. Sin. 324. 2008, et in Clav. Gen. Spec. Bamb. Sin. 93. 2009; Ma et al. The Genus *Phyllostachys* in China.110. 2014.

特征：与曲秆竹种特征一致。

用途：笋味美，供食用；秆材柔韧，劈篾供编织竹器；据记载，在中国可耐 −20℃，因而可以作为一些北方地区的园林观赏用竹。

分布：中国（北京，山西，陕西，甘肃南部，江苏，河南，湖南，安徽）；欧洲、美国及北非有引种栽培。

2）紫斑曲秆竹 *Phyllostachys flexuosa* 'Hanchiku'

引证：*Phyllostachys flexuosa* 'Hanchiku', J. v. d. Palen in Bamboekwek. Kimmei [4]. [1993], publication not effected (ICNCP 1995, Art. 23.1); D. Ohrnb., The Bamb. World, 214. 1999.

特征：与曲秆竹特征近似，不同之处在于其老秆具紫色斑驳。

用途：不详。

分布：欧洲（数量少）。

3）金明曲秆竹 *Phyllostachys flexuosa* 'Kimmei'

引证：*Phyllostachys flexuosa* 'Kimmei', G. Cooper in Amer. Bamb. Soc. Newsl. 16(4): 17. 1995; D. Ohrnb., The Bamb. World, 214. 1999; Amer. Bamb. Soc. in Bamb. Species Source List no. 35: 26. 2015.

特征： 与曲秆竹特征相似，不同之处在于其秆黄色，节间分枝一侧及周围具少数绿色纵条纹；部分叶片具淡黄白色纵条纹。

用途： 不详。

分布： 美国。

4）花叶曲秆竹 *Phyllostachys flexuosa* 'Kimmei Aureostriata'

引证： *Phyllostachys flexuosa* 'Kimmei Aureostriata', Amer. Bamb. Soc. in Bamb. Species Source List no. 35: 26. 2015.

特征： 与曲秆竹特征相似，不同之处在于其全竹叶片约 1/3 为绿色，2/3 具条纹；叶片上的绿色条纹与黄色条纹大约各占一半。

用途： 园林栽培供观赏。

分布： 美国。

（9）花哺鸡竹 *Phyllostachys glabrata* S. Y. Chen et C. Y. Yao

秆高 6～7 m，直径 3～4 cm；节间长约 19 cm，幼时深绿色，略粗糙，老秆灰绿色，秆壁厚约 5 mm；秆环较平或稍隆起与箨环等高。箨鞘背面淡红褐色或淡黄色带紫色，密被紫褐色小斑点，此斑点在箨鞘顶部呈云斑状；箨耳及鞘口縫毛缺失；箨舌截平或稍拱形，淡褐色，边缘波状，具短纤毛；箨片外翻，狭三角形或带状，皱曲，紫绿色，近边缘紫红色或橘黄色。小枝具叶 2～3 枚；叶耳绿色，边缘具绿色或紫红色縫毛；叶片长 8～11 cm，宽 1.2～2.0 cm。花枝穗状，长 4～7 cm，基部具 3～6 片逐渐增大的鳞片状苞片；佛焰苞 4～7 片，无毛，有小型的叶耳及较密的放射状继毛，缩小叶圆卵形至狭披针形，每片苞腋内仅有 1 枚假小穗。小穗狭披针形，长 2.0～2.8 cm，常含 2 小花；小穗轴节间具微毛；颖常缺；外俘长 1.9～2.4 cm，无毛，略粗糙；内稃长 1.7～2.2 cm，几无毛；鳞被质地较薄，长 2.5～3.0 mm；花药长 8～12 mm；柱头 3，羽毛状。笋期 4 月中下旬。花期 5 月。

1）花哺鸡竹 *Phyllostachys* 'Glabrata'（原栽培品种）

引证： *Phyllostachys glabrata* S. Y. Chen et C. Y. Yao in Act. Phytotax. Sin. 18(2):174. f. 3. 1980; Keng et Wang in Flora Reip. Pop. Sin. 9(1): 267. 1996; Yi et al. in Icon. Bamb. Sin. 324. 2008, et in Clav. Gen. Spec. Bamb. Sin. 93. 2009.

特征： 与花哺鸡竹种特征一致。

用途： 园林绿化；竹种园建植；笋食用，味美

分布：中国（浙江特产，杭州植物园有栽培）。

2）花秆花哺鸡竹 *Phyllostachys glabrata* 'Viridistriata'

异名：*Phyllostachys glabrata* f. *viridistriata*

引证：*Phyllostachys glabrata* S. Y. Chen et C. Y. Yao f. *viridistriata* G. H. Lai in J. of Anhui Agri. Univ. 25(1) : 31. 1998；Ma et al. The Genus *Phyllostachys* in China 112. 2014; Yi et al. in Icon. Bamb. Sin. Ⅱ . 65. 2017.

特征：与花哺鸡竹特征近似，不同之处在于其秆节间浅黄色、暗黄色或黄绿色，但分枝一侧纵沟槽为绿色；有的叶片具黄色或淡黄绿色细纵条纹。

用途：同花哺鸡竹。

分布：中国（安徽广德）。

（10）淡竹 *Phyllostachys glauca* McClure

秆高达 12 m，直径 5 cm；节间长达 40 cm，幼时密被白粉，秆壁厚约 3 mm；秆环与箨环等高。箨鞘背面淡紫褐色或淡紫绿色，另有不同深浅颜色的纵条纹，具紫色脉纹及稀疏小斑点；箨耳及鞘口繸毛缺失；箨舌截形，暗紫褐色，高 2～3 mm，先端具裂齿，边缘有短纤毛；箨片开展或外翻，线状披针形或带状，平直或有时微皱曲，紫绿色，近边缘黄色。小枝具叶 2～3 枚；叶耳和鞘口繸毛早落；叶舌紫褐色；叶片长 7～16 cm，宽 1.2～2.5 cm，下面中脉两侧略有柔毛。花枝穗状，长达 11 cm，基部有 3～5 片逐渐增大的鳞片状苞片；佛焰苞 5～7 片，无毛或一侧疏生柔毛，鞘口繸毛有时存在，数少，短细，缩小叶狭披针形至锥状，每苞内有 2～4 枚假小穗，但其中常仅 1 或 2 枚发育正常，侧生假小穗下方所托的苞片披针形，先端有微毛。小穗长约 2.5 cm，狭披针形，含 1 或 2 朵小花，常以最上端一朵成熟；小穗轴最后延伸成刺芒状，节间密生短柔毛；颖不存在或仅 1 片；外稃长约 2 cm，常被短柔毛；内稃稍短于外稃，脊上生短柔毛；鳞被长 4 mm；花药长 12 mm；柱头 2，羽毛状。笋期 4 月中旬至 5 月底。花期 6 月。

1）淡竹 *Phyllostachys* 'Glauca'（原栽培品种）

又名：粉绿竹

异名：*Phyllostachys glauca* 'Notso'

Phyllostachys glauca var. *glauca*

引证：*Phyllostachys glauca* McClure in J. Arn. Arb. 37:185. f. 6.1956, et in

Agr. Handb. USDA No. 114: 36. ff. 26, 27. 1957; 华东禾本科植物志 307 页 . 图 331. 1962; 江苏植物志 , 上册 156 页 . 图 242. 1977; 中国竹谱 68 页 . 1988; 云南树木图志下册 , 1455 页 , 图 685. 1991; D. Ohrnb., The Bamb. World, 215. 1999; Yi et al. in Icon. Bamb. Sin. 325. 2008, et in Clav. Gen. Spec. Bamb. Sin. 92. 2009; Ma et al. The Genus *Phyllostachys* in China 113. 2014. ——*P. glauca* McClure var. *glauca*, Keng et Wang in Flora Reip. Pop. Sin. 9(1): 260. 1996.——*P. glauca* 'Notso', A. Turtle in Amer. Bamb. Soc. Newsl. 16(3): 9. 1995; Amer. Bamb. Soc. in Bamb. Species Source List no. 35: 26. 2015.

特征：与淡竹种特征一致。

用途：园林绿化；建植竹种园；笋食用；秆劈篾供编织竹器。

分布：中国（黄河和长江流域各省区）；欧洲、美国有引种栽培。

2）变竹 *Phyllostachys glauca* 'Variabilis'

异名：*Phyllostachys glauca* var. *variabilis*

引证：*Phyllostachys glauca* 'Variabilis', J. Y. Shi in Int. Cul. Regist. Rep. Bamb. (2013-2014): 24. 2015. ——*P. glauca* McClure var. *variabilis* J. L. Lu in J. Henan Agr. Coll. (2): 71. f. 3. 1981; Keng et Wang in Flora Reip. Pop. Sin. 9(1): 262. 1996; D. Ohrnb., The Bamb. World, 215. 1999; Yi et al. in Icon. Bamb. Sin. 325. 2008, et in Clav. Gen. Spec. Bamb. Sin. 92. 2009; Ma et al. The Genus *Phyllostachys* in China 114. 2014.

特征：与淡竹特征近似，不同之处在于其幼秆无白粉或微被白粉，分枝以下各节的箨鞘具云雾状淡褐色长斑纹。

用途：同淡竹。

分布：中国（河南博爱、新阳，陕西周至有引种栽培）。

3）筠竹 *Phyllostachys glauca* 'Yunzhu'

异名：*Phyllostachys glauca* f. *yunzhu*

引证：*Phyllostachys glauca* 'Yunzhu', M. Hirsh in Europ. Bamb. Netw. Newsl. 3: 9. 1986; J. P. Demoly in Bamb. Assoc. Europ. Bamb. EBS Sect. Fr. no. 8: 23. 1991; Amer. Bamb. Soc. in Bamb. Species Source List no. 35: 26. 2015. J. Y. Shi in Int. Cul. Regist. Rep. Bamb.(2013-2014): 24. 2015. ——*P. glauca* McClure f. *yunzhu* J. L. Lu in Act. Phytotax. Sin. 14(2): 32. 1976; 云南树木图志下册 , 1455

页，图 685. 1991; Keng et Wang in Flora Reip. Pop. Sin. 9(1): 262. 1996; D. Ohrnb., The Bamb. World, 215. 1999; Yi et al. in Icon. Bamb. Sin. 325. 2008, et in Clav. Gen. Spec. Bamb. Sin. 92. 2009; Ma et al. The Genus *Phyllostachys* in China 114. 2014.

特征：与淡竹特征近似，不同之处在于其秆节间具紫褐色斑点或斑纹。

用途：同淡竹，但更具观赏价值。

分布：中国（山西，陕西，河南，福建，江苏，浙江，云南）；德国有引种栽培。

（11）水竹 *Phyllostachys heteroclada* Oliv.

秆高达 8（10）m，直径 4（5.5）cm；节间长达 38 cm，幼时被白粉，疏生短柔毛；秆环同高或在细秆中高于箨环。箨鞘背面绿色带紫色或绿色，被白粉，无毛或疏生短毛，边缘生纤毛；箨耳卵形、椭圆形或有时短镰形，淡紫色，边缘具数条繸毛，在小的箨鞘上无箨耳及繸毛，或仅有繸毛；箨舌边缘具短纤毛；箨片直立，三角形或狭长三角形，绿色、绿紫色或紫色，舟状内曲。小枝具叶（1）2（3）；叶耳无，鞘口繸毛直立；叶片长 5.5～12.5 cm，宽 1.0～1.7 cm，下面基部具柔毛。花枝呈紧密的头状，长（16）18～20（22）mm，通常侧生于老枝上，基部托以 4～6 片逐渐增大的鳞片状苞片，如生于具叶嫩枝的顶端，则仅托以 1 或 2 片佛焰苞，后者的顶端有卵形或长卵形的叶状缩小叶，如在老枝上的花枝则具佛焰苞 2～6 片，纸质或薄革质，广卵形或更宽，唯渐向顶端者则渐狭窄，并变为草质，长 9～12 mm，先端具短柔毛，边缘生纤毛，其他部分无毛或近于无毛，顶端具小尖头，每片佛焰苞腋内有假小穗 4～7 枚，有时可少至 1 枚；假小穗下方常托以形状、大小不一的苞片，此苞片长达 12 mm，多少呈膜质，背部具脊，先端渐尖，先端及脊上均具长柔毛，侧脉 2 或 3 对，极细弱。小穗长达 15 mm，含 3～7 朵小花，上部小花不孕；小穗轴节间长 1.5～2.0 mm，棒状，无毛，顶端近于截形；颖 0～3 片，大小、形状、质地与其下的苞片相同，有时上部者则可与外稃相似；外稃披针形，长 8～12 mm，上部或中上部被以斜开展的柔毛，具 9～13 脉，背脊仅在上端可见，先端锥状渐尖；内稃多少短于外稃，除基部外均被短柔毛；鳞被菱状卵形，长约 3 mm，有 7 条细脉纹，边缘生纤毛；花药长 5～6 mm；花柱长约 5 mm，柱头 3，有时 2，羽毛状。笋期 5 月。花期 4～8 月。

1）水竹 *Phyllostachys* 'Heteroclada'（原栽培品种）

又名：烟竹；Wasserbambus（德国）；Fishscale Bamboo（英国）

异名：*Phyllostachys cerata*

Phyllostachys congesta

Phyllostachys dubia

Phyllostachys heteroclada f. *purpurata*

Phyllostachys heteroclada 'Purpurata'

Phyllostachys purpurata

Phyllostachys purpurata cv. *Straigiistem*

引证：*Phyllostachys heteroclada* Oliv. in Hook. Icon. Pl. 23 (ser. 3.): pl. 2288. 1894; Z. P. Wang et al. in Act. Phytotax. 18(2): 187. 1980; 广西竹种及其栽培 132 页 . 图 71. 1987; Fl. Guizhou. 5: 303. pl. 98: 4-7. 1988; Icon. Arb. Yunnan Inferus 1467. fig. 692: 4-6. 1991; S. L. Zhu et al., A Comp. Chin. Bamb. 122. 1994; Keng et Wang in Fl. Reip. Pop. Sin. 9(1): 306. pl. 84. 1996; T. P. Yi in Sichuan Bamb. Fl. 128. pl. 41. 1997, et in Fl. Sichuan. 12: 109. pl. 37: 1-16. 1998; D. Ohrnb., The Bamb. World, 215. 1999; Fl. Yunnan. 9: 205. 2003; Li et al. in Fl. China 22: 179. 2006; Yi et al. in Icon. Bamb. Sin. 355. 2008, et in Clav. Gen. Sp. Bamb. Sin. 107. 2009; Ma et al. The Genus *Phyllostachys* in China 46. 2014. ——*P. cerata* McClure in Lingnan Univ. Sci. Bull. no. 9: 41. 1940. ——*P. congesta* Rendle in J. Linn. Soc. Bot. 36: 438. 1904; E. G. Camus,Les Bamb. 62. pl. 31. fig. C. 1913; Y. L. Keng, Fl. Ill. Pl. Prim. Sin. Gramineae 108, fig. 78. 1959; Icon. Corm. Sin. 5: 42. fig. 6913. 1976; 陈嵘，中国树木分类学 81 页 .1937; 中国主要植物图说・禾本科 108 页 , 图 78. 1959；华东禾本科植物志 49 页 . 图 16. 1962；江苏植物志，上册 158 页 . 图 251. 1977. ——*P. dubia* Keng in Sinensia 11 (nos. 5 et 6): 407. 1940. ——*P. purpurata* McClure in Lingnan Univ. Sci. Bull. no. 9: 43. 1940; D. Ohrnb., The Bamb. World, 230. 1999. ——*P. heteroclada* f. *purpurata* (McClure) Wen in Bull. Bot. Res. 2(1): 78. 1982. ——*P. heteroclada* 'Purpurata', Ohmberger Bamb. World Gen. *Phyllostachys*, 12. 1983.——*P. purpurata* cv. Straigiistem McClure in Agr. Handb. USDA No. 114: 56. 1957; 江苏植物志，上册 159 页 . 图 254. 1977.

特征：与水竹种特征一致。

用途：笋材两用竹种；环境绿化；竹种园建植；秆可做农具；亦见大熊猫冬季垂直下移时采食该竹。

分布：中国（黄河流域及以南各省区）；欧洲、美国有引种栽培。

2）短节水竹 *Phyllostachys heteroclada* 'Decurtata'

又名：算盘竹、盘珠竹

异名：*Phyllostachys heteroclada* f. *decurtata*

Phyllostachys purpurata f. *decurtata*

引证：*Phyllostachys heteroclada* 'Decurtata', Ohrnberger in Bamb. World *Phyllostachys* ed. 3, 1996: 155; D. Ohrnb., The Bamb. World, 231. 1999. ——*P. heteroclada* f. *decurtata* (S. L. Chen) Wen in J. Bamb. Res. 3(2): 36. 1984. ——*P. purpurata* f. *decurtata* S. L Chen in 江苏植物志，上册 . 1977: 159, 467.

特征：与水竹特征近似，不同之处在于其下部秆节短缩。

用途：园林绿化。

分布：中国（江苏）。

3）黑水竹 *Phyllostachys heteroclada* 'Denigrate'

又名：黑竹

异名：*Phyllostachys heteroclada* f. *denigrata*

引证：*Phyllostachys heteroclada* 'Denigrate', J. Y. Shi in Int. Cul. Regist. Rep. Bamboos (2013-2014): 24. 2015.——*P. heteroclada* Oliv. f. *denigrate* (Yi et H. R. Qi) Yi et H. R. Qi ap. Yi in J. Bamb. Res. 12(4): 47. 1993; D. Ohrnb., The Bamb. World, 216. 1999; Yi et al. in Icon. Bamb. Sin. 356. 2008, et in Clav. Gen. Spec. Bamb. Sin. 107. 2009; Ma et al. The Genus *Phyllostachys* in China 48. 2014.

特征：与水竹特征近似，不同之处在于其当年生秆淡绿色，以后逐渐变为紫黑色，地下茎有时为紫黑色。

用途：同水竹，但更具观赏性，适于园林栽培供观赏。

分布：中国（重庆梁平）。

4）黄秆水竹 *Phyllostachys heteroclada* 'Flaviculmis'

异名：*Phyllostachys heteroclada* f. *flaviculmis*

引证：*Phyllostachys heteroclada* Oliv. f. *flaviculmis* P. X. Zhang, X. X. Chen et G. H. Lai in World Bamb. Ratt. 12(5): 36. fig. 2. 2014; Yi et al. in Icon. Bamb. Sin. Ⅱ. 66. 2017.

特征：与水竹特征近似，不同之处在于其竹秆和枝条黄色，偶有少数不规则绿色纵条纹；叶片偶有黄白色细纵条纹。

用途：同水竹，但更具观赏性，适于园林栽培供观赏。

分布：中国(浙江安吉)。

5）黎子竹 *Phyllostachys heteroclada* 'Purpurata'

异名：*Phyllostachys heteroclada* f. *purpurata*

Phyllostachys heteroclada 'Straightstem'

Phyllostachys purpurata

Phyllostachys purpurata f. *striata*

Phyllostachys purpurata 'Straightstem'

引证：*Phyllostachys heteroclada* 'Purpurata', Amer. Bamb. Soc. in Bamb. Species Source List no. 35: 27. 2015. ——*P. heteroclada* Oliver f. *purpurata* (McClure) Wen in Bull.Bot. Res. 2(1): 78. 1982; Keng et Wang in Flora Reip. Pop. Sin. 9(1): 307. 1996; Yi et al. in Icon. Bamb. Sin. 356. 2008, et in Clav. Gen. Spec. Bamb. Sin. 107. 2009. ——*P. heteroclada* 'Straightstem', Ohrnberger in Bamb. World Gen. *Phyllostachys*, 1983: 12. ——*P. purpurata* McClure in Lingnan Univ. Sci. Bull. No. 9: 41. 1940. ——*P. purpurata* f. *striata* S. L. Chen in 江苏植物志，上册 : 159. 1977. ——*P. purpurata* 'Straightstem', McClure in Agr. Handb. US Departm. Agr. 114, 1957: 56; D. Ohrnb., The Bamb. World, 231. 1999.

特征：与水竹特征近似，不同之处在于其箨片为紫红色。

用途：同水竹，但更具观赏性。

分布：中国（江苏，安徽，浙江，湖南）；美国有引种栽培。

6）实心水竹 *Phyllostachys heteroclada* 'Solida'

又名：实心竹、木竹、实竹子、盘珠竹

异名：*Phyllostachys heteroclada* f. *decurtata*

Phyllostachys heteroclada f. *solida*

Phyllostachys heteroclada 'Solidstem'

Phyllostachys purpurata 'Solidstem'

Phyllostachys purpurata cv. Solidstem

Phyllostachys purpurata f. *decurtata*

Phyllostachys parwifolia f. *lignose*

Phyllostachys purpurata f. *solida*

Phyllostachys bambusoides f. *zitchiku*

引证： *Phyllostachys heteroclada* 'Solida', J. P. Demoly in Bamb. Assoc. Europ. Bamb. EBS Sect. Fr. no. 8: 24. 1991; D. Ohrnb., The Bamb. World, 231. 1999. ——*P. heteroclada* Oliv. f. *solida* (S. L. Chen) Z. P. Wang et Z. H. Yu in Act. Phytotax. Sin. 18(2): 188. 1980; Keng et Wang in Flora Reip. Pop. Sin. 9(1): 307. 1996; Yi et al. in Icon. Bamb. Sin. 356. 2008, et in Clav. Gen. Spec. Bamb. Sin. 108. 2009. ——*P. heteroclada* 'Solidstem', N. Jaquith in Amer. Bamb. Soc. Newsl. 15(2): 1. 1994; Amer. Bamb. Soc. in Bamb. Species Source List no. 35: 27. 2015. ——*P. heteroclada* Oliver f. *decurtata* (S. L. Chen) Wen in J. Bamb. Res. 3(2): 36. 1984; Ma et al. The Genus *Phyllostachys* in China 47. 2014. ——*P. purpurata* 'Solidstem', McClure in Agr. Handb. USDA No. 114: 56. 1957. ——*P. purpurata* f. *solida* S. L. Chen, 江苏植物志 , 上册 159 页 . 图 253. 1977; 中国竹谱 79 页 . 1988. ——*P. purpurata* f. *decurtata* S. L. Chen in 1. c. 159, 467. 1977. ——*P. parwifolia* C. D. Chu et H. Y. Chou f. *lignosa* Wen in Bull. Bot. Res. 2(1): 75: 1982. ——*P. bambusoides* Sieb.et Zucc. f. *zitchiku* auct. non Makino; 中国主要植物图说 · 禾本科 100 页 , 图 68. 1959.

特征： 与水竹特征近似，不同之处在于其秆壁很厚，其细秆中节间实心或近实心，上部节间在分枝对面一侧常略扁平而稍呈方形，基部或下部有 1 或 2 节间有时极短缩呈算盘珠状。

用途： 竹材坚硬，宜搭瓜棚豆架；笋供食用。

分布： 中国（江苏，安徽，浙江，湖南）；法国、德国、美国有引种栽培。

（12）燥壳竹 *Phyllostachys hirtivagina* G. H. Lai

秆高 1.0～2.5（5）m，径 1.0～1.8（3）cm，少量秆下部呈“之”字形曲折或膝曲状；节间长 20～25 cm，初时带紫色，密被白粉，通常无毛，老时绿色或黄绿色；秆环较隆起；节内高 3～4 mm。分枝近平展。箨鞘红褐带绿色或小秆之箨淡绿褐带红色，背部无乳白色纵条纹，无斑点，密被淡棕色刚毛及白粉，但基部无毛，边缘有淡棕色纤毛；箨耳常存在，卵形、短镰形或镰形而绝非细长镰形，紫色，边缘生紫色屈曲长繸毛；箨舌高 2～2.5 mm，淡黄绿色带紫色或绿褐色，先端截形或微弧形，具白色短纤毛；箨片三角形至长三角形，紫色，直立，舟状，不皱褶，基部略收缩与箨舌近等宽。小枝具叶（1）2～3（4）枚；叶鞘无毛；叶耳不明显，口部有数根直伸繸毛；叶舌不伸出或微伸出；叶片带状披形，长 15～10 cm，宽 1.0～1.5 cm，上面深绿色，下面粉绿色，基部有长柔毛，次脉 5～6 对。假花序近头状或短穗状，由 6～12 枚假小穗集生而成；小花内、外稃除下部近无毛外，均被短柔毛；雄蕊 3，花药淡黄色。笋期 4 月下旬。花期 4 ～5 月。

1）燥壳竹 *Phyllostachys* ‘Hirtivagina’（栽培品种）

又名：燥竹、尖头毛、狗竹子

异名：*Phyllostachys hirtivagina* f. *hirtivagina*

引证：*Phyllostachys hirtivagina* G. H. Lai in pl. Divers. Resourc. 35(2): 134, f. 2. 2013; Yi et al. in Icon. Bamb. Sin. Ⅱ. 67. 2017. ——*P. hirtivagina* G. H. Lai f. *hirtivagina*, Ma et al. The Genus *Phyllostachys* in China 49. 2014.

特征：与燥壳竹种特征一致。

用途：笋可食用。

分布：中国（安徽南部）。

2）黄条燥壳竹 *Phyllostachys hirtivagina* ‘Luteovittata’

异名：*Phyllostachys hirtivagina* f. *luteovittata*

引证：*Phyllostachys hirtivagina* G. H. Lai f. *luteovittata* G. H. Lai in World Bamb. Ratt. 11(4): 22. 2013; Ma et al. The Genus *Phyllostachys* in China 50. 2014; Yi et al. in Icon. Bamb. Sin. Ⅱ. 68. 2017.

特征：与燥壳竹特征近似，不同之处在于其秆节间绿色、灰绿色或黄绿色，分枝一侧纵沟槽黄色；箨鞘颜色稍淡。

用途：同燥壳竹，但更具观赏价值。

分布：中国（安徽旌德）。

（13）红壳雷竹 *Phyllostachys incarnata* Wen

秆高达 8 m，直径 4.5 cm；节间长约 20 cm，幼时被白粉，节下方尤密；秆环与箨环等高，但在较细的秆上可高于箨环。箨鞘背面肉红色，细笋者上部或全部为绿色，具稀疏小斑点，有时具深褐色晕斑，疏生刺毛或无刺毛；箨耳紫褐色，镰形，边缘具紫褐色屈曲繸毛；箨舌拱形或有时近截形，紫褐色，边缘具长纤毛；箨片直立或外翻，三角形或线状三角形，波状。小枝具叶 3～4；叶耳卵形或半圆形，绿色带紫色，具放射状繸毛；叶片长达 13 cm，宽 1.5 cm，下面常被柔毛。花枝呈穗状。小穗含 2 或 3 朵小花；颖 1 或 2 片；外稃长 22 mm，被柔毛，至先端较密；内稃长 18 mm，被疏毛；鳞被长 4 mm；花药长 7 mm；雌蕊具 1 长花柱及 3 羽毛状柱头。笋期 4～5 月，花期 4～5 月。

1）红壳雷竹 *Phyllostachys* 'Incarnata'（原栽培品种）

异名： *Phyllostachys primotina*

引证： *Phyllostachys incarnata* Wen in Bull.Bot. Res. 2(1): 65. f. 4. 1982; Keng et Wang in Flora Reip. Pop. Sin. 9(1): 291. 1996; Yi et al. in Icon. Bamb. Sin. 332. 2008, et in Clav. Gen. Spec. Bamb. Sin. 102. 2009; Ma et al. The Genus *Phyllostachys* in China 115. 2014. ——*P. primotina* Wen in J. Bamb. Res. 3(2): 34. f. 10. 1984.

特征： 与红壳雷竹种特征一致。

用途： 园林绿化；笋期长，为良好的笋用竹种。

分布： 中国（浙江）。

2）花秆红壳雷竹 *Phyllostachys incarnate* 'Bicolor'

异名： *Phyllostachys incarnata* f. *bicolor*

引证： *Phyllostachys incarnata* Wen f. *bicolor* P. X. Zhang, X. X. Chen et G. H. Lai in World Bamb. Ratt. 12(5): 35. fig. 1. 2014; Yi et al. in Icon. Bamb. Sin. Ⅱ. 72. 2017.

特征： 与红壳雷竹特征近似，不同之处在于其竹秆和枝条黄色，分枝一侧纵沟槽绿色，其他部位也多少有不规则的绿色纵条纹；部分叶片有少数淡黄色或白色细纵条纹。

用途： 同红壳雷竹，但更具观赏价值，适于庭院、公园、小区栽培供观赏。

分布： 中国（浙江安吉）。

（14）红哺鸡竹 *Phyllostachys iridescens* C. Y. Yao et C. Y. Chen

秆高 6～12 m，直径 4～7 cm；节间长 17～24 cm，幼时被白粉，1、2

年生秆具黄绿色纵条纹，老秆无条纹，秆壁厚 6～7 mm；秆环与箨环等高。箨鞘背面紫红色或淡红褐色，密被紫褐色斑点，微被白粉，边缘带紫褐色；箨耳及鞘口繸毛缺失；箨舌拱形，紫褐色，边缘具紫红色长纤毛；箨片外翻，带状，平直或稍皱曲，绿色，近边缘红黄色。小枝具叶 3～4；叶耳无，鞘口繸毛紫色；叶舌紫红色；叶片长 8～17 cm，宽 1.2～2.1 cm。花枝穗状，长（2.5）5～6（8.5）cm，基部托以 3～5 片逐渐增大的鳞片状苞片；佛焰苞 5～7 片，背部具柔毛，鞘口繸毛短，1～3 根，缩小叶形小，每片佛焰苞腋内具 2 或 3（～4）枚假小穗。小穗长 3.0～3.5 cm，紫色，披针形，每小穗含小花 1～3 朵，常仅顶端 1 朵成熟；小穗轴延伸呈针状，其节间有毛；颖常仅 1 片或无，披针形；外稃长 1.8～2.1 cm，无毛，顶端延伸呈芒状；内稃长 1.5～1.8 cm，几无毛或仅顶端有疏生细毛，背部 2 脊明显或否；鳞被卵状披针形，长 2.5～3.0 mm；花药长约 1 cm；柱头 3，羽毛状。笋期 4 月中下旬。花期 4～5 月。

1）红哺鸡竹 *Phyllostachys* ‘Iridescens’（原栽培品种）

又名：红壳竹；cock bamboo（英国）

引证：*Phyllostachys iridescens* C. Y. Yao et S. Y. Chen in Act. Phytotax. Sin. 18(2):170. f. 1. 1980; 江苏植物志 , 上册 156 页 .1977 (tantumin Sinice. descr.); 中国竹谱 71 页 . 1988; Keng et Wang in Flora Reip. Pop. Sin. 9(1): 268. 1996; D. Ohrnb., The Bamb. World, 217. 1999; Yi et al. in Icon. Bamb. Sin. 332. 2008, et in Clav. Gen. Spec. Bamb. Sin. 102. 2009; Ma et al. The Genus *Phyllostachys* in China 116. 2014.

特征：与红哺鸡竹种特征一致。

用途：园林绿化；优质笋用竹种；秆做晾衣杆，农具柄等。

分布：中国（江苏、浙江农村普遍栽培）；欧洲、美国有引种栽培。

2）花秆红竹 *Phyllostachys iridescens* ‘Heterochroma’

又名：金箍棒

异名：*Phyllostachys iridescens* f. *heterochroma*

引证：*Phyllostachys iridescens* C. Y. Yao et C. Y. Chen f. *heterochroma* P. X. Zhang in World Bamb. Ratt. 4(3): 26. 2006；Ma et al. The Genus *Phyllostachys* in China 117. 2014; Yi et al. in Icon. Bamb. Sin. Ⅱ. 73. 2017.

特征：与红哺鸡竹特征相似，不同之处在于其新秆鲜黄色，有时中下部节间具红色晕斑；老秆黄色，节间分枝一侧纵沟槽为绿色，少数节间具 1～2 条绿色细纵条纹；部分叶片具黄白色细纵条纹。

用途：优质观赏竹，适于庭院、小区、公园、风景区栽培观赏；优质笋用竹种。

分布：中国（浙江安吉）。

3）金沟红竹 *Phyllostachys iridescens* 'Luteosulcata'

又名：黄槽红竹

异名：*Phyllostachys iridescens* f. *luteosulcata*

引证：*Phyllostachys iridescens* C. Y. Yao et C. Y. Chen f. *luteosulcata* C. H. Zhao et K. J. Mao in J. Bamb. Res. 12(3) : 23. 1993; D. Ohrnb., The Bamb. World, 217. 1999; P. X. Zhang in World Bamb. Ratt. 15(6): 40. 2017.

特征：与红哺鸡竹特征相似，不同之处在于其秆和枝条在分枝一侧沟槽部位为黄色。

用途：园林栽培供观赏。

分布：中国（浙江，安徽）。

4）康岭红竹 *Phyllostachys iridescens* 'Striata'

异名：*Phyllostachys iridescens* f. *striata*

引证：*Phyllostachys iridescens* C. Y. Yao et C. Y. Chen f. *striata* Wen in Bull. Bot. Res. 2(1): 74. 1982; D. Ohrnb., The Bamb. World, 217. 1999.

特征：与红哺鸡竹特征相似，不同之处在于其秆，尤其是下部，具有若干红色或紫色纵条纹。

用途：不详。

分布：中国（浙江安吉）。

（15）台湾桂竹 *Phyllostachys makinoi* Hayata

秆高 10～20 m，直径 3～8 cm；节间长达 40 cm，初时被薄白粉，在放大镜下能见到猪皮状小凹穴或白色微点，秆壁厚达 10 mm；秆环与箨环等高或秆环稍高。箨鞘背面乳黄色，有时带绿色或褐色，具绿色脉纹，无白粉或微被白粉，无毛，有大小不等的斑点；箨耳及鞘口繸毛缺失；箨舌微拱形或截形，紫色，边缘具紫红色长纤毛；箨片外翻，带状，平直或微皱，中间绿色，两边橘黄色或绿黄色。小枝具叶 2～3；叶耳有时存在，鞘口繸毛发达；叶舌拱形，常缺裂，边缘具紫红色纤毛；叶片长 8～14 cm，宽 1.5～2 cm，下面初时被毛。笋期 6 月上旬。

1）台湾桂竹 *Phyllostachys* 'Makinoi'（原栽培品种）

又名：桂竹；Kei-chiku（日本）; Makino bamboo（英国）

异名：*Phyllostachys makinoi* f. *makinoi*

引证：*Phyllostachys makinoi* Hayata in Icon. Pl. Form. 5: 250. 1915, et in ibid. 6: 142. f. 52. 1916; McClure in Agr. Handb. USDA No. 114: 38. ff. 28, 29. 1957; 中国主要植物图说 · 禾本科 103 页 . 图 72. 1959; 华东禾本科植物志 44 页 . 图 12: 1962; Fl. Taiwan 5: 727. pl. 1492. 1978, p. p.; S. Suzuki, Ind. Jap. Bambusac. 14(f. 4), 76. 77(pl. 4.), 337. 1978; Keng et Wang in Flora Reip. Pop. Sin. 9(1): 254. 1996; D. Ohrnb., The Bamb. World, 217. 1999; Yi et al. in Icon. Bamb. Sin. 334. 2008, et in Clav. Gen. Spec. Bamb. Sin. 90. 2009. ——*P. makinoi* Hayata f. *makinoi*, Ma et al. The Genus *Phyllostachys* in China 119. 2014.

特征：与台湾桂竹种特征一致。

用途：生态建设；园林绿化；笋供食用；秆材致密坚韧，供建筑、造纸、家具、制笛等。

分布：中国（台湾，福建，江苏、浙江有引种栽培）。

2）黄条台湾桂竹 *Phyllostachys makinoi* 'Wuyishanensis'

异名：*Phyllostachys makinoi* f. *wuyishanensis*

引证：*Phyllostachys makinoi* Hayata f. *wuyishanensis* S. S. You et H. L. Yu ex G. H. Lai in J. Wuhan Bot. 17(4): 320. 1999; Ma et al. The Genus *Phyllostachys* in China 120. 2014; Yi et al. in Icon. Bamb. Sin. Ⅱ. 78. 2017.

特征：与台湾桂竹特征相似，不同之处在于其箨鞘具淡黄色纵条纹；叶片有 1～2 条金黄色纵条纹。

用途：同台湾桂竹。

分布：中国（浙江，福建）。

（16）美竹 *Phyllostachys mannii* Gamble

秆高 8～10 m，直径 4～6 cm；节间长 30～42 cm，幼时无白粉，疏生白毛，秆壁厚 3～7 mm；秆环与箨环等高或稍高。箨鞘背面暗紫色或淡紫色，具淡黄色或淡黄绿色条纹，常疏生紫褐色小斑点，边缘上部具短纤毛；箨耳无或具大小不等的紫色镰形箨耳，大者边缘具紫色长繸毛；箨舌截形或稍拱形，紫色，背面被长毛，边缘具短纤毛；箨片直立或开展，淡绿黄色或紫绿色，三角形或三角状带形，平直或波曲至微皱曲，边缘乳黄色带紫色。小枝具叶1～2；叶耳小或不明显，鞘口繸毛直立；叶片长7.5～16.0 cm，宽1.3～2.2 cm。笋期5月上旬。

1）美竹 *Phyllostachys* 'Mannii'（原栽培品种）

又名：黄古竹、红鸡竹

异名：*Phyllostachys assamica*

Phyllostachys bawa

Phyllostachys decora

Phyllostachys helva

Phyllostachys mannii 'Mannii'

引证：*Phyllostachys mannii* Gamble in Ann. Roy. Bot. Gard. Calcutta 7: 28. pl. 28. 1896; C. S. Chao et S. A. Renv. in Kew Bull. 43: 417. 1988; S. L. Zhu et al., A Comp. Chin. Bamb. 131. 1994；Keng et Wang in Flora Reip. Pop. Sin. 9(1): 281. pl. 76: 1-4. 1996; D. Ohrnb., The Bamb. World, 218. 1999; T. P. Yi in Sichuan Bamb. Fl. 112. pl. 33.1997, et in Fl. Sichuan. 12: 95. pl. 33：6-7. 1998; Fl. Yunnan. 9: 202. pl. 48: 1-4. 2003; Fl. China 22: 173. 2006；Icon. Bamb. Sin. 334. 2008; Clav. Gen. Sp. Bamb. Sin. 100. 2009. ——*P. assamica* Gamble ex Brandis, Indian Trees 607. 1906. ——*P. bawa* E. G. Camus, Les Bamb. 66. 1913.——*P. decora* McClure in J. Arn. Arb. 37: 182. f. 2. 1956; et in Agr. Handb.USDA 114: 29. ff. 18, 19, 1957; 华东禾本科植物志 307 页 . 图 330. 1962; 江苏植物志 , 上册 154 页 . 图 237. 1977; 云南树木图志下册 , 1463 页 , 图 690. 1991. C. P. Wang et al. In Act. Phytotax. Sin. 18(2): 181. 1980; Fl. Xizang. 5: 59. fig. 28. 1987. ——*P. helva* Wen in Bull. Bot. Res. 2(1): 64. f. 3. 1982. ——*P. mannii* 'Mannii', Amer. Bamb. Soc. in Bamb. Species Source List no. 35: 27. 2015.

特征：与美竹种特征一致。

用途：秆节间长，篾性甚好，易劈篾，可编织篮、席等生活用品，也可整竿使用。因出笋多，成林快，是较好的造林竹种。

分布：中国（黄河至长江流域及直达西藏东南部）；印度；美国有引种栽培。

2）美美竹 *Phyllostachys mannii* 'Decora'

引证：*Phyllostachys mannii* 'Decora', Amer. Bamb. Soc. in Bamb. Species Source List no. 35: 27. 2015.

特征：与美竹特征近似，不同之处在于美竹从中国引种至美国后获得成功，并在内华达州表现良好，更加耐寒、耐旱、耐热。

用途：非常美丽的竹子，园林栽培供观赏。

分布：美国。

（17）篌竹 *Phyllostachys nidularia* Munro

秆高达 10 m，直径 5 cm；节间长达 30 cm，幼时被白粉；箨环初时具棕色刺毛；秆环同高或稍高于箨环。箨鞘背面绿色，上部具乳白色纵条纹，中下部为紫色纵条纹，上部被白粉，基部密生褐色刺毛，向上部刺毛变稀疏，边缘生纤毛；箨耳由箨片近基部向两侧扩展而成，三角形或镰形，紫色，边缘疏生繸毛；箨舌稍拱形，紫褐色，边缘具微纤毛；箨片直立，三角形，绿紫色，舟状内曲。小枝具叶 1（2）枚，叶片下倾；叶耳和鞘口繸毛微弱或均无；叶舌低；叶片长 4～13 cm，宽 1～2 cm，有时下面基部具柔毛。花枝呈紧密的头状，长 1.5～2 cm，基部托以 2～4 片逐渐增大的鳞片状小型苞片，在下部者为卵形，上部者较狭，纸质，长约 16 mm，边缘生纤毛，其余无毛或只在两侧及顶部多少有毛，缩小叶或极或近于无或呈叶状，每片佛焰苞腋内有假小穗 2～8 枚；假小穗的苞片狭窄，大小多变化或无，膜质，具 5～7 脉，具脊，上部及脊上被长柔毛。小穗含 2～5 朵小花，上部 1 或 2 朵小花不孕；小穗轴节间略呈棒状，上侧扁平并具数条长柔毛，顶端斜截平；颖常 1 片，稀 3 片，其形状、大小、质地与其下的苞片相似，长达 15 mm；外稃草质，密被长而开展的细刺毛，先端芒状渐尖，具多脉，第一外稃长 10～12 mm，最长达 16 mm；内稃短于外稃，被开展细刺毛，长 6～11 mm；花药长 4.5～5.5 mm；柱头 3，有时 2 或 1，羽毛状。笋期 4～5 月。花期 4～8 月。

1）篌竹 *Phyllostachys* 'Nidularia'（原栽培品种）

又名：白夹竹

异名： *Phyllostachys nidularia* f. *glabrovagina*
Phyllostachys nidularia f. *nidularia*
Phyllostachys nidularia f. *vexillaris*
Phyllostachys nidularia 'Smoothsheath'

引证： *Phyllostachys nidularia* Munro in Gard. Chron. new ser. 6: 773. 1876; McClure in Handb. USDA No. 114: 42. ff. 32, 33. 1957; Y. L. Keng, Fl. Ill. Pl. Prim. Sin. Gramineae 107, fig. 77 (4-13). 1959; 华东禾本科植物志 48 页 . 图 15. 1962; Fl. Tsiling. 1(1): 62. 1976; Icon. Corm. Sin. 5: 41. fig. 6912. 1976; 江苏植物志 , 上册 , 157 页 . 图 248. 1977; Z. P. Wang et al. in Act. Phytotax. 18(2): 185. 1980; 香港竹谱 70 页 . 1985; 广西竹种及其栽培 131 页 . 图 70. 1987; 中国竹谱 72 页 .1988; Fl. Guizhou. 5: 301. pl. 99: 1-3. 1988; Icon. Arb. Yunn. Inferus 1467. fig. 692: 1-3 (p. p). 1991; S. L. Zhu et al., A Comp. Chin. Bamb. 132. 1994; Keng et Wang in Fl. Reip. Pop. Sin. 9(1): 304. pl. 83: 8-10. 1996; T. P. Yi in Sichuan Bamb. Fl. 125. pl. 39. 1997, et in Fl. Sichuan. 12: 105. pl. 36. 1998; D. Ohrnb., The Bamb. World, 219. 1999; Fl. Yunnan. 9: 205. 2003; D. Z. Li et al. in Fl. China 22: 178. 2006; Yi et al. in Icon. Bamb. Sin. 358. 2008, et in Clav. Gen. Spec. Bamb. Sin. 106. 2009; T. P. Yi et al. in J. Sichuan For. Sci. Tech. 31(4): 3, 9. 2010; Ma et al. The Genus *Phyllostachys* in China. 56. 2014. ——*P. nidularia* Munro f. *glabrovagina* (McClure) Wen in J. Bamb. Res. 3(2): 36. 1984; et 4(2): 17. 1985. ——*P. nidularia* f. *nidularia*, Keng et Wang in Flora Reip. Pop. Sin. 9(1): 304. 1996. ——*P. nidularia* Munro f. *vexillaris* Wen in Bull. Bot. Res. 2(1): 74. f. 11. 1982. ——*P. nidularia* Munro 'Smoothsheath' McClure in Agr. Handb. USDA. No. 114: 44. 1957.

特征： 与篌竹种特征一致。

用途： 笋材两用竹种；大熊猫冬季下移时常觅食该竹。

分布： 中国（陕西、河南及长江流域以南各地）；日本早已引种栽培；美国、意大利有引种栽培。

2）实肚竹 *Phyllostachys nidularia* 'Farcata'

又名： Solid Broom Bamboo（英国）

异名： *Phyllostachys nidularia* f. *farcta*

引证： *Phyllostachys nidularia* 'Farcta', in Amer. Bamb. Soc. Newsl. 16(4): 10. 1995; Amer. Bamb. Soc. in Bamb. Species Source List no. 35: 27. 2015. ——*P. nidularia* Munro f. *farcata* H. R. Zhao et A. T. Liu in Act. Phytotax. Sin. 18(2): 186. 1980; Keng et Wang in Flora Reip. Pop. Sin. 9(1): 305. 1996; D. Ohrnb., The Bamb. World, 219. 1999; Yi et al. in Icon. Bamb. Sin. 359. 2008, et in Clav. Gen. Spec. Bamb. Sin. 106. 2009.

特征： 与篌竹特征近似，不同之处在于其秆节间实心或近于实心。

用途： 笋食用；秆做工具柄；园林绿化；建植竹种园。

分布： 中国（广东连山）；瑞士、美国有引种栽培。美国自 20 世纪 90 年代开始种植。

3）光箨篌竹 *Phyllostachys nidularia* 'Glabrovagina'

又名： Smooth-sheathed Broom Bamboo（英国）

异名： *Phyllostachys nidularia* cv. *Smoothsheath*

Phyllostachys nidularia f. *glabrovagina*

引证： *Phyllostachys nidularia* Munro f. *glabrovagina*(McClure)Wen in J. Bamb. Res. 3(2): 36. 1984, et J. Bamb. Res. 4(2): 17. 1985; Keng et Wang in Flora Reip. Pop. Sin. 9(1): 305. 1996; D. Ohrnb., The Bamb. World, 219. 1999; Yi et al. in Icon. Bamb. Sin. 359. 2008, et in Clav. Gen. Spec. Bamb. Sin. 106. 2009; Ma et al. The Genus *Phyllostachys* in China 57. 2014.—— *P. nidularia* cv. Smoothsheath McClure in Agr. Handb. USDA No. 114: 44. 1957.——*P. nidularia* 'Smoothsheath', McClure in Agr. Handb. US Departm. Agr. 114: 44. 1957; Amer. Bamb. Soc. in Bamb. Species Source List no. 35: 27. 2015.

特征： 与篌竹特征近似，不同之处在于其箨鞘无毛，叶鞘脱落性；小枝通常具叶 1 枚。

用途： 笋材两用竹种。

分布： 中国（浙江，陕西，河南，四川，湖南，安徽，贵州，广西）；英国、德国、美国有引种栽培。

4）绿秆黄槽白夹竹 *Phyllostachys nidularia* 'Mirabilis'

异名： *Phyllostachys nidularia* f. *mirabilis*

引证： *Phyllostachys nidularia* 'Mirabilis', J. Y. Shi in Int. Cul. Regist. Rep.

Bamboos (2013-2014): 24. 2015. ——*P. nidularia* Munro f. *mirabilis* Yi et C. Q. Shen in J. Bamb. Res. 10(1): 33. 1991; D. Ohrnb., The Bamb. World, 220. 1999; Yi et al. in Icon. Bamb. Sin. 360. 2008, et in Clav. Gen. Spec. Bamb. Sin. 107. 2009; Ma et al. The Genus *Phyllostachys* in China. 58. 2014.

特征：与篌竹特征近似，不同之处在于其秆和枝条节间绿色，分枝一侧沟槽为黄色；箨鞘淡绿色，无条纹。

用途：同篌竹，但更具观赏价值，通常作园林观赏。

分布：中国（四川华蓥）。

5）黄秆绿槽白夹竹 *Phyllostachys nidularia* 'Speciosa'

异名：*Phyllostachys nidularia* f. *speciosa*

引证：*Phyllostachys nidularia* 'Speciosa', J. Y. Shi in Int. Cul. Regist. Rep. Bamb. (2013-2014): 24. 2015. ——*P. nidularia* Munro f. *speciosa* Yi et C. Q. Shen in J. Bamb. Res. 10(1): 33. 1991; D. Ohrnb., The Bamb. World, 220. 1999; Yi et al. in Icon. Bamb. Sin. 360. 2008, et in Clav. Gen. Spec. Bamb. Sin. 107. 2009; Ma et al. The Genus *Phyllostachys* in China. 59. 2014.

特征：与篌竹特征近似，不同之处在于其秆和枝条节间均为黄色，分枝一侧沟槽为绿色；箨鞘淡绿色，具黄色纵条纹；露地竹鞭为黄色，具鞭芽一侧的沟槽为绿色。

用途：同篌竹，但更具观赏价值，通常作园林观赏。

分布：中国（四川华蓥）。

6）金黄白夹竹 *Phyllostachys nidularia* 'Sulfurea'

异名：*Phyllostachys nidularia* f. *sulfurea*

引证：*Phyllostachys nidularia* 'Sulfurea', J. Y. Shi in Int. Cul. Regist. Rep. Bamboos (2013-2014): 24. 2015. ——*P. nidularia* Munro f. *sulfurea* Yi et C. Q. Shen in J. Bamb. Res. 10(1): 32. 1991; D. Ohrnb., The Bamb. World, 220. 1999; Yi et al. in Icon. Bamb. Sin. 360. 2008, et in Clav. Gen. Spec. Bamb. Sin. 107. 2009; Ma et al. The Genus *Phyllostachys* in China. 59. 2014.

特征：与篌竹特征近似，不同之处在于其秆节间黄色，有时在基部节间有 1～2 条绿色纵条纹；箨鞘淡绿色，具黄色纵条纹；枝条节间黄色，有时在背部具 1 条绿色纵条纹；露地竹鞭节间为黄色。

用途：同篌竹，但更具观赏价值，通常用于园林栽培观赏。

分布：中国（四川华蓥）；德国有引种栽培。

7）蝶竹 *Phyllostachys nidularia* ‘Vexillaris’

异名：*Phyllostachys nidularia* f. *vexillaris*

引证：*Phyllostachys nidularia* Munro f. *vexillaris* Wen in Bull. Bot. Res. 2(1): 74. f. 11. 1982 ; Keng et Wang in Flora Reip. Pop. Sin. 9(1): 305. 1996; D. Ohrnb., The Bamb. World, 220. 1999; Yi et al. in Icon. Bamb. Sin. 360. 2008, et in Clav. Gen. Spec. Bamb. Sin. 106. 2009; Ma et al. The Genus *Phyllostachys* in China 60. 2014.

特征：与篌竹特征近似，不同之处在于其箨鞘背部无毛，箨耳大，呈蝶翅状。

用途：园林绿化；建植竹种园。

分布：中国（浙江余姚）。

（18）紫竹 *Phyllostachys nigra* (Lodd. ex Lindl.) Munro

秆高 4～8（10）m，直径达 5 cm；节间长 25～30 cm，幼时被白粉及细柔毛，初时淡绿色，一年生以后逐渐出现紫斑，最后变为紫黑色，无毛；箨环被毛；秆环隆起，高于箨环或二者等高。箨鞘背面红褐色，无斑点或具极微小不易察觉的深紫斑点，此斑点在箨鞘上部较密集，微被白粉，被较密的刺毛；箨耳紫黑色，长椭圆形或镰形或微小，边缘具紫黑色繸毛；箨舌拱形，紫色，边缘具长纤毛；箨片直立或开展，绿色，脉紫色，三角形或三角状披针形，微皱褶或波状。小枝具叶 2～3；叶耳不明显，鞘口繸毛易脱落；叶片长 7～10 cm，宽 0.7～1.0 cm，下面基部初时被短柔毛，次脉 3～5 对。花枝短穗状，长 3.5～5.0 cm，基部托以 4～8 片逐渐增大的鳞片状苞片；佛焰苞 4～6 片，除边缘外无毛或被微毛，叶耳不存在，鞘口繸毛少数条或无，缩小叶细小，通常呈锥状或仅为一小尖头，亦可较大而呈卵状披针形，每片佛焰苞腋内有 1～3 枚假小穗。小穗披针形，长 1.5～2.0 cm，具 2 或 3 朵小花，小穗轴具柔毛；颖 1～3 片，偶可无颖，背面上部多少具柔毛；外稃密生柔毛，长 1.2～1.5 cm；内稃短于外稃；花药长约 8 mm；柱头 3，羽毛状。笋期 4 月下旬。

1）紫竹 *Phyllostachys* 'Nigra'（原栽培品种）

又名： 黑竹

异名： *Arundinaria stolonifera*

Bambusa nigra

Phyllostachys filifera

Phyllostachys nana

Phyllostachys nigra 'Nigra'

Phyllostachys nigra var. *nigra*

Phyllostachys nigripes

Phyllostachys puberula var. *nigra*

Phyllostachys stolonifera

Sinarundinaria nigra

引证： *Phyllostachys nigra* (Lodd. ex Lindl.) Munro in Trans. Linn. Soc. 26: 38. 1968; Y. L. Keng, Fl. Ill. Pl. Prim. Sin. Gramineae 105. fig. 75. 1959; 华东禾本科植物志 46 页 . 图 14. 1962; Icon. Corm. Sin. 5: 41. 1976; 陈嵘 , 中国树木分类学 81 页 . 1937; McClure in Agr. Handb. USDA No. 114: 45, ff. 34, 35. 1957; Fl. Tsinling. 1(1): 64. 1976; 江苏植物志上册 158 页 . 图 249. 1977; Fl. Taiwan 5: 730. pl. 1493. 1978; S. Suzuki, Ind. Jap. Bambusac. 5 (f. 5-1), 78, 79 (pl. 5), 337. 1978; Z. P. Wang et al. in Act. Phytotax. Sin. 18(2): 179. 1980; 香港竹谱 71 页 . 1985; 广西竹种及其栽培 129 页 . 图 69. 1987; Fl. Guizhou. 5: 299. pl. 98: 1-3. 1988; 中国竹谱 73 页 .1988; Icon. Arb. Yunn. Inferus 1460. fig. 688. 1991; S. L. Zhu et al. A Comp. Chin. Bamb. 135. 1994；Keng et Wang in Flora Reip. Pop. Sin. 9(1): 288. 1996; D. Ohrnb., The Bamb. World, 220. 1999; T. P. Yi in Sichuan Bamb. Fl. 120. pl. 37. 1997, et in Fl. Sichuan. 12: 101. pl. 35: 1-16. 1998；Fl. Yunnan. 9: 200. 2003; Fl. China 22: 175. 2006; Yi et al. in Icon. Bamb. Sin. 336. 2008, et in Clav. Gen. Spec. Bamb. Sin. 101. 2009; Ma et al. The Genus *Phyllostachys* in China 61. 2014. ——*P. filifera* McClure in Lingnan Univ. Sic. Bull. 9: 42. 1940. ——*P. nana* Rendle in J. Linn. Soc. Lond. Bot. 36: 441. 1904. ——*P. nigripes* Hayata, Icon. Pl. Form. 6: 142. f. 53. 1916. ——*P. nigra* 'Nigra', W. et H. Simon ex M. Hirsh in Europ. Bamb. Netw. Newsl. 3: 7, 1986. ——*P. puberula*

(Miq.) Munro var. *nigra* (Lodd.) H. de Leh. in Act. Congr. Int. Bot. Brux. 2: 223. 1910. ——*P. stolonifera* Kurz. ined. ex Munro in Trans. Linn. Soc. London 26: 38. 1868. ——*Arundinaria stolonifera* Kurz. ined. ex Cat. Hort. Bot. Calc. 1864: 79; Kurz ex Teijsmann et Binnendijk in Cat. Pl. Horto Bot. Bogor., 1866: 19, nom. nud.. ——*Bambusa nigra* Lodd. ex Lindl. in Penny Cyclop. 3: 357. 1835. ——*Sinarundinaria nigra* A. H. Lawson in Bamb. Gard. Guide, 1968: 128.

特征：与紫竹种特征一致。

用途：著名观赏竹种，地栽或盆栽均可；秆可作工艺品、乐器及手杖。

分布：中国（全国各地均有栽培）；印度、日本及欧美国家早有引种栽培。

2）巴氏紫竹 *Phyllostachys nigra* 'Basinigra'

又名：Kabukuro-chiku，Kabuguro-chiku（日本）

异名：*Phyllostachys nigra* var. *henonis* f. *basinigra*

引证：*Phyllostachys nigra* 'Basinigra', Hatusima in Woody Pl. Jap. 1976: 594; D. Ohrnb., The Bamb. World, 221. 1999. ——*P. nigra* var. *henonis* f. *basinigra* Makino ex Tsuboi in Illus. in Jap. Sp. Bamb., 1916: 14.

特征：与紫竹特征近似，不同之处在于其秆绿色，仅基部紫黑色。

用途：不详。

分布：日本。

3）阴阳紫竹 *Phyllostachys nígra* 'Bicolor'

又名：Somewake-dake，Somewakehachiku（日本）

异名：*Phyllostachys nigra* var. *henonis* f. *bicolor*

Phyllostachys nígra var. *nígra* f. *bicolor*

引证：*Phyllostachys nígra* 'Bicolor', Hatusima in Woody Pl. Jap. 594.1976; D. Ohrnb., The Bamb. World, 224. 1999. ——*P. nigra* var. *henonis* f. *bicolor* Makino ex Tsuboi in Illus. Jap. Sp. Bamb. 15. 1916. ——*P. nígra* var. *nígra* f. *bicolor* Makino ex Tsuboi, Nakai in J. Jap. Bot. 9(1): 21. 1933; S. Suzuki in Index Jap. Bamb. 78, 338. 1978.

特征：与紫竹特征近似，不同之处在于其秆节间一侧为紫黑色，另一侧为绿色。

用途：园林栽培供观赏。

分布：日本；法国有引种栽培。

4）云斑紫竹 *Phyllostachys nigra* ‘Boryana’

又名：Ummon-chiku, Tanba-hanchiku（日本）

异名：*Bambusa boryana*

Phyllostachys bambusoides var. *boryana*

Phyllostachys boryana

Phyllostachys nigra‘Bory’

Phyllostachys nigra f. *boryana*

Phyllostachys nigra ‘Madaradake’

Phyllostachys nigra var. *boryana*

Phyllostachys nigra var. *henonis* f. *boryana*

Phyllostachys puberula f. *boryana*

Phyllostachys puberula var. *boryana*

引证：*Phyllostachys nigra* ‘Boryana’, Hatusima Woody Pl. Jap. 594.1976; D. Ohrnb., The Bamb. World, 221. 1999. ——*P. nigra* ‘Bory’, McClure in J. Arnold Arbor. 37: 195. 1956; McClure in Agr. Handb. US Departm. Agr. 114: 46. 1957. ——*P. nigra* f. *boryana* Makino ex Muroi in Sugimoto New Keys Jap. Tr. 1961: 465?; C. S. Chao Guide Bamb. Grown Brit. 10.1989; S. M. Young in J. Amer. Bamb. Soc. 8(1-2) 98.1991. ——*P. nigra* ‘Madaradake’, Brennecke in J. Amer. Bamb. Soc. 1(1): 8. 1980. ——*P. nigra* var. *boryana* (Mitford) Nicholson in Cent. Suppl. Dict. Gard. 59. 1901. ——*P. bambusoides* var. *boryana* Makino ex S. SuzuIknidex Jap. Bamb. 338.1978. ——*P. boryana* Bean in Gard. Chron. ser. 3, 15: 238, 431. 1894. ——*P. puberula* var. *boryana* Makino in S. Honda, Descr. Prod. For. Jap. 1900: 39; Houzeau de Lehaie in Act. Ill. Congr. Int. Bot. Brux., 2: 192, 222. 1912.——*P. nigra* var. *henonis* f. *boryana* Makino in Bot. Mag. Tokyo 26: 26. 1912; Makino ex Tsuboi in Illus. in Jap. Sp. Bamb. 14.1916. Makino et Nemoto in Fl. Jap. 2nd ed. 1375: 1931; Makino ex Nakai in J. Jap. Bot. 9(1): 34. 1933. ——*P. puberula* f. *boryana* (Mitford) Houzeau de Lehaie ex A. V. Vasil’ev in Trans. Sukhumi Bot. Gard. 9: 26. 1956. ——*Bambusa boryana* hort. ex Bean in

Gard. Chron. ser. 3, 15: 234, 831. 1894.

特征：与紫竹特征近似，不同之处在于其秆绿色，节间分布有大而不规则的紫黑色云状斑纹。

用途：园林栽培供观赏。

分布：日本；德国；中国有引种栽培。

5）金明紫竹 *Phyllostachys nigra* 'Flavescens'

又名：Kinmei-hachiku（日本）

异名：*Phyllostachys nigra* f. *flavescens*

Phyllostachys nigra var. *flavescens*

Phyllostachys puberula var. *flavescens*

引证：*Phyllostachys nigra* 'Flavescens', Hatusima in Woody Pl. Jap. 594.1976; D. Ohrnb., The Bamb. World, 222. 1999. ——*P. nigra* f. *flavescens* (Houzeau de Lehaie) Muroi in Sugimoto New Keys Jap. Tr. 465.1961. ——*P. nigra* var. *flavescens* (Houzeau de Lehaie) Nakai in J. Jap. Bot. 9(1): 24.1933; S. Suzuki in Index Jap. Bamb. 80, 338. 1978. ——*P. puberula* var. *flavescens* Houzeau de Lehaie in Act. Ill. Congr. Int. Bot. Brux., 2: 222. 1912.

特征：与紫竹特征近似，不同之处在于其秆黄色，分枝一侧沟槽为绿色；叶具白色或黄色条纹。

用途：不详。

分布：日本；美国有少量引种栽培。

6）虎皮竹 *Phyllostachys nigra* 'Fulva'

又名：Kappan-chiku，Kashi-hanchiku（日本）；Tiger Bamboo（英国）

异名：*Bambusa nigra* f. *lutea*

Phyllostachys fulva

Phyllostachys nigra f. *fulva*

Phyllostachys nigra f. *lutea*

Phyllostachys nigra var. *fulva*

Phyllostachys puberula var. *fulva*

引证：*Phyllostachys nigra* 'Fulva', Hatusima Woody Pl. Jap. 594.1976; D. Ohrnb., The Bamb. World, 222. 1999. ——*P. fulva* Mitford in Gard. Chron. ser. 3,

24, 246: 1898. ——*P. nigra* f. *fulva* (Nakai) Muroi in Sugimoto New Keys Jap. Tr. 466. 1961.——*P. nigra* var. *fulva* (Mitford) Bean in Bull Misc. Inf. 232.1907; Nakai in J. Jap. Bot., 9: 26. 1933; S. Suzuki lndex Jap. Bamb. 80, 338. 1978. ——*P. nigra* f. *lutea* A. Siebert et A. Voss in Vilmorin's Blumengartn. ed. 3, 2. 1188 : 1896 [1895] . ——*P. puberula* var. *fulva* (Mitford) Houzeau de Lehaie in Act. I11 Congr. Int. Bot. Brux., 2, 192, 223. 1912. ——*Bambusa nigra* f. *lutea* hort. ex A. Siebert et A. Voss in Vilmorin's Blumengartn. Ed. 3, 2, 1188:1896 [1895].

特征：与紫竹特征近似，不同之处在于其幼秆黄色至黄绿色，后随着其不断成熟，节间逐渐变成黄褐色至棕褐色。

用途：不详。

分布：日本；法国、英国有引种栽培。

7）即黑紫竹 *Phyllostachys nigra* 'Hale'

引证：*Phyllostachys nigra* 'Hale', Amer. Bamb. Soc. in Bamb. Species Source List No. 35: 28. 2015.

特征：与紫竹特征近似，不同之处在于其秆高约 6.0 m，直径 3.8 m；秆硬度较大；幼竹脱鞘几乎立即变为紫黑色。

用途：园林栽培供观赏。

分布：中国（江苏盐城，浙江湖州）。

8）汉竹 *Phyllostachys nigra* 'Hanchiku'

又名：Hanchiku（日本）

异名：*Phyllostachys nígra* f. *hanchíku*

Phyllostachys nigra var. *hanchiku*

Phyllocshys puberula var. *han-chiku*

引证：*Phyllostachys nigra* 'Hanchiku', Hatusima Woody Pl. Jap. 594.1976; D. Ohrnb., The Bamb. World, 223. 1999. ——*P. nígra* f. *hanchíku* (Nakai) Muroi in Sugimoto New Keys Jap. Tr. 466.1961. ——*P. nigra* var. *hanchiku* (Houzeau de Lehaie) Nakai in J. Jap. Bot. 9(1): 26. 1933; S. Suzulki in Index Jap. Bamb. 80, 338.1978. ——*P. puberula* var. *han-chiku* Houzeau de Lehaie in Act. Ill. Congr. Int. Bot. Brux., 2: 223. 1912.

特征：与紫竹特征近似，不同之处在于其秆淡绿色至黄色，直至棕色。

用途：不详。

分布：日本。

9）毛金竹 *Phyllostachys nigra* 'Henonis'

又名：金竹、淡竹、白节斑；Hachiku（日本）；So-on-tai（韩国）；Henon-Bambus（德国）；Henon Bamboo（英国）

异名：*Bambusa puberula*

Phyllostachys fauriei

Phyllostachys henonis

Phyllostachys henryi

Phyllostachys montana

Phyllostachys nigra cv. *Henon*

Phyllostachys nigra f. *henonis*

Phyllostachys nigra var. *henonis*

Phyllostachys nigra var. *puberula*

Phyllostachys nevinii

Phyllostachys nevinii var. *hupehensis*

Phyllostachys stauntoni

Phyllostachys puberula

Phyllostachys puberula

引证：*Phyllostachys nigra* 'Henonis', D. McClintock in Plantsman 1(1): 48. 1979. ——*P. nigra* (Lodd. ex Lindl.) Munro var. *henonis* (Mitford) Stapf ex Rendle in J. Linn. Soc. Bot. 36: 443. 1904; Y. L. Keng, Fl. Ill. Pl. Prim. Sin. Gramineae 106. fig. 67. 1959; Icon. Corm. Sin. 5: 41. fig. 6911. 1976; Fl. Tsinling. 1(1): 64. 1976; 江苏植物志 上册 158 页 . 1977; S. Suzuki, Ind. Jap. Bambbusac. 15(f. 6-1), 80. 81(pl. 6). 338. 1978; Z. P. Wang et al. in Act. Phytotax. Sin. 18(2): 180. 1980; T. P. Yi in J. Bamb. Res. 2(1): 38. 1983; 广西竹种及其栽培 130 页 . 图 69-2. 1987; C. S. Chao et S. A. Ren in Kew Bull. 43: 416. 1988; 中国竹谱 74 页 . 1988; Fl. Guizhou. 5: 301. pl. 98: 4-8. 1988; Icon. Arb. Yunn. Inferus 1463. fig. 689. 1991; S. L. Zhu et al., A Comp. Chin. Bamb. 136. 1994；Keng et Wang in Fl. Reip. Pop. Sin. 9(1): 289. pl. 78: 1-4. 1996; T. P. Yi in Sichuan Bamb. Fl.

122. pl. 38. 1997, et in Fl. Sichuan. 12: 103. pl. 35: 17. 1998； Fl. Yunnan. 9: 202. pl. 47: 10-13. 2003; D. Z. Li et al. in Fl. China 22: 175. 2006; Icon. Bamb. Sin. 337. 2008; Clav. Gen. Sp. Bamb. Sin. 101. 2009; T. P. Yi et al. in J. Sichuan For. Sci. Tech. 31(4): 3, 9. 2010; Ma et al. The Genus *Phyllostachys* in China 61. 2014. ——*P. nigra* f. *henonis* Muroi ex Sugimoto, New Keys Jap. Trees 466. 1961; D. Ohrnb., The Bamb. World, 226. 1999. ——*P. nigra* 'Henon', McClure in J. Arn. Arb. 37: 194. 1956; Amer. Bamb. Soc. in Bamb. Species Source List no. 35: 28. 2015. ——*P. nigra* Munro var. *puberula* (Miq.) Fiori in Bull Tosc. Ort. 42: 97. f. 3, 4, 6, 1917. ——*P. fauriei* Hack. in Bull. Herb. Boiss. 7: 718. 1899. ——*P. henonis* Bean in Gard. Chron. Ill. 15: 238. 1894. Mitf. Gard. 47: 3, 1895, et Bamb. Gard. 149. 1896. —— *P. henryi* Rendle in J. Linn. Soc. Bot. 36: 441. 1904. ——*P. nevinii* Hance in J. Bot. Brit. et For. 14: 295. 1876. ——*P. nevinii* var. *hupehensis* Rendle in op. cit. 36: 442. 1904. ——*P. montana* Rendle in 1.c. 36: 441. 1904. ramo foliato excl. ——*P. puberula* (Miq.) Munro in Gard. Chron. new ser. 6: 733. 1876. ——*P. stauntoni* Munro in Trans. Linn. Soc. 26: 37. 1868. ——*Bambusa puberula* Miq. in Ann. Mus. Bot. Ludg. Bat. 2: 285. 1866.

特征：与紫竹特征近似，不同之处在于其秆始终淡绿色，高可达 18 m；箨鞘顶端极少有深褐色微小斑点。

用途：笋食用；秆供建筑、农具、家具、竿具等用，也可劈篾编织竹器；中药竹沥、竹茹多来自本竹种；大熊猫有时冬季下移时采食该竹。

分布：中国（黄河流域以南各地）；日本、欧洲各国早有引种栽培。

10）花叶紫竹 *Phyllostachys nigra* 'Henonis Albovariega'

又名：Shima-hachiku（日本）

异名：*Phyllostachys nigra* f. *albovariegata*

Phyllostachys nigra var. *henonis* f. *albovariegata*

引证：*Phyllostachys nigra* 'Henonis Albovariega', Ohrnberger in Bamb. World *Phyllostachys* ed. 3: 123. 1996; D. Ohrnb., The Bamb. World, 221. 1999. ——*P. nigra* f. *albovariegata* Makino ex Beetle in Phytologia, 38(3): 175. 1978; Muroi in J. Himeji Gakuin Wom. Coll. no. 1974: 4. ——*P. nigra* var. *henonis* f. *albovariegata* Makino in Bot. Mag. Tokyo 26: 26. 1912.

特征：与紫竹特征近似，不同之处在于其秆绿色，叶具白色条纹。

用途：不详。

分布：日本；欧洲有引种栽培。

11）黑槽紫竹 *Phyllostachys nigra* 'Megurochiku'

又名：Meguro-chiku, Megoma-chiku（日本）

异名：*Phyllostachys nigra* 'Henon Meguro Chiku'

Phyllostachys nigra 'Miro'

Phyllostachys nígra var. *henonis* f. *megurochíku*

Phyllostachys nigra var. *nigra* f. megurochiku

引证：*Phylloschys nigra* 'Megurochiku', Hatusima in Woody Pl. Jap. 594.1976; D. Ohrnb., The Bamb. World, 223. 1999; Amer. Bamb. Soc. in Bamb. Species Source List no. 35: 28. 2015. ——*P. nígra* var. *henonis* f. *megurochíku* Makino ex Tsuboi in Illus. in Jap. Sp. Bamb. 13.1916. ——*P. nigra* var. *nigra* f. *megurochiku* Makino ex Tsuboi, Nakai in J. Jap. Bot. 9(1): 22. 1933; S. SuzukIni dex Jap. Bamb. 78, 338. 1978. ——*P. nigra* 'Henon Meguro Chiku', Stover in Bamb. Book, 53. 1983. ——*P. nigra* 'Miro', Stover in Bamb. Book, 44.1983.

特征：与紫竹特征近似，不同之处在于其秆绿色或黄绿色，具分枝一侧沟槽深棕色或紫黑色。

用途：不详。

分布：日本；美国；法国、德国、荷兰有引种栽培。

12）黄槽紫竹 *Phyllostachys nigra* 'Mejiro'

异名：*Phyllostachys nigra* f. *mejiro*

引证：*Phyllostachys nigra* 'Mejiro', Ohrnberger in Bamb. World *Phyllostachys* ed. 3: 125. 1996; D. Ohrnb., The Bamb. World, 224. 1999; Amer. Bamb. Soc. in Bamb. Species Source List no. 35: 28. 2015. ——*P. nigra* f. *mejiro* Muroi et H. Okamura in Rep. Fuji Bamb. Gard. no. 17: 9. 1972; Muroi in J. Himeji Gakuin Wom. Coll. no. 5.1974.

特征：与紫竹特征近似，不同之处在于其秆紫色，但分枝一侧沟槽为淡黄色或黄绿色。

用途：园林栽培供观赏。

分布：日本。

13）褐秆紫竹 *Phyllostachys nigra* 'Muchisasa'

又名：Muchi-sasa, Muki-sasa, Taiwan-kuro-chiku（日本）

异名：*Phyllostachys nigra* f. *muchisasa*

Phyllostachys nígra var. *muchisasa*

Phyllostachys nígripes

引证：*Phyllostachys nigra* 'Muchisasa', Amer. Bamb. Soc. in Bamb. Species Source List no. 35: 28. 2015. ——*P. nigra* f. *muchisasa* (Houzeau de Lehaie) R. A. Young in Nation. Hort. Mag. 24: 286. 1945; D. Ohrnb., The Bamb. World, 226. 1999. ——*P. puberula* var. *muchisasa* Houzeau de Lehaie ín Act. Ill. Congr. Int. Bot. Brux. 2: 223. 1912. ——*P. nígra* var. *muchisasa* (Houzeau de Lehaíe) Nakai in J. Jap. Bot. 9(1): 26.1933. ——*P. nígripes* HayataIcon. Pl. Formosan. 6: 142. 1916.

特征：与紫竹特征近似，不同之处在于其秆为棕褐色，而不是紫黑色。

用途：园林栽培供观赏。

分布：中国（台湾）；日本；英国、法国、美国有引种栽培。

14）夕阳竹 *Phylloschys nigra* 'Okina'

又名：Okina-Kurochiku, Fuiri-Kurochiku（日本）

异名：*Phyllostachys nigra* f. *albostriata*

Phyllostachys nigra f. *albovariegata*

Phyllostachys nigra f. *okina*

引证：*Phylloschys nigra* 'Okina', Ohrnberger in Bamb. World *Phyllostachys* ed. 3: 130. 1996; D. Ohrnb., The Bamb. World, 223. 1999. ——*P. nigra* f. *okina* Muroi et T. Tashiro, 1986, ex H. Okamura et al. In Ill. Hort. Bamb. Sp. Jap. 1991: 157, 346.——*P. nigra* f. *albostriata* Muroi et T. Tashiro ap. Muroi, 1989; cf. H. Okamura et al. In Ill. Hort. Bamb. Sp. Jap. 175.1991. ——*P. nigra* f. *albovariegata* Muroi et Tashiro ap. Muroi, 1989; not Makino 1912; not Tsuboi 1916; not Muroi 1974; cf. H. Okamura et al. In Ill. Hort. Bamb. Sp. Jap. 346. 1991.

特征：与紫竹特征近似，不同之处在于其叶片带有白色条纹和圆形斑点。

用途：不详。

分布：日本。

15）奥赛罗竹 *Phylloschys nigra* 'Othello'

引证：*Phylloschys nigra* 'Othello', R. Grounds in Ornam. Grasses, 1989: 176; D. Ohrnb., The Bamb. World, 223. 1999; Amer. Bamb. Soc. in Bamb. Species Source List no. 35: 28. 2015.

特征：与紫竹特征近似，不同之处在于其秆丛相对密集，簇拥在一起；秆在出笋当年即变成漆黑色。

用途：园林栽培供观赏。

分布：欧洲；美国有引种栽培。

16）胡麻竹 *Phyllostachys nigra* 'Punctata'

又名：三年紫

异名：*Phyllostachys nigra* var. *punctata*

引证：*Phyllostachys nigra* 'Punctata', Amer. Bamb. Soc. in Bamb. Species Source List no. 35: 28. 2015.——*P. nigra* (Lodd. ex Lindl.) Munro var. *punctata* Bean in Gard. Chron. (ser. 3) 15: 238, 431.1894; Ma et al. The Genus *Phyllostachys* in China 63. 2014; Yi et al. in Icon. Bamb. Sin. Ⅱ. 80. 2017.

特征：与紫竹特征近似，不同之处在于其当年生新秆深绿色，次年春季基部节间具淡紫色小斑点，以后逐渐向上部节间扩散，颜色也逐渐加深，至第三年秋季整个节间由细斑点组成淡紫黑色，有蜡粉，无光泽；叶片质地稍厚。

用途：园林绿化；竹种园建植。

分布：中国（浙江安吉，安徽广德）。

17）条纹紫竹 *Phyllostachys nigra* 'Shimadake'

又名：Shima-dake（日本）

异名：*Phyllostachys nigra* f. *shimadake*

引证：*Phyllostachys nigra* 'Shimadake', Stover in Bamb. Book, 1983: 44, based on *Phyllostachys nigra* f. *shimadake* Muroi et H. Okamura in Muroi, 1989; Muroi et H. Okamura in Rep. Fuji Bamb. Gard. No. 17: 9. 1972; Muroi in J. Himeji Gakuin Wom. Coll. No. 1974: 5; D. Ohrnb., The Bamb. World, 223. 1999; Amer. Bamb. Soc. in Bamb. Species Source List No. 35: 28. 2015.

特征：与紫竹特征近似，不同之处在于其整个秆上有不同宽度的纵向条纹，如果秆黑色则为绿色条纹；如果秆绿色，则为黑色条纹。

用途：园林栽培供观赏。

分布：日本（岛根，广岛）；法国、美国有引种栽培。

18）长纹紫竹 *Phyllostachys nigra* 'Sujidake'

又名：Suji-dake（日本）

引证：*Phyllostachys nigra* 'Sujidake', Kawamura in J. Coll. Sci. Imp. Univ. Tokyo 23(2) : 2. 1907; Kawamura ex Ohrnberger in Bamb. World *Phyllostachys* ed. 3, 134.1996; D. Ohrnb., The Bamb. World, 224. 1999; Amer. Bamb. Soc. in Bamb. Species Source List no. 35: 28. 2015.

特征：与紫竹特征近似，不同之处在于其秆绿色，但有一条较宽的棕色纵条纹自下而上贯穿全秆。

用途：园林栽培供观赏。

分布：日本。

19）条斑紫竹 *Phyllostachys nigra* 'Tosaensis'

又名：Tosatorafu-dake（日本）

异名：*Phyllostachys nigra* f. *tosaensis*

Phyllostachys nigra var. *tosaensis*

引证：*Phyllostachys nigra* 'Tosaensis', Hatusima in Woody Pl. Jap. 594.1976; D. Ohrnb., The Bamb. World, 222. 1999; Amer. Bamb. Soc. in Bamb. Species Source List no. 35: 28. 2015. ——*P. nigra* var. *tosaensis* Makino ex Tsuboi in Illus. Jap. Sp. Bamb. 17.1916. ——*P. nigra* f. *tosaensis* (Makino ex Tsuboi) Muroi in Sugimoto New Keys Jap. Tr. 466.1961.

特征：与紫竹特征近似，不同之处在于其秆绿色，节间具紫色纵向条斑。

用途：不详。

分布：日本；欧洲有少量栽培。

（19）灰竹 *Phyllostachys nuda* McClure

秆高 6～9 m，直径 2～4 cm，常于基部呈“之”字形曲折；节间长达 30 cm，幼时被白粉，尤箨环下一圈更浓密，节处常暗紫色，节下方有暗紫色晕斑，秆壁厚；秆环很隆起，高于箨环。箨鞘背面淡绿色或淡红褐色，有紫色纵条纹或紫褐色斑块，被白粉，脉间具稍瘤基状刺毛；箨耳及鞘口缕毛缺失；箨舌截形，黄绿色，边缘被短纤毛；箨片外翻，狭三角形或带状，幼时微皱曲，后平直，绿色有紫色纵条纹。小枝具叶 2～4；叶耳和鞘口缕毛俱无；叶片长 8～16 cm，下面灰绿色，次脉 4～5 对。花枝穗状，长 5～9 cm，基部有 3～5 片逐渐增大的鳞片状苞片；佛焰苞 5～7 片，边缘生柔毛，无叶耳及鞘口缕毛，缩小叶小，卵状披针形至锥状，每苞腋有 2 或 3 枚假小穗，基部的 1 或 2 片佛焰苞常不孕而早落。小穗含 1 或 2 朵小花，长 2.7～3.5 cm，狭披针形；小穗轴最后延伸成针状，节间密生短柔毛；颖不存在或为 1 片；外稃长 2.5～3.0 cm，无毛或仅边缘疏生短柔毛；内稃长 2.0～2.5 cm，通常无毛；鳞被 3，长约 4 mm；花药长约 1 cm；柱头 2 或 3，羽毛状。笋期 4～5 月。花期 5 月。

1）灰竹 *Phyllostachys* 'Nuda'（原栽培品种）

又名：净竹、石竹

异名：*Phyllostachys nuda* f. *lucida*

Phyllostachys nuda f. *nuda*

引证：*Phyllostachys nuda* 'Nuda', Keng et Wang in Flora Reip. Pop. Sin. 9(1): 259. 1996. ——*P. nuda* McClure in J. Wash. Acad. Sci. 35: 288. f. 2. 1945, et in Agr. Handb. USDA No.114: 48. ff. 36, 37. 1957; 华东禾本科植物志 309 页 . 图 333. 1962; 江苏植物志 上册 157 页 . 图 246. 1977; Fl. Taiwan 5: 730. pl. 1494. 1978; 中国竹谱 75 页 . 1988; Yi et al. in Icon. Bamb. Sin. 338. 2008, et in Clav. Gen. Spec. Bamb. Sin. 91. 2009. ——*P. nuda* McClure f. *nuda*, Ma et al. The Genus *Phyllostachys* in China. 124. 2014. ——*P. nuda* f. *lucida* Wen in Bull. Bot. Res. 2(1): 75. 1982.

特征：与灰竹种特征一致。

用途：优质笋用竹，笋肉厚，产区叫“石笋”，是加工天目笋干的主要原料。

分布：中国（陕西，江苏，安徽，浙江，江西，福建，台湾，湖南，山东）；法国、美国早有引种栽培。

2）紫蒲头灰竹 *Phyllostachys nuda* 'Localis'

异名：*Phyllostachys nuda* f. *localis*

Phyllostachys nuda 'Ink-finger'

Phyllostachys nuda 'Ziputoushizhu'

引证： *Phyllostachys nuda* 'Localis', J. P. Demoly in Bamb. Assoc. Europ. Bamb. EBS Sect. Fr. no. 8: 24. 1991; D. Ohrnb., The Bamb. World, 228. 1999; Amer. Bamb. Soc. in Bamb. Species Source List no. 35: 28. 2015. ——*P. nuda McClure* cv. Localis, Keng et Wang in Flora Reip. Pop. Sin. 9(1): 259. 1996. ——*P. nuda* McClure f. *localis* Z. P. Wang et Z. H. Yu in Act. Phytotax. Sin. 18(2): 173. 1980; Yi et al. in Icon. Bamb. Sin. 339. 2008, et in Clav. Gen. Spec. Bamb. Sin. 91. 2009; Ma et al. The Genus *Phyllostachys* in China. 125. 2014. ——*P. nuda* 'Ink-finger', Ohrnberger Bamb. World phyllostachys ed. 3: 138. 1996; ——*P. nuda* 'Ziputoushizhu', J. v. d. Palen. Bamboekwek. Kimmei, [4]. [1993].

特征： 与灰竹特征相似，不同之处在于其老秆基部数节具紫色斑块，甚至可布满整个节间，使节间呈紫色。

用途： 同灰竹。

分布： 中国（浙江安吉）；德国有引种栽培。

3）光秆石竹 *Phyllostachys nuda* 'Lucida'

又名： 黄秆石竹、黄杆灰竹

异名： *Phyllostachys nuda* f. *luclda*

引证： *Phyllostachys nuda* 'lucida', D. Ohrnb., The Bamb. World, 228. 1999. ——*P. nuda* f. *lucida* Wen in Bull. Bot. Res. 2(1): 75. 1982.

特征： 与灰竹特征相似，不同之处在于其秆黄色或淡黄色。

用途： 不详。

分布： 中国（浙江）。

4）金明灰竹 *Phyllostachys nuda* 'Kimmei'

引证： *Phyllostachys nuda* 'Kimmei', J. P. Demoly in Bamb. Assoc. Europ. Bamb. EBS Sect. Fr. no. 8: 24. 1991. D. Ohrnb., The Bamb. World, 227. 1999.

特征： 与灰竹特征相似，不同之处在于其秆绿色，沟槽黄色。

用途： 用于栽培观赏。

分布： 法国。

5）白叶灰竹 *Phyllostachys nuda* 'Varians'

又名：白叶石竹

异名：*Phyllostachys nuda* f. *varians*

引证：*Phyllostachys nuda* McClure f. *varians* P. X. Zhang in World Bamb. Ratt. 4(3): 26. 2006; Ma et al. The Genus *Phyllostachys* in China. 126. 2014; Yi et al. in Icon. Bamb. Sin. Ⅱ. 80. 2017.

特征：与灰竹特征相似，不同之处在于其新叶白色，具绿色纵条纹，后变为绿白色或淡绿色。

用途：同灰竹，但更具观赏性。

分布：中国（浙江安吉）。

（20）安吉金竹 *Phyllostachys parvifolia* C. D. Chu et H. Y. Chou

秆高达 8 m，直径 5 cm；节间长达 25 cm，幼时绿色，有紫色细纹，被厚白粉；秆环与箨环等高或高于箨环，或秆下部者低于箨环。箨鞘背面淡褐色或淡紫红色，具淡黄褐色脉纹或在箨鞘上部具黄白色脉纹，被薄白粉，边缘生白色纤毛；箨耳和鞘口繸毛缺失，或有少数条鞘口繸毛，或秆上部箨片基部延伸成小箨耳，并具少数条短繸毛；箨舌高 2.0～2.5 mm，暗绿色或紫红色，拱形，边缘生短纤毛；箨片直立，绿色，边缘或上部带紫红色，三角形或三角状披针形，波状弯曲。小枝具叶 2 枚；叶耳不明显，鞘口繸毛数条，直立；叶片长 3.5～6.2 cm，宽 0.7～1.2 cm。笋期 5 月初。

1）安吉金竹 *Phyllostachys* 'Parvifolia'（原栽培品种）

又名：金竹

引证：*Phyllostachys parvifolia* C. D. Chu et H. Y. Chou in Act. Phytotax. Sin. 18(2): 190 f. 12. 1980. 中国竹谱 76 页 . 1988; D. Ohrnb., The Bamb. World, 228. 1999; Yi et al. in Icon. Bamb. Sin. 361. 2008, et in Clav. Gen. Spec. Bamb. Sin. 108. 2009; Ma et al. The Genus *Phyllostachys* in China. 64. 2014.

特征：与安吉金竹种特征一致。

用途：多植于家前屋后，稍耐水湿。笋食用；秆作柄材或晒衣竿，也可剖篾编席等。

分布：中国（浙江，安徽）；德国早有引种栽培。

2）实心金竹 *Phyllostachys parvifolia* ‘Lignosa’

又名：石碧竹

异名：*Phyllostachys parvlía* f. *lígnosa*

引证：*Phyllostachys parvlía* f. *lígnosa* Wen in Bull. Bot Res. 2(1) : 75; D. Ohrnb., The Bamb. World, 228. 1999.

特征：与安吉金竹特征相似，不同之处在于其秆实心或近实心。

用途：笋食用；秆作柄材或晒衣竿。

分布：中国（浙江，安徽）。

（21）灰水竹 *Phyllostachys platyglossa* Z. P. Wang et Z. H. Yu

秆高达 8 m，直径 2.5 cm；节间长达 35 cm，幼时被白粉，深绿色带紫色，老秆绿色，下部带紫色；秆环与箨环等高。箨鞘背面褐红色带淡绿色，具或疏或密的褐色小斑点，疏生小刺毛，边缘暗紫色；箨耳紫色，卵形或镰形，边缘具长縫毛；箨舌截形或拱形，紫色，边缘具纤毛；箨片外翻，三角状带形，强皱曲，绿紫色或绿色，边缘淡绿黄色。小枝具叶 2 枚；叶耳不明显，鞘口縫毛少数条；叶片长 7～14 cm，宽 1.2～2.2 cm。笋期 4 月中旬。

1）灰水竹 *Phyllostachys* ‘Platyglossa’（原栽培品种）

又名：家水竹、水竹

异名：*Phyllostachys platyglossa* f. *platyglossa*

引证：*Phyllostachys platyglossa* Z. P. Wang et Z. H. Yu in Act. Phytotax. Sin. 18(2):184. f. 8. 1980; Keng et Wang in Flora Reip. Pop. Sin. 9(1): 292. 1996; D. Ohrnb., The Bamb. World, 229. 1999; Yi et al. in Icon. Bamb. Sin. 339. 2008, et in Clav. Gen. Spec. Bamb. Sin. 103. 2009. ——*P. platyglossa* Z. P. Wang et Z. H. Yu Ma f. *platyglossa*, Ma et al. The Genus Phyllostachys in China. 126. 2014.

特征：与灰水竹种特征一致。

用途：园林绿化；笋供食用；秆作柄材或劈篾编织竹器。

分布：中国（江苏，浙江，安徽）；欧洲、美国有引种栽培。

2）白壳灰水竹 *Phyllostachys platyglossa* ‘Leucodermis’

又名：象牙竹

异名：*Phyllostachys platyglossa* f. *leucodermis*

引证：*Phyllostachys platyglossa* Z. P. Wang et Z. H. Yu f. *leucodermis* G. H.

Lai in J. Bamb. Res. 14(2): 10. 1995; D. Ohrnb., The Bamb. World, 229. 1999; Ma et al. The Genus *Phyllostachys* in China. 128. 2014.

特征： 与灰水竹特征相似，不同之处在于其箨鞘淡黄色，具淡红色或绿色细条纹。

用途： 同灰水竹。

分布： 中国（安徽广德）。

（22）早园竹 *Phyllostachys propinqua* McClure

秆高 6 m，直径 4 cm；节间长约 20 cm，基部节间暗紫带绿色，幼时被厚白粉，秆壁厚约 4 mm；秆环稍隆起与箨环等高。箨鞘背面淡红褐色或黄褐色，还有不同深浅颜色的纵条纹，被紫褐色小斑点和斑块，上部两侧常先变干枯呈淡黄色；箨耳及鞘口繸毛缺失；箨舌拱形，暗褐色，边缘具短纤毛；箨片外翻，披针形或线状披针形，平直，绿色，背面带紫褐色，近边缘黄色。小枝具叶 2～3；叶耳和鞘口繸毛常缺失；叶舌长拱形，被微纤毛；叶片长 7～16 cm，宽 1～2 cm，下面中脉两侧略有柔毛。笋期 4～5 月。

1）早园竹 *Phyllostachys* 'Propinqua'（原栽培品种）

引证： *Phyllostachys propinqua* McClure in J. Wash. Acad. Sci. 35: 286. f. 1. 1945, et in Agr. Handb. USDA No. 114: 49. ff. 38, 39. 1957; 广西竹种及其栽培 123 页 . 图 65. 1987; 中国竹谱 78 页 . 1988; 云南树木图志下册 1458 页 . 图 684. 1991; Keng et Wang in Flora Reip. Pop. Sin. 9(1): 262. 1996; D. Ohrnb., The Bamb. World, 230. 1999; Yi et al. in Icon. Bamb. Sin. 343. 2008, et in Clav. Gen. Spec. Bamb. Sin. 92. 2009; Ma et al. The Genus *Phyllostachys* in China. 131. 2014.

特征： 与早园竹种特征一致。

用途： 园林绿化；笋味美，食用佳品；秆劈篾供编织竹器，整秆作竿具或柄具。

分布： 中国（河南，江苏，安徽，浙江，湖北，贵州，广西）；德国、美国早有引种栽培。

2）望江哺鸡竹 *Phyllostachys propinqua* 'Lanuginosa'

又名： 迟燕竹、哺鸡竹、萧山早竹

异名： *Phyllostachys propinqua* f. *lanuginosa*

引证： *Phyllostachys propinqua* McClure f. *lanuginosa* Wen in Bull. Bot. Res. 2(1): 75. 1982; D. Ohrnb., The Bamb. World, 230. 1999; Ma et al.. The Genus *Phyllostachys* in China. 132. 2014.

特征： 与早园竹特征相似，不同之处在于其秆箨下半部灰绿色，至上半部渐变为黄棕色并间有褐色纵条纹，顶段中部箨片十分皱褶。

用途： 同早园竹。

分布： 中国（浙江，安徽）。

（23）红边竹 *Phyllostachys rubromarginata* McClure

秆高达 10 m，直径 3.5 cm；节间长达 35 cm 或更长，幼时几无白粉，秆壁厚 4.5～6.0 mm；箨环初时密生下向的淡黄色细硬毛；秆环稍隆起，与箨环等高。箨鞘背面绿色或淡绿色，无斑点或大笋中有稀疏小斑点，在秆基部的箨鞘上常具紫色或金黄色纵条纹，上部边缘暗紫色，底部密被淡黄色细硬毛；箨耳及鞘口繸毛缺失；箨舌截平或微凹，高不及 1 mm，暗紫色，背部具长毛，边缘具短纤毛；箨片开展或微外翻，带状，平直，绿紫色，基部远窄于箨舌。小枝具叶 1～2；叶耳不发达，鞘口繸毛直立，幼秆上的叶可具小叶耳及近放射状繸毛；叶舌紫色，边缘具纤毛；叶片长 6～17 cm，宽 12～22 cm，下面疏被柔毛或无毛。花枝穗状，长约 5 cm，基部托以 4 或 5 片逐渐增大的鳞片状苞片；佛焰苞 5～6 片，无叶耳及鞘口繸毛或仅有少数短小的繸毛，缩小叶微小，披针形至锥状，每片佛焰苞内有（1）2～4 枚假小穗，当为 3 或 4 枚时则其中有 1 或 2 枚形小而发育不良。小穗具 1～4 朵小花，常托以苞片 1 片；小穗轴无毛或有柔毛；颖 1 或 2，有时无；外稃长 1.5～2.0 cm，具柔毛；内稃短于其外稃，亦具柔毛；鳞被长菱形，长约 4 mm；花药长 8～10 mm；柱头 3，羽毛状。

1）红边竹 *Phyllostachys* 'Rubromarginata'（原栽培品种）

异名： *Phyllostachys shuchengensis*

引证： *Phyllostachys rubromarginata* McClure in Lingnan Univ. Sci. Bull. No. 9: 44. 1940, et in Agr. Handb. USDA No.114: 56. ff. 46, 47. 1957; 广西竹种及其栽培 127 页 . 图 68. 1987; 中国竹谱 80 页 . 1988; Keng et Wang in Flora Reip. Pop. Sin. 9(1): 263. 1996; D. Ohrnb., The Bamb. World, 232. 1999; Yi et al. in Icon. Bamb. Sin. 344. 2008, et in Clav. Gen. Spec. Bamb. Sin. 109. 2009. ——*P.*

shuchengensis S. C. Li et S. H. Wu in J. Anhui Agr. Coll. (2): 50. 1981.

特征： 与红边竹种特征一致。

用途： 笋味佳，供食用；秆篾性好，劈篾供编织竹器。

分布： 中国（河南，安徽，浙江，江西，广东，广西，云南）；美国、欧洲有引种栽培。

2）妞儿竹 *Phyllostachys rubromarginata* 'Castigata'

异名： *Phyllostachys rubromarginata* f. *castigata*

引证： *Phyllostachys rubromarginata* f. *casgtiata* Wen in Bull. Bot. Res. 2(1): 76. 1982; D. Ohrnb., The Bamb. World, 232. 1999.

特征： 与红边竹特征相似，不同之处在于其竹秆相对矮小，秆高约 6 m，直径约 2 cm；秆箨光滑无毛；叶片较小；

用途： 同红边竹。

分布： 中国（安徽，浙江）。

（24）金竹 *Phyllostachys sulphurea* (Carr.) A. et C. Riv.

秆高可达 8 m，直径可达 6 cm，节间长 20～25（35）cm；秆节微隆起，分枝以下秆环不明显，仅见箨环；新秆鲜黄色，有光泽，节间光滑无毛，被稀薄均匀雾状白粉，节下尤多；少数节间有 1～2 条淡绿色纵条纹；节下有一圈不连续、边缘呈缺刻状的淡绿色环；老秆金黄色，少数节间有 1～2 条淡绿色纵条纹。秆箨乳黄色微带紫红色，上部边缘褐色或淡褐色，具深褐色圆斑或点状斑（类似墨迹斑）；箨耳和繸毛缺失；箨舌较宽，高 2～3 mm，初黄绿色，后淡褐色，先端截形或微弧形，有白色短纤毛，有时具淡黄绿色或淡褐色长纤毛；箨片带状，外翻，中间绿色，边缘橘黄色或橘红色，末级小枝具叶 2～3 枚；叶鞘淡绿色，光滑无毛；叶耳及繸毛发达，淡黄绿色；叶舌伸出，淡黄绿色，先端近截形或有缺刻；叶片披针形，长 4～10 cm，宽 1.1～1.5 cm，表面绿色，有时具黄色细纵条纹，背面灰绿色，基部具毛，次脉 5～8 对，小横脉稍明显。笋期 5 月中旬至 10 月上旬。

1）金竹 *Phyllostachys* 'Sulphurea'（原栽培品种）

又名： 黄皮刚竹

异名： *Bambusa sulfurea*

Phyllostachys bambusoides cv. Allgold

Phyllostachys bambusoides var. *castilloni-holochrysa*
Phyllostachys bambusoides var. *sulphurea*
Phyllostachys castilloni var. *holochrysa*
Phyllostachys mitis var. *sulphurea*
Phyllostachys quilioi var. *castillonis-holochrysa*
Phyllostachys reticulata var. *holochrysa*
Phyllostachys reticulata var. *sulphurea*
Phyllostachys viridis f. *youngii*

引证： *Phyllostachys sulphurea* 'Sulphurea', Keng et Wang in Flora Reip. Pop. Sin. 9(1): 253. 1996; J. Y. Shi in Int. Cul. Regist. Rep. Bamb. (2013-2014): 24. 2015. ——*P. sulphurea* (Carr.) A. et C. Riv. in Bull. Soc. Acclim. Ill. 5: 773. 1878; Mitford. Bamb. Gard. 122. 1896; C. S. Chao et S. A. Renvoize in Kew Bull. 43(3): 418. 1988; 中国竹谱 81 页 . 1988; D. Ohrnb., The Bamb. World, 233. 1999; Yi et al. in Icon. Bamb. Sin. 345. 2008, et in Clav. Gen. Spec. Bamb. Sin. 89. 2009; Ma et al. The Genus *Phyllostachys* in China. 136. 2014. ——*P. castilloni* var. *holochrysa* Pfitz. in Deut. Dendr. Ges. Mitt. 14: 60. 1905. ——*P. quilioi* A. et C. Riv. var. *castillonis-holochrysa* Regel ex H. de Leh., Bamb. 1: 118. 1906. ——*P. mitis* A. et C. Riv. var. *sulphurea* (Carr.) H. de Leh. in Bamb.7-8,1907:204, 218. pl.8. ——*P. bambusoides* Sieb. et Zucc. var. *castilloni-holochrysa* (Pfitz.) H. de Leh. in Act. Congr. Int. Bot. Brux. 2: 228. 1910. ——*P. reticulata* (Rupr.) C. Koch. var. *sulphurea* (Carr.) Makino in Bot. Mag. Tokyo 26: 24. 1912. ——*P. bambusoides* var. *sulphurea* Makino ex Tsuboi in Illus. Jap. Sp. Bamb. ed. 2: 7. pl. 5. 1916. ——*P. reticulata* var. *holochrysa* (Pfitz.) Nakai in J. Jap. Bot. 9: 341. 1933. ——*P. bambusoides* cv. Allgold McClure in J. Arn. Arb. 37: 193. 1956, et in Agr. Handb. USDA No. 114: 23. 1957. ——*P. viridis* (Young) McClure, f. *youngii* C. D. Chu et C. S. Chao in Act. Phytotax. Sin. 18(2): 169. 1980, non *P. viridis* cv. Robert Young McClure 1956. ——*Bambusa sulfurea* Carr. in Rev. Hort. 379. 1873.

特征： 与金竹种特征一致。

用途： 园林绿化；建植竹种园；秆可作小型建筑用材和各种农具柄；笋

供食用，但味微苦。

分布：中国（江苏，浙江）；日本、荷兰、法国、美国、阿尔及利亚有引种栽培。

2）绿皮黄筋竹 *Phyllostachys sulphurea* 'Houzeauana'

又名：黄槽刚竹、槽里黄刚竹、碧玉间黄金竹

异名：*Phyllostachys sulphurea* f. *houzeauana*

Phyllostachys sulphurea var. *viridis*

Phyllostachys viridis 'Houzeau'

Phyllostachys viridis f. *houzeauana*

引证：*Phyllostachys sulphurea* 'Houzeauana', Keng et Wang in Flora Reip. Pop. Sin. 9(1): 253. 1996; J. Y. Shi in Int. Cul. Regist. Rep. Bamb. (2013-2014): 24. 2015. ——*P. sulphurea* 'Houzeau', D. Ohrnb., The Bamb. World, 234. 1999. ——*P. sulphurea* (Carr.) A. et C. Riv. f. *houzeauana* (C. D. Chu et C. S. Chao) C. S. Chao et S. A. Renv. in Kew Bull. 43(3): 419. 1988; Yi et al. in Icon. Bamb. Sin. 346. 2008, et in Clav. Gen. Spec. Bamb. Sin. 89. 2009; Ma et al. The Genus *Phyllostachys* in China. 137. 2014. ——*P. sulphurea* (Carr.) A. et C. Riv. var. *viridis* R. A. Young f. *houzeauana* (C. D. Chu et S. C. Chao) C. S. Chao et S. A. Renv. in Kew Bull. 43: 419. 1988; 中国竹谱 83 页 . 1988. ——*P. viridis* 'Houzeau', McClure in Agr. Handb. USDA No.114: 65. 1957; Amer. Bamb. Soc. in Bamb. Species Source List no. 35: 29. 2015. ——*P. viridis* f. *houzeauana* C. D. Chu et C. S. Chao, 江苏植物志上册 115 页 . 图 239. 1977（tantum in Sinice. descr）, et in Act. Phytotax. Sin. 18(2): 169. 1980.

特征：与刚竹特征近似，不同之处在于其秆的沟槽为淡黄色。

用途：秆可作小型建筑用材和各种农具柄；笋供食用，但味微苦。

分布：中国（山东，江苏，浙江，江西，河南，香港）；法国、德国、美国有栽培。

3）花叶金竹 *Phyllostachys sulphurea* 'Mitis'

异名：*Phyllostachys viridis* 'Mitis'

引证：*Phyllostachys sulphurea* 'Mitis', Ohrnberger in Bamb. World *Phyllostachys* ed. 3:172. 1996; D. Ohrnb., The Bamb. World, 234. 1999. ——*P. viridis* 'Mitis', Martin et J. P. Demoly in Bull. Assoc. Parcs Bot. France 1: 10. 1979.

特征：与金竹特征近似，不同之处在于其秆绿色或黄绿色，叶具黄色条纹。

用途：园林栽培供观赏。

分布：欧洲。

4）黄皮绿筋竹 *Phyllostachys sulphurea* 'Robert Young'

又名：黄皮刚竹、黄皮绿筋刚竹

异名：*Phyllostachys sulphurea* f. *robert young*

Phyllostachys sulphurea var. *viridis* f. *robertii*

Phyllostachys viridis 'Robert Young'

Phyllostachys viridis f. *aurata*

Phyllostachys viridis f. *youngii*

引证：*Phyllostachys sulphurea* 'Robert Young', Ohrnberger in Bamb. World *Phyllostachys* ed. 3: 172.1996; Keng et Wang in Flora Reip. Pop. Sin. 9(1): 254. 1996; J. Y. Shi in Int. Cul. Regist. Rep. Bamb. (2013-2014): 24. 2015. ——*P. sulphurea* (Carr.) A. et C. Riv. f. *robert young* (McClure) Yi in J. Sichuan For. Sci. Techn. 28(3): 18. 2007; Yi et al. in Icon. Bamb. Sin. 347. 2008, et in Clav. Gen. Spec. Bamb. Sin. 90. 2009. ——*P. sulphurea* (Carr.) A. et C. Riv. var. *viridis* R. A. Young f. *robertii* C. S. Chao et S. A. Renv. in Kew Bull. 43: 419. 1988. ——*P. sulphurea* (Carr.) A. et C. Riv. f. *robertii* Chao et Renv., Ma et al. The Genus *Phyllostachys* in China. 138. 2014. ——*P. viridis* 'Robert Young' McClure in J. Arn. Arb. 37: 195. 1956 et Agr. Handb. USDA No.114: 64. 1957; D. Ohrnb., The Bamb. World, 234. 1999; Amer. Bamb. Soc. in Bamb. Species Source List no. 35: 29. 2015. ——*P. viridis* f. *youngii* C. D. Chu et C. S. Chao, 江苏植物志 上册 155 页 . 图 240. 1977 (tantum in Sinice. descr.), et in Act. Phytotax. Sin. 18(2): 169. 1980. ——*P. viridis* f. *aurata* Wen in J. Bamb. Res. 3(2): 35. 1984.

特征：与刚竹特征近似，不同之处在于其幼秆解箨后呈绿黄色，下部节间有少数绿色纵条纹，并在箨环下方还有暗绿色环带，以后虽节间变为黄色而绿色纵条纹仍存在。

用途：同刚竹。

分布：中国（浙江，上海，江苏）；欧洲和美国有引种栽培。

5）花秆刚竹 *Phyllostachys sulphurea* 'Tricolor'

异名： *Phyllostachys sulphurea* f. *tricolor*

引证： *Phyllostachys sulphurea* 'Tricolor', J. Y. Shi in Int. Cul. Regist. Rep. Bamb. (2013-2014): 24. 2015. ——*P. sulphurea* (Carr.) A. et C. Riv. f. *tricolor* G. H. Lai in J. Bamb. Res. 14(2): 11. 1995; D. Ohrnb., The Bamb. World, 235. 1999; Yi et al. in Icon. Bamb. Sin. 347. 2008, et in Clav. Gen. Spec. Bamb. Sin. 90. 2009.

特征： 与刚竹特征近似，不同之处在于其秆黄色带绿色，纵沟槽黄色，节间有少数淡黄色和淡绿色条纹。

用途： 同刚竹。

分布： 中国（安徽广德）。

6）刚竹 *Phyllostachys sulphurea* 'Viridis'

又名： 台竹、江南竹、美姑扁竹；KO-chiku（日本）；Grüner Sulfurbambus（德国）；Green Sulphur Bamboo（英国）

异名： *Phyllostachys chlorina*

Phyllostachys faberi

Phyllostachys meyeri f. *sphaeroides*

Phyllostachys mitis

Phyllostachys sulphurea f. *viridis*

Phyllostachys sulphurea var. *viridis*

Phyllostachys villosa

Phyllostachys viridis

引证： *Phyllostachys sulphurea* 'Viridis', W. Y. Zhang et N. X. Ma in S. L. Zhu et al. in Compend. Chin. Bamb., 1994: 148; Keng et Wang in Flora Reip. Pop. Sin. 9(1): 251. 1996; J. Y. Shi in Int. Cul. Regist. Rep. Bamb. (2013-2014): 24. 2015. ——*P. sulphurea* f. *viridis* (R. A. Young) Ohrnberger in Bambus-Brief no. 2: 10. 1993. ——*P. sulphurea* (Carr.) A. et C. Riv. var. *viridis* R. A. Young in J. Wash. Acad. Sci. 27: 345. 1937; C. S. Chao et S. A. Renv. in Kew Bull. 44: 419. 1988; 中国竹谱 82 页 . 1988; Yi et al. in Icon. Bamb. Sin. 346. 2008, et in Clav. Gen. Spec. Bamb. Sin. 89. 2009; Ma et al. The Genus *Phyllostachys* in China.

137. 2014. ——*P. mitis* A. et C. Riv. in Bull Soc. Acclim. Ill. 5: 689. 1878, tantum descr., excl. Syn. ——*P. faberi* Rendle in J. Linn. Soc. Bot. 36: 439. 1904. ——*P. viridis* (R. A. Young) McClure in J. Arn. Arb. 37: 192. 1956, et in Agr. Handb. USDA No. 114: 62. f. 50. 1957. —— *P. chlorina* Wen in Bull. Bot. Res. 2(1): 61. f. 1. 1982. —— *P. villosa* Wen in 1. c. 2(1): 71. f. 9. 1982. ——*P. meyeri* McClure f. *sphaeroides* Wen in 1. c. 2(1): 74.1982.

特征：与金竹特征近似，不同之处在于其秆为绿色。

用途：同金竹。

分布：中国（黄河至长江流域及福建均有分布）；日本、法国、美国有引种栽培。

7）绿槽刚竹 *Phyllostachys sulphurea* 'Viridisulcata'

异名：*Phyllostachys sulphurea* f. *viridisulcata*

Phyllostachys viridis f. *viridisulcata*

引证：*Phyllostachys sulphurea* 'Viridisulcata', Ohrnberger in Bamb. World *Phyllostachys* ed. 3, 1996: 174; D. Ohrnb., The Bamb. World, 234. 1999; J. Y. Shi in Int. Cul. Regist. Rep. Bamb. (2013-2014): 24. 2015. ——*P. sulphurea* (Carr.) A. et C. Riv. f. *viridisulcata* (P. X. Zhang) P. X. Zhang in J. Bamb. Res. 9(4): 39. 1990, invalid; ex G. H. Lai in Guihaia. 22(5): 392. 2002; Ma et al. The Genus *Phyllostachys* in China. 138. 2014. ——*P. viridis* (R. A. Young) McClure f. *viridisulcata* P. X. Zhang in J. Bamb. Res. 8(4): 40. 1989.

特征：与刚竹特征近似，不同之处在于其粉绿色新秆新枝在以后逐渐变为金黄色，而其节间的沟槽仍为绿色。

用途：同刚竹。

分布：中国（浙江安吉，安徽广德）。

（25）天目早竹 *Phyllostachys tianmuensis* Z. P. Wang et N. X. Ma

秆高 7～8 m，直径 3～4 cm；节间长约 20 cm，幼时绿色，分枝一侧沟槽具黄色纵条纹；秆环与箨环同高。箨鞘淡红褐色，具褐色小斑点，其下部斑点较密，微被白粉，上部近边缘紫红色，无缘毛；箨耳及鞘口繸毛缺失；箨舌拱形或近截平，暗紫褐色，背部具粗毛，边缘具短纤毛；箨片外翻，长披针形或带状，中部以上皱曲，绿色，近边缘黄色。小枝具叶 2～3；叶耳和鞘口繸毛均无；叶舌拱形或近截形；叶片长达 15 cm，宽约 2 cm，下面初时被柔毛。笋期 3 月下旬～4 月下旬。

1）天目早竹 *Phyllostachys* ‘Tianmuensis’（原栽培品种）

又名：燕竹、雷打竹

引证：*Phyllostachys tianmuensis* Z. P. Wang et N. X. Ma in J. Nanjing Univ. (Nat. Sci. ed.) (3): 491. f. 3. 1983; Keng et Wang in Flora Reip. Pop. Sin. 9(1): 268. 1996, D. Ohrnb., The Bamb. World, 235. 1999; Yi et al. in Icon. Bamb. Sin. 348. 2008, et in Clav. Gen. Spec. Bamb. Sin. 93. 2009; Ma et al. The Genus *Phyllostachys* in China. 139. 2014.

特征：与天目早竹种特征一致。

用途：竹材用途一般，笋期较早，可作早期食用笋。

分布：中国（浙江，安徽）。

2）曲秆燕竹 *Phyllostachys tianmuensis* ‘Flexicaulis’

异名：*Phyllostachys tianmuensis* f. *flexicaulis*

引证：*Phyllostachys tianmuensis* Z. P. Wang et N. X. Ma f. *flexicaulis* G. H. Lai in J. Bamb. Res. 14(2): 12. 1995; D. Ohrnb., The Bamb. World, 236. 1999; Yi et al. in Icon. Bamb. Sin. 348. 2008, et in Clav. Gen. Spec. Bamb. Sin. 93. 2009.

特征：与天目早竹特征近似，不同之处在于其秆较柔软，明显呈“之”字形曲折。

用途：同天目早竹。

分布：中国（安徽绩溪）。

（26）早竹 *Phyllostachys violascen* (Carr.) A. et C. Riv.

秆高 8～10 m，直径 4～6 cm；节间长 15～25 cm，幼时密被白粉，常在沟槽对面一侧稍膨大，有时稍有黄色纵条纹，秆壁厚约 3 mm；节初时紫褐色，秆环与箨环均隆起，二者等高。箨鞘背面褐绿色或淡黑褐色，初时被白粉，具大小不等的斑点和紫色纵条纹；箨耳及鞘口繸毛缺失；箨舌拱形，褐绿色或紫褐色，两侧下延而外露，边缘具细纤毛；箨片外翻，绿色或紫褐色，带状披针形，强烈皱曲或秆上部者平直。小枝具叶 2～3（6）；叶耳和鞘口繸毛缺失；叶片长 6～18 cm，宽 0.8～2.2 cm。笋期 5 月。

1）旱竹 *Phyllostachys* 'Violascens'（原栽培品种）

又名： Murasaki-shima-dake（日本）

异名： *Bambusa violascens*

Phyllostachys praecox

引证： *Phyllostachys violascens* (Carr.) A. et C. Riv. in Bull. Soc. Acclim. (sér. 3) 5: 770. f. 42. 1878; Mitford in Garden 47: 3. 1895; Mitford in Bamb. Gard. 139.1896; McClure ex H. Okamura et al. Ill. Hort. Bamb. Sp. Jap. 161.1991; D. Ohrnb., The Bamb. World, 236. 1999; Ma et al. The Genus *Phyllostachys* in China. 141. 2014; Yi et al. in Icon. Bamb. Sin. Ⅱ . 298. 2017. ——*P. praecox* C. D. Chu et C. S. Chao in Act. Phytotax. Sin. 18(2): 176. f. 4. 1980; 江苏植物志 上册 156 页 . 图 144. 1977 (tantum in Sinice. descr.); 中国竹谱 76 页 . 1988; 云南树木图志下册 1458 页 . 1991; Keng et Wang in Flora Reip. Pop. Sin. 9(1): 273. pl. 73: 1-4.1996; Yi et al. in Icon. Bamb. Sin. 340. 2008, et in Clav. Gen. Spec. Bamb. Sin. 95. 2009; Amer. Bamb. Soc. in Bamb. Species Source List no. 35: 29. 2015. ——*Bambusa violascens* Carrière in Rev. Hort., 1869: 292.

特征： 与旱竹种特征一致。

用途： 笋期早，产量高，笋味美，是优良的笋用竹种。

分布： 中国（江苏，安徽，浙江，江西，湖南，福建，重庆，四川，上海，河南）；法国、德国有引种栽培。

2）金边旱竹 *Phyllostachys violascens* 'Aurantia'

异名： *Phyllostachys violascens* f. *aurantia*

引证： *Phyllostachys violascens* Yi et L. Yang f. *aurantia* Yi in J. Sichuan For. Sci. Techn. 36(3): 3. fig. 7. 2015; Yi et al. in Icon. Bamb. Sin. Ⅱ . 86. 2017.

特征： 与旱竹特征近似，不同之处在于其笋带紫红色，箨片两侧边缘具淡黄色纵条纹。

用途： 园林绿化；竹种园建植；笋味鲜美。

分布： 中国（四川都江堰）。

3）黄皮旱竹 *Phyllostachys violascens* 'Chrysoderma'

异名： *Phyllostachys violascens* f. *chrysoderma*

引证： *Phyllostachys violascens* (Carr.) A. et C. Riv. f. *chrysoderma* T. G. Chen in World Bamb. Ratt. 11(3): 11. fig. 1. 2013; Ma et al. The Genus *Phyllostachys* in China. 142. 2014; Yi et al. in Icon. Bamb. Sin. Ⅱ. 86. 2017

特征：与早竹另一栽培品种花秆早竹（*P. praecox* 'Viridisulcata'）特征近似，不同之处在于其秆、枝条均为黄色，仅基部节间偶具绿色纵条纹；而花秆早竹的秆与枝条为金黄色，除分枝一侧沟槽部位绿色外，还具少量绿色纵条纹。

用途：秆之色泽鲜艳，属优质观赏竹，适于庭院、公园、小区、风景区栽培观赏；也是优质笋用竹，出笋早、产量高，笋味鲜美。

分布：中国（江苏常州）。

4）黄条早竹 *Phyllostachys violascens* 'Notata'

异名：*Phyllostachys praecox* f. *notata*

Phyllostachys violascens f. *notate*

引证：*Phyllostachys violascens* (Carr.) A. et C. Riv. f. *notata* (S. Y. Chen et C. Y. Yao) G. H. Lai in J. Anhui Agr. Sci. 40(8): 4622. 2012; Ma et al. The Genus *Phyllostachys* in China 142. 2014. ——*P. praecox* Z. D. Chu et C. S. Chao f. *notata* S. Y. Chen et C. Y. Yao in Act. Phytotax. Sin. 18(2): 177. 1980; Keng et Wang in Flora Reip. Pop. Sin. 9(1): 273. 1996; Yi et al. in Icon. Bamb. Sin. 341. 2008, et in Clav. Gen. Spec. Bamb. Sin. 94. 2009.

特征：与早竹特征近似，不同之处在于其节间绿色而沟槽黄色，笋期较早竹为迟，约在 4 月中旬出笋。

用途：笋味美，笋期早，持续时间长，产量高，是良好的笋用竹种，浙江农村常见栽培；竿壁薄，节间又常向一侧肿胀，仅能作一般柄材使用。

分布：中国（浙江，安徽，陕西，四川）；欧洲有引种栽培。

5）雷竹 *Phyllostachys violascens* 'Prevernalis'

又名：雷打竹、打雷竹

异名：*Phyllostachys praecox* f. *prevernalis*

Phyllostachys violascens f. *prevernalis*

引证：*Phyllostachys violascens* 'Prevernalis', Ma et al. The Genus *Phyllostachys* in China. 145. 2014. ——*P. violascens* (Carr.) A. et C. Riv. f. *prevernalis* (S. Y. Chen et C. Y. Yao) Yi et al. in Icon. Bamb. Sin. Ⅱ 298, 313. 2017. ——*P. praecox*

C. D. Chu et C. S. Chao f. *prevernalis* S. Y. Chen et C. Y. Yao in Act. Phytotax. Sin. 18(2): 177. 1980; D. Ohrnb., The Bamb. World, 229. 1999; Yi et al. in Icon. Bamb. Sin. 342. 2008, et in Clav. Gen.Spec. Bamb. Sin. 95. 2009. ——*P. praecox* 'Prevernalis', Keng et Wang in Flora Reip. Pop. Sin. 9(1): 273. 1996; Amer. Bamb. Soc. in Bamb. Species Source List no. 35: 29. 2015.

特征：与早竹特征近似，不同之处在于其新秆被少量白粉，径直；节间较长，各节间长短均匀，中部明显缢缩；秆环隆起较高；笋期略早于早竹。

用途：重要笋用竹，是中国分布最广、开发较具深度的笋用竹之一；该竹竹笋在许多动物园被用于饲喂大熊猫。

分布：中国（浙江，江苏，安徽，四川）。

6）花秆早竹 *Phyllostachys violascens* 'Viridisulcata'

异名：*Phyllostachys praecox* f. *viridisulcata*

Phyllostachys praecox f. *viridisulcata*

Phyllostachys violascens f. *viridisulcata*

Phyllostachys violascens 'Source Bleue'

引证：*Phyllostachys violascens* (Carr.) A. et C. Riv. f. *viridisulcata* (P. X. Zhang et W. X. Huang) G. H. Lai in Subtrop. Pl. Sci. 42(1): 60. 2013; Ma et al. The Genus *Phyllostachys* in China 143. 2014. ——*Phyllostachys violascens* 'Source Bleue', C. Rifat ex Ohrnberger in Bamb. World *Phyllostachys* ed. 3: 179. 1996. ——*P. praecox* C. D. Chu et C. S. Chao f. *viridisulcata* P. X. Zhang et W. X. Huang in J. Bamb. Res. 9(4): 39. 1990; D. Ohrnb., The Bamb. World, 229. 1999; Yi et al. in Icon. Bamb. Sin. 342. 2008, et in Clav. Gen. Spec. Bamb. Sin. 95. 2009; Amer. Bamb. Soc. in Bamb. Species Source List no. 35: 29. 2015.

特征：与早竹另一栽培品种（*P. violascens* 'Chrysoderma'）特征近似，不同之处在于其秆与枝条节间金黄色，除分枝一侧沟槽部位绿色外，还具少量绿色纵条纹；笋箨略显黄色，部分叶片有少量金黄色条纹。

用途：竹秆黄绿相间，色彩鲜艳，既是珍稀观赏竹种，也是优良的笋用竹种。

分布：中国（浙江安吉，四川有引种栽培）。

（27）乌哺鸡竹 *Phyllostachys vivax* McClure

秆高 5～15 m，直径达 8 cm；节间长 25～35 cm，幼时被白粉，秆壁厚约 5 mm；秆环隆起，略高于箨环，常一侧较高。箨鞘背面淡黄绿色带紫色或淡黄褐色，密被黑褐色斑块和斑点，其中部更密，微被白粉；箨耳及鞘口繸毛缺失；箨舌弧形，两侧下延，淡棕色至棕色，边缘具细纤毛；箨片外翻，带状长披针形，强烈皱曲，背面绿色，腹面褐紫色。小枝具叶 2～3 枚；叶耳和鞘口繸毛存在；叶舌高约 3 mm；叶片微下垂，长 9～18 cm，宽 1.2～2.0 cm。花枝穗状，基部托以 4～6 片逐渐增大的鳞片状苞片；佛焰苞 5～7 片，无毛或疏生短柔毛，叶耳小，具放射状繸毛，缩小叶卵状披针形至狭披针形，长达 2.5 cm，每片佛焰苞内有 1 或 2 枚假小穗。小穗长 3.5～4.0 cm，常含 2 或 3 朵小花，被疏柔毛；颖 1 片；外稃长 2.7～3.2 cm，被极稀疏的柔毛；内稃长 2.2～2.6 cm，几无毛，背部 2 脊明显；鳞被狭披针形，长约 5 mm；花药长 12 mm；子房无毛，柱头 3。笋期 4 月中、下旬。花期 4～5 月。

1）乌哺鸡竹 *Phyllostachys* 'Vivax'（原栽培品种）

又名： Vigorous Bamboo, Elegant Bamboo, Smooth-sheath Bamboo（英国）

异名： *Phyllostachys vivax* f. *vivax*

引证： *Phyllostachys vivax* cv. Vivax, Keng et Wang in Flora Reip. Pop. Sin. 9(1): 272. 1996. ——*P. vivax* McClure in J. Wash. Acad. Sci. 35: 292. f. 3. 1945, et in Agr. Handb. USDA No. 114: 65. ff. 52, 53. 1957; 华东禾本科植物志 309 页 . 图 334. 1962; 江苏植物志上册 156 页 . 图 243. 1977; 香港竹谱 73 页 . 1985; 中国竹谱 85 页 . 1988; 云南树木图志下册 1458 页 . 图 686. 1991; D. Ohrnb., The Bamb. World, 237. 1999; Yi et al. in Icon. Bamb. Sin. 350. 2008, et in Clav. Gen. Spec. Bamb. Sin. 94. 2009. ——*P. vivax* McClure f. *vivax*, Ma et al. The Genus *Phyllostachys* in China 148. 2014.

特征： 与乌哺鸡竹种特征一致。

用途： 优良笋用竹种；秆作农具柄；园林绿化。

分布： 中国（江苏，浙江，河南，安徽，山东，福建，香港）；法国、德国、英国、美国有引种栽培。

2）黄秆乌哺鸡竹 *Phyllostachys vivax* 'Aureocaulis'

异名： *Phyllostachys vivax* f. *aureocaulis*

引证： *Phyllostachys vivax* 'Aureocaulis', J. P. Demoly in Bamb. Assoc. Europ. Bamb. EBS Sect. Fr. no. 8: 24. 1991; Amer. Bamb. Soc. Newsl. 16(4): 10. 1995; Keng et Wang in Flora Reip. Pop. Sin. 9(1): 272. 1996; D. Ohrnb., The Bamb. World, 237. 1999; Amer. Bamb. Soc. in Bamb. Species Source List no. 35: 30. 2015; J. Y. Shi in Int. Cul. Regist. Rep. Bamb. (2013-2014): 24. 2015. ——*P. vivax* McClure f. *aureocaulis* N. X. Ma in J. Bamb. Res. 4(1): 56. 1985; Keng et Wang in Flora Reip. Pop. Sin. 9(1): 272. 1996; Yi et al. in Icon. Bamb. Sin. 351. 2008, et in Clav. Gen. Spec. Bamb. Sin. 94. 2009; Ma et al. The Genus *Phyllostachys* in China 149. 2014.

特征： 与乌哺鸡竹特征近似，不同之处在于其秆节间为硫黄色。

用途： 非常美丽的大型观赏竹种。

分布： 中国（河南，浙江，四川，广东，广西）；比利时、美国有引种栽培。

3）斑点乌哺鸡竹 *Phyllostachys vivax* 'Black Spot'

引证： *Phyllostachys vivax* 'Black Spot', Amer. Bamb. Soc. in Bamb. Species Source List no. 35: 30. 2015.

特征： 与乌哺鸡竹特征近似，不同之处在于其秆上分布有黑色斑点。

用途： 园林栽培供观赏。

分布： 不详。

4）黄纹竹 *Phyllostachys vivax* 'Huanwenzhu'

异名： *Phyllostachys vivax* f. *huanwenzhu*

引证： *Phyllostachys vivax* 'Huanwenzhu', [J. L. Lu of] Research Group of Bamboo in Acta Phytotax. Sinica 14(2) : 32. 1976; Keng et Wang in Flora Reip. Pop. Sin. 9(1): 272. 1996; D. Ohrnb., The Bamb. World, 237. 1999; Amer. Bamb. Soc. in Bamb. Species Source List no. 35: 30. 2015; J. Y. Shi in Int. Cul. Regist. Rep. Bamb. (2013-2014): 24. 2015. ——*P. vivax* McClure f. *huanwenzhu* J. L. Lu in Act. Phytotax. Sin. 14(2): 32. f. 4. 1976, et J. of Hebei Agri. Univ. (1): 33. 1978; J. L. Lu ex Z. P. Wang et al. in Acta Phytotax. Sin. 18(2): 175. 1980; Yi et al. in

Icon. Bamb. Sin. 352. 2008, et in Clav. Gen. Spec. Bamb. Sin. 94. 2009.

特征：与乌哺鸡竹特征近似，不同之处在于其秆绿色，但在节间分枝一侧沟槽为黄色。

用途：同乌哺鸡竹，但更具观赏价值。

分布：中国（河南水城，浙江安吉，四川成都）；德国有引种栽培。

5）金殿花竹 *Phyllostachys vivax* 'Jindian Huazhu'

又名：花秆乌哺鸡竹

异名：*Phyllostachys vivax* f. *luteololineata*

引证：*Phyllostachys vivax* 'Jindian Huazhu', J. Y. Shi in Int. Cul. Regist. Rep. Bamb. (2015-2016): 5. 2017; M. S. Sun et al. in Cert. Int. Reg. Bamb. Cult., No. WB-001-2015-009. 2015. ——*P. vivax* f. *luteololineata* P. C. D. Chu et C. S. Chao f. *luteololineata* Yi, J. Y. Shi et M. S. Sun in J. Sichuan For. Sci. Techn. 36(6): 40. Fig. 6-8. 2014; Yi et al. in Icon. Bamb. Sin. Ⅱ. 87. 2017.

特征：与乌哺鸡竹特征近似，不同之处在于其秆灰绿色，节间具宽窄不等的数条淡黄色细纵条纹。

用途：园林绿化；笋供食用。

分布：中国（云南昆明）。

6）绿纹竹 *Phyllostachys vivax* 'Viridivittata'

异名：*Phyllostachys vivax* f.*viridivittata*

Phyllostachys vivax 'Huanwenzhu Inversa'

引证：*Phyllostachys vivax* McClure f. *viridivittata* P. X. Zhang et G. H. Lai in World Bamb. Ratt. 7(6): 28. 2009; Yi et al. in Icon. Bamb. Sin. Ⅱ. 89. 2017. ——*P. vivax* 'Huanwenzhu Inversa', Amer. Bamb. Soc. in Bamb. Species Source List no. 35: 30. 2015.

特征：与乌哺鸡竹特征近似，不同之处在于其秆和枝节间主要为硫黄色，但分枝一侧沟槽为绿色，其植株较黄秆乌哺鸡竹略小。

用途：同乌哺鸡竹，但更具观赏价值。

分布：中国（浙江安吉）。

7）褐条乌哺鸡竹 *Phyllostachys vivax* 'Vittata'

异名：*Phyllostachys vivax* f. *vittata*

引证： *Phyllostachys vivax* f. *vittata* Wen in J. Bamb. Res. 2(1): 72. 1983; D. Ohrnb., The Bamb. World, 238. 1999.

特征： 与乌哺鸡竹特征近似，不同之处在于其秆节间不被白粉；箨鞘暗红色，具腺状棕色条纹。

用途： 不详。

分布： 中国（浙江新昌）。

3 与竹类栽培品种国际登录有关的纸质出版物

2017 年 1 月～2018 年 12 月正式发表的与竹类栽培品种国际登录有关的纸质出版物如下。

1）蒲正宇，史军义，孙茂盛，等，2016．油簕竹新品种‘绮彩’［J］．园艺学报，43（S2）：2833-2834．

2）史军义，易同培，2017．国际两大植物命名体系及其相互关系［J］．生物学通报，52（1）：5-9．

3）史军义，周德群，张玉霄，等，2017．国际竹类栽培品种登录园的申办与建设［J］．世界竹藤通讯，15（1）：44-48．

4）史军义，张玉霄，周德群，等，2017．慈竹属 5 新栽培品种［J］．栽培植物分类学通讯（5）：18-22．

5）史军义，周德群，张玉霄，等，2017．栽培竹新品种的确认与国际登录准备［J］．世界竹藤通讯，15（2）：48-51．

6）蒋成益，孙茂盛，史军义，等，2017．香竹一新品种‘彩云’［J］．园艺学报，44（4）：811-812．

7）史军义，周德群，张玉霄，等，2017．关于竹类栽培品种国际登录中的命名问题［J］．世界竹藤通讯，15（3）：56-60．

8）史军义，周德群，张玉霄，等，2017．国际两大栽培植物登录体系与竹品种国际登录实践［J］．竹子学报，36（2）：1-8．

9）史军义，周德群，张玉霄，等，2017．竹类栽培品种的发表、建立与国际登录［J］．世界竹藤通讯，15（4）：39-43，62．

10）史军义，张玉霄，周德群，等，2017．竹品种国际登录中的重要术语及含义［J］．世界竹藤通讯，15（5）：40-47．

11）史军义，张玉霄，周德群，等，2017．世界方竹属栽培品种整理［J］．世界竹藤通讯，15（6）：41-48．

12）史军义，2017．国际竹类栽培品种登录报告（2015-2016）［M］．北京：科学出版社.
13）吴劲旭，史军义，周德群，等，2018. 大熊猫主食竹一新品种‘青城翠’[J]. 世界竹藤通讯，16（1）：39-41.
14）史军义，张玉霄，周德群，等，2018. 世界慈竹属栽培品种整理[J]. 世界竹藤通讯，16（1）：45-48.
15）刘宇韬，史军义，周德群，等，2018. 观赏竹新品种：‘银剑’[J]. 世界竹藤通讯，16（2）：37-39.
16）姚俊，史军义，周德群，等，2018. 观赏竹一新品种‘紫玉’[J]. 世界竹藤通讯，16（3）：42-44.
17）孙茂盛，张兴波，史军义，等，2018. 勃氏甜龙竹一新品种‘曼歇甜竹’[J]. 世界竹藤通讯，16（4）：47-49.
18）史军义，张玉霄，周德群，等，2018. 世界牡竹属栽培品种整理[J]. 国际竹藤通讯，16（5）：53-62.
19）陈贤斌，史军义，周德群，等，2018. 大眼竹一新品种：‘花叶青丝’[J]. 世界竹藤通讯，16（6）：46-48.
20）史军义，张玉霄，周德群，等，2018. 世界刚竹属栽培品种研究[J]. 国际竹藤通讯，16（S1）：1-50.
21）史军义，周德群，张玉霄，等，2018. 关于竹类栽培品种国际登录中的命名范式问题[J]. 竹子学报，37（4）：1-3.

4 与竹类栽培品种国际登录有关的网站建设

4.1 网站名称与网址

国际竹类栽培品种登录中心（ICRCB）

http://www.bamboo2013.org

4.2 网站语言

简体中文、英文。

4.3 网站栏目设置及介绍

【首　　页】集合 ICRCB 简介、信息动态、新登录竹品种常用栏目快捷入口，同时提供国际园艺学会与国际植物栽培品种登录权威及与竹类相关的多个网站入口链接。

【中心介绍】对 ICRCB 的文字介绍和图片展示。

【信息动态】对外适时发布最新 ICRCB 工作进展情况和竹类新品种登录的最新资讯。

【品种登录】对外发布已经登录的竹类栽培品种，包含文字介绍和特征图片。

【研究成果】展示与竹类或国际竹类栽培品种登录相关的著作和论文。

【专家队伍】对目前国际竹类栽培品种登录委员会的专家简介。

【登 录 园】对已建国际竹类栽培品种登录园的介绍。

【资料下载】提供 ICRCB 内部资料（国际竹类栽培品种登录申请表、竹类栽培品种国际登录范围等）及国际竹类栽培品种登录相关论文的免费下载服务。

【联系我们】包含 ICRCB 的地址（提供在线电子地图查询服务）、联系电话、邮编及电子邮箱地址；并提供“留言板”服务。

4.4 网站运行情况

2017年1月～2018年7月，网站总计访问量715人次，浏览量2706次，用户主要分布在中国（北京、上海、重庆、四川、山东、浙江、福建、云南、江苏、广西、广东、湖北、辽宁、西藏、河南、湖南、内蒙古、贵州、安徽、江西、海南、台湾、香港）、美国、英国、德国、意大利、比利时、日本、印度、泰国、马来西亚和葡萄牙，涵盖科研院所用户、高等院校用户、企业用户、政府部门用户、民间组织用户及个人用户。网站对外发布了24种已经登录的竹类栽培品种，提供了25篇国际竹类栽培品种登录相关论文的下载，下载量达7823次。

5 国际竹类栽培品种登录园建设

在已建的中国北京香山、四川成都和都江堰、云南昆明、河南南阳5个国际登录园的基础上，新建了“国际竹类栽培品种（中国·普洱）登录园”（国际编号：IC-001-2017-006），英文名称：International Cultivar Registration Garden for Bamboos（Pu’er, China），缩写为ICRGB（Pu’er, China）。该登录园地处中国云南省普洱市，于2017年10月批准设立，面积为13 hm^2（1 hm^2＝10000 m^2），主要开展普洱地区及其相似气候条件下各种笋用竹的收集、保存、国际登录及优质竹品种的定向培育、展示和推广。

该登录园自设立以来，已收集保存了1个竹类栽培品种，即曼歇甜竹 *Dendrocalamus brandisii* ‘Manxie Tianzhu’。

第 2 部分

竹类 ICRA 报告

（2017—2018）

（英文）

International Society for Horticultural Science

ISHS Special Commission for Cultivar Registration

ICRA Report (2017-2018)

(Bamboos)

Prof. Shi Junyi

International Cultivar Registration Center for Bamboos

E-mail: esjy@163.com

www.bamboo2013.org

Address:Research Institute of Resources Insects, Chinese Academy of Forestry, Panlong District, Kunming, Yunnan, 650224, People's Republic of China

1 Newly registered bamboo cultivars

Thirteen bamboo cultivars were registered by the International Cultivars Registration Authority for Bamboos from January 2017 to December 2018. The order of those bamboo cultivars is in accordance with the approval date.

1.1 *Dendrocalamus brandisii* 'Manxie Tianzhu' (Fig.1)

Applicants: Zhang Xingbo, Sun Maosheng, Li Longwei, Dao Zhihui, Yao Jun, Shen Jinhui

Application date: September 6, 2017

Preservation place: International Cultivar Registration Gardens for Bamboos (Pu'er China)

Authorized date: November 20, 2017

Registration No.: WB-001-2017-021

Cultivar description:

Caespitose bamboo. Culms 15-17 m tall, 10-16 cm in diameter, the top pendulous, internodes 35-45 m long, initially with white and brown tomenta, culm-walls 2.5-3 cm thick, intranodes and below the sheath-nodes with a ring of grey white and brown tomenta, the basal intranodes with aerial roots. Stem branching from upper nodes, many branches per node, dominant branch 1 or absent, other branches slender. The primary and secondary slender branches encircle the main culm. Culm sheaths deciduous, leathery, initially green, with white and short pubescence abaxially, upper part covered with brown pubescence, margins brown villous like wing, blades reflexed, auricles small, ligules 1-1.5 cm tall, lobed. Leaf-sheaths with short brown setae abaxially, margins ciliate; ligules 1.5-2 mm tall; blades large, 23-32 cm long, 2.5-6 cm wide, with white pubescence abaxially, secondary veins 10-12 pairs. Shooting from July to August.Shoots are grey green. The bamboo shoots are delicious, delicate,

(a) bamboo clumps (b) branches

(c) bamboo culms (d) culm sheath (e) bamboo shoot

Fig. 1 *Dendrocalamus brandisii* 'Manxie Tianzhu'

crisp, sweet and rich of nutrition.

This cultivar was only cultivated in Manxieba (800-1200 m above sea level) in Simao District, Pu'er City.

Key diagnostic characters compared with the closely related cultivar:

This cultivar belongs to *D. brandisii* (Munro) Kurz. It comes from original cultivars *D.* 'Brandisii' with further selection, separation and cultivation for dual-purpose bamboo on shoot and material.

This cultivar resembles *Dendrocalamus brandisii*, but differs in the following characters: culms taller, 15-17 m tall, 10-16 cm in diameter, with more tomenta and top pendulous; the secondary branch embraces the main culm; shoots grey green, output up to 7900-9000 kg/hm^2; the latter smaller, culms 10-15 m tall, 10-12 cm in diameter, less tomentose, the top more pendulous; the secondary branch does not embrace the main culm; shoots grey yellow, output up to 4500–6000 kg/hm^2 (Table 1).

Table 1　Key characters between 'Manxie Tianzhu' and 'Brandisii'

characters	'Manxie Tianzhu'	'Brandisii'
bamboo culms	 more hair	 less hair
branches	 the secondary branch embraces the main culm	 the second branch don't embraces the main culm
bamboo shoots	 greyish green	 greyish yellow
bamboo shoot output	7900-9000 kg/hm^2	4500-6000 kg/hm^2

1.2 *Neosinocalamus affinis* 'Ciyou 7' (Fig.2)

Applicants: Chen Qibing, Zeng Chengcheng, Lin Wei, Yan Xiaojun, Jiang Mingyan, Lv Bingyang

Application date: November 2, 2017

Preservation place: Shuguang Cultivar Bamboo Garden, Changning, Yibin, Sichuan, China

Authorized date: December 20, 2017

Registration No.: WB-001-2017-022

Cultivar description:

Rhizomes sympodium. Caespitose bamboos. Stem top long and curved, pendulous, culms 17.5-19.5 m tall, 7.5-9.5 cm in diameter, internodes 40-43 cm long, the longest in the middle up to 60 cm, terete, culm-walls 6.5-8.5 mm thick, with gray or grayish brown setae, the upper internode particularly prominent, culm-nodes flat, basal nodes with white tomenta. Culm-sheaths green, pale brown

(a) bamboo clumps

Fig. 2 *Neosinocalamus affinis* 'Ciyou 7'

(b) bamboo culms (c) culmsheaths

(d) bamboo leaves (e) bamboo shoot

Fig. 2 (continued)

when withered, leathery and brittle, and abaxially with brown setae, shorter than internodes; auricles tiny and crinkled; ligules fimbriate; blades reflexed. Branch short and slender, dominant branches inconspicuous. Leaf blades papery, 10-30 cm long, 1-3 cm wide. sheaths 4-8 cm long, oral setae absent.

This cultivar is mainly distributed in Yucheng District, Lushan, Mingshan, Tianquan, Yingjing and other places in Ya'an, Sichuan Province of China.

Key diagnostic characters compared with the closely related cultivar:

This cultivar belongs to *N. affinis* (Rendle) Keng f. It is further selected, isolated, cloned and cultivated from original cultivar *N.* 'Affinis'.

This cultivar resembles *N.* 'Affinis', but differs in the following characters: survival rate, bamboo shooting and growth of new bamboos are much better than those of the original cultivar Cizhu; compared with the original cultivar, the excellent reproductive characteristics of 'Ciyou 7' mainly lie in lower degraded shooting percentage and the higher quality of bamboo; the culm and diameter taller and bigger than original cultivars; the lower lignin content and ash content, and higher cellulose content. It has been proved that 'Ciyou 7' can bring higher economic yield in its initial stage of production, and it has been considered as a new high-quality pulp bamboo cultivar in recent years.

1.3 *Dendrocalamus farinosus* 'Mianyou 5' (Fig. 3)

Applicants: Chen Qibing, Zeng Chengcheng, Lin Wei, Yan Xiaojun, Jiang Mingyan, Lv Bingyang

Application date: November 2, 2017

Preservation place: Shuguang Cultivar Bamboo Garden, Changning, Yibin, Sichuan, China

Authorized date: December 20, 2017

Registration No. : WB-001-2017-023

Cultivar description:

Rhizomes sympodium, culms caespitose, 8-12 m tall, 7.0-8.3 cm in diameter, the top long and curved pendulous, internodes 20-40 cm long, initially with white powder, glabrous. Culmsheaths rectangular triangle, yellow-green to light brown, with brown setae abaxially, upper margins with cilia, top truncate or concave; auricles tiny, oral setae several; ligules conspicuous, fimbriate at the apex,10-13 mm tall; blades round, abaxially glabrous, adaxial surface and margins rough. Leaves 10-33 cm long, 1.5-6.0 cm wide. New shoots are edible, and shooting from August to September .

This cultivar is mainly distributed in Changning and Jiang, an of Yibin, Sichuan Province, China; Naxi, Xuyong and Luxian of Luzhou; Gongjing and Rongxian of Zigong; Muchuan and Qianwei of Leshan; Renshou, Qingshen and Hongya of Meishan; Yucheng, Mingshan and Lushan of Ya'an Qionglai and Dayi of Chengdu.

Key diagnostic characters compared with the closely related cultivar:

Dendrocalamus farinosus 'Mianyou 5' is a cultivar from *D. farinosus* (Keng et Keng f.) Chia et H. L. Fung, also known as Mianzhu, which belongs to *Dendrocalamus* Nees. This cultivar comes from the further selection, isolation, clone and cultivation of original cultivars *D.* 'Farinosus'.

This cultivar resembles *D.* 'Farinosus', but differs in the following characters: The survival rate and shooting rate of seedlings are much higher than original cultivars via buried culms or main branch cutting cultivation. The survival rate

(a) bamboo clumps

Fig. 3 *Dendrocalamus farinosus* 'Mianyou 5'

(b) bamboo culms　(c) bamboo shoot

(d) bamboo leaves　(e) young bamboos

Fig. 3　(continued)

and shooting rate of seedlings via buried culms in the first year are average with 89.3% and 95.7% respectively, and are 4.5% and 0.97% higher than original cultivars; The survival rate and shooting rate of seedlings via main branch cutting cultivation in the first year are average with 82.0% and 93.8% respectively, and are 8.9% and 3.9% higher than original cultivars; Compared with the new planting of the original cultivars, the main indexes related to the yield of forest, such as DBH, wall thickness, plant height, pole weight and number of new bamboos are much higher than original cultivars. *Dendrocalamus farinosus* 'Mianyou 5' can tolerate the extreme low temperature in winter. It has been proved that *Dendrocalamus farinosus* 'Mianyou 5' has more bamboo shoots, stronger asexual reproductive capacity, better bamboo properties, thicker culm-wall, tougher material and better breakability than other original cultivars. It can be used for pulping, paper making, weaving, wood-based panels, plywood processing, farm tool handles, shelf materials, etc. It plays an important role in soil and water conservation, and it can be used as an excellent bamboo species for courtyard greening; the bamboo shoots are edible, and they have stronger germination power and grow fast. Therefore, this cultivar is a high-quality multi-functional bamboo to be newly cultivated in recent years.

1.4 *Bambusa eutuldoides* 'Huayeqingsi' (Fig. 4)

Applicants: Chen Binxian, Wang Daoyun, Li Zhiwei

Application date: November 1, 2017

Preservation place: International Cultivar Registration Gardens for Bamboos (Chengdu China)

Authorized date: December 26, 2017

Registration No.: WB-001-2017-024

Cultivar description:

Caespitose bamboos. Culms 6-8 m tall, 3-5 cm in diameter, internodes 25-35 cm long. Basal branching from 2nd to 3rd nodes, branches several, dominant branches 3, long and strong. Culm and branches yellow with green stripes of various width. Culm-sheaths deciduous, leathery, initially green and with several yellow stripes; auricles unequal, the larger strongly crinkled; ligules 2-3 mm

(a) bamboo clumps　　(b) bamboo culms

Fig. 4　Bambusa eutuldoides 'Huayeqingsi'

(c) bamboo leaves (d) leaves and culms

(e) branches (f) culm-sheaths

Fig. 4 (continued)

tall, margins lobed, fimbriate, blades erect, asymmetrically triangular, the base narrowed slightly and then extending to the auricles. Leaves 10-25 cm long, 1.2-2.5 cm wide, green, several with yellow-white longitudinal stripes of various width.

This cultivar is only cultivated in Chengdu, Luzhou and Kunming.

Key diagnostic characters compared with the closely related cultivar:

Bambusa eutuldoides 'Huayeqingsi' belongs to *B. eutuldoides* McClure of *Bambusa* Retz. corr. Schreber. This cultivar is further selected, isolated, cloned and cultivated from the original cultivar *B. eutuldoides* 'Viridi-vittata'.

This cultivar resembles *B. eutuldoides* 'Viridi-vittata', but differs in the following characters: leaves of the former with yellow-white longitudinal stripes of various width, while the latter without such characteristics (Table 2).

Table 2 Key characters comparison between 'Huayeqingsi' and 'Viridi-vittata'

characters	'Huayeqingsi'	'Viridi-vittata'
leaves	 green with yellow-white longitudinal stripes	 green without yellow-white longitudinal stripes

1.5 *Chimonobambusa quadrangularis* 'Qingchengcui' (Fig. 5)

Applicants: Wu Jinxu, Ma Lisha, Yin Xianxiao, Liu Yutao

Application date: December 20, 2017

Preservation place: International Cultivar Registration Gardens for Bamboos (Dujiangyan China)

Authorized date: January 16, 2018

Registration No.: WB-001-2018-025

Cultivar description:

Rhizomes amphipodium. Culms 3-6 m tall, 1-3 cm in diameter; internodes 8-22 cm long, terete, with white sparse setae, verrucose when setae deciduous; sheath-nodes initially with yellow brown tomenta and setae; culm-nodes flat or prominent on the node with branches; intranodes below the middle part of culm with aerial roots, especially conspicuous at the base. Branches 3. Culm-sheaths initially cyan green at the upper part, tardily deciduous, shorter than internodes, abaxially glabrous or sometimes with sparse setae at the middle and upper parts; ligules and auricles inconspicuous; blades reflexed, subulate, 3-5 mm long. Leaves 2-5 per branchlet; sheaths glabrous, oral setae erect; blades glabrous, oblong lanceolate, 9-29 cm long,1-3 cm wide. Shooting from September to October; the upper half part of new shoots emerald green, colorful.

This cultivar is only cultivated in Dujiangyan and Chongzhou of Sichuan Province, China.

Key diagnostic characters compared with the closely related cultivar:

Chimonobambusa quadrangularis 'Qingchengcui' belongs to *C. quadrangularis* (Fenzi) Makino of *Chimonobambusa* Makino. This cultivar is further selected, isolated, cloned and cultivated from original cultivars *C.* 'Quadrangularis'. It is a new high-quality staple food for the giant pandas.

This cultivar resembles *C.* 'Quadrangularis', but differs in the following characters: The aerial roots of the former culm base particularly conspicuous, the upper half part of new shoots emerald green, colorful. New shoots are crisp and tender, and delicious. The aerial roots of the latter one are not conspicuous as the former, and

(a) bamboo clumps　　(b) bamboo culms

Fig. 5　*Chimonobambusa quadrangularis* 'Qingchengcui'

(c) branches

(d) culm-sheaths

(e) culm buds

(f) spine-aerial roots

Fig. 5 (continued)

(g) bamboo leaves　　(h) bamboo shoot

Fig. 5　(continued)

the whole bamboo shoots are yellowish except the green tip (Table 3).

Table 3　Key characters comparison between 'Qingchengcui' and 'Quadrangularis'

characters	'Qingchengcui'	'Quadrangularis'
bamboo shoots	colorful	monotonous

continued

characters	'Qingchengcui'	'Quadrangularis'
spine-aerial roots	 conspicuous	 short and inconspicuous

1.6 *Chimonobambusa neopurpurea* 'Ziyu' (Fig. 6)

Applicants: Yao Jun, Ma Lisha, Liu Yutao, Wang Daoyun, Li Zhiwei

Application date: February 12, 2018

Preservation place: International Cultivar Registration Gardens for Bamboos (Dujiangyan China)

Authorized date: March 10, 2018

Registration No.: WB-001-2018-026

Cultivar description:

Rhizomes amphipodium. Culms diffuse and sometimes caespitose, erect; culms 1.5-4 m tall, 1-2 cm in diameter, internodes terete, 6-18 cm long, terete, purplish red and purple; sheath-nodes initially purplish brown, with yellow brown setae; culm-nodes a little prominent; intranodes with conspicuous aerial roots, up to 2 m above the ground. Branches 3. Leaves 2-4 per branchlet; blades linear-lanceolate, 5-17 cm long, 0.5-1.5 cm wide, secondary veins 4-6 pairs, transverse veins prominent. Shooting from August to October.

This cultivar can be cultivated for ornamentation because of the purple-red culms. Bamboo shoots are delicious, delicate and crisp, and they can be used as high-quality bamboo shoots for human beings and pandas.

Key diagnostic characters compared with the closely related cultivar:

Chimonobambusa neopurpurea 'Ziyu' belongs to *C. neopurpurea* Yi of *Chimonobambusa* Makino. This cultivar is further selected, isolated, cloned and cultivated from original cultivars *C.* 'Neopurpurea'.

This cultivar resembles *C. neopurpurea* 'Lineata', but differs in the following characters: culms of the former are light purple, purple-red to purple, with bright grey shoots; while culms of the latter are light purple at the base with light green longitudinal stripes and dark brown-green shoots (Table 4).

(a) bamboo plantation　　(b) bamboo culms

Fig. 6　*Chimonobambusa neopurpurea* 'Ziyu'

(c) branches　(d) culm-sheath

(e) culm buds　(f) spine-aerial roots

(g) bamboo leaves　(h) bamboo shoot

Fig. 6　(continued)

Table 4 Key characters comparison between 'Ziyu' and 'Lineata'

characters	'Ziyu'	'Lineata'
bamboo shoots	 bright grey	 dark brown green
culms	 light purple, purple-red to purple	 the lower internodes of the new culm light purple and with light green longitudinal stripes

1.7 *Chimonobambusa neopurpurea* 'Yinjian' (Fig. 7)

Applicants: Ma Lisha, Liu Yutao, Yao Jun, Yin Xianxiao, Huang Song

Application date: February 15, 2018

Preservation place: International Cultivar Registration Gardens for Bamboos (Dujiangyan China)

Authorized date: March 16, 2018

Registration No.: WB-001-2018-027

Cultivar description:

Rhizomes amphipodium. Culms diffuse and sometimes caespitose, erect; culms 3-5 m tall, 1-3 cm in diameter, internodes 10-18 cm long, culm-walls 3-4 mm thick; green, a little quadrate; sheath-nodes purplish brown initially, with yellowish brown setae; culm-nodes a little prominent; intranodes with conspicuous aerial roots, up to 2 m above the ground. Branches 3. Leaves 2-4 per branchlet; blades linear-lanceolate, 5-17 cm long, 0.5-2.0 cm wide, green, with yellow-

(a) bamboo clumps　　(b) bamboo plants

Fig. 7　*Chimonobambusa neopurpurea* 'Yinjian'

(c) branches

(d) spine-aerial roots

(e) bamboo leaves 1

(f) bamboo leaves 2

Fig. 7 (continued)

white stripes of various width, sometimes blades yellow-white, with green stripes. Shooting from August to September.

Plants of this cultivar are beautiful, and leaves are colorful. This cultivar can be cultivated for ornamentation. It can also be used as the staple food of giant pandas.

At present, there are only a few cultivations in Dujiangyan of Sichuan Province and Guiyang of Guizhou Province.

Key diagnostic characters compared with the closely related cultivar:

Chimonobambusa neopurpurea 'Yinjian' belongs to *C. neopurpurea* Yi of *Chimonobambusa* Makino. This cultivar is further selected, isolated, cloned and cultivated from original cultivars *C.* 'Neopurpurea'.

This cultivar resembles *C. neopurpurea* 'Dujiangyan Fangzhu', but differs in the following characters: leaves of the former one are green with yellow-white longitudinal stripes of various width; leaves of the latter are without stripes.

1.8 *Phyllostachys edulis* 'Pachyloen' (Fig. 8)

Applicants: Yang Guangyao, Li Zuyao, Shi Jianmin, Guo Qirong, Yang Qingpei, Yu Fen, Du Tianzhen, Fang Kai

Application date: April 17, 2018

Preservation place: Bamboo Germplasm Resource Nursery of Jiangxi Agricultural University, Nanchang, Jiangxi Province

Authorized date: September 3, 2018

Registration No.: WB-001-2018-028

Cultivar description:

Culms 12 m tall, 8 cm in diameter, initially with pubescence and thin powder, sheath-nodes with tomenta, middle internodes 25 cm long, basal culm-walls 3-4 cm thick, middle culm-walls 1.4-1.8 cm thick, upper near solid. Culm-nodes inconspicuous. Culm-sheaths yellowish-brown or purple-brown, with dense dark brown spots and brown setae; auricles tiny, oral setae conspicuous; ligules

(a) bamboo plantation

Fig. 8 *Phyllostachys edulis* 'Pachyloen'

(b) branches　(c) bamboo leaves

(d) culm-sheaths　(e) bamboo shoot

(f) bamboo culms　(g) young bamboo

Fig. 8　(continued)

prominent, margin with long thick cilia; blades short, triangular and lanceolate, green, initially erect, and then reflexed. The top leaves 2-4 per branchlet, auricles inconspicuous, oral setae present; ligules prominent, blades tiny, lanceolate, 4-11 cm long, 0.5-1.2 cm wide, pubescent on abaxial surface along the base of the midrib, secondary veins 3-6 pairs. Shooting in April.

Phyllostachys edulis 'Pachyloen' has thick culm-wall, and 0.5-1 times the weight of the same diameter bamboo. The fresh wood is submergible, and it is hard and resistant to the pressure of wind and snows. Current introduction experiments show that this bamboo can reach to medium-sized with the improvement of cultivation conditions. Therefore, *Phyllostachys edulis* 'Pachyloen' is a germplasm resource with important economic value, and has good prospects for popularization.

Key diagnostic characters compared with the closely related cultivar:

Phyllostachys edulis 'Pachyloen' belongs to *P. edulis* (Carr.) H. de Lehaie of *Phyllostachys* Sieb. et Zucc. This cultivar is further selected and cultivated from *P.* 'Edulis'.

It resembles *P.* 'Edulis', but differs in the following characters: The culms thicker than *P.* 'Edulis' (Fig. 9); the nutrients of shoots are higher than those of *P.* 'Edulis'.

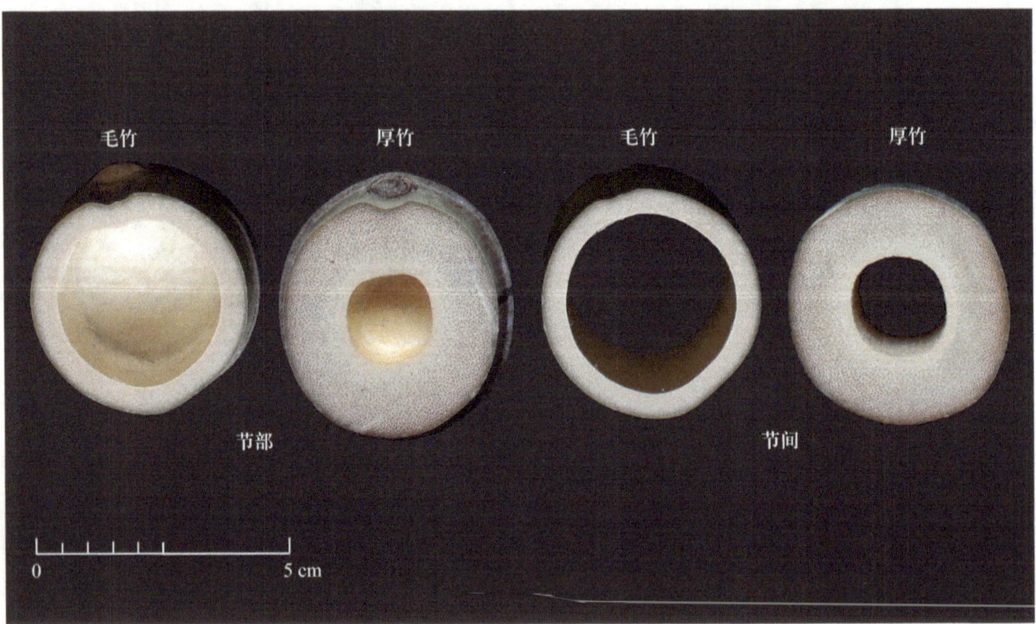

Fig. 9 The Cross-sectional comparison between *Phyllostachys edulis* 'Pachyloen' and *P.* 'Edulis'

1.9 *Bambusa multiplex* 'Zibanxiaoshunzhu' (Fig. 10)

Applicants: Huang Dayong, Li Lijie, Xu Zhenguo, Huang Dazhi, Wei Liyan

Application date: September 14, 2018

Preservation place: Bamboo Introduction Garden of Guangxi Academy of Forestry

Authorized date: September 21, 2018

Registration No.: WB-001-2018-029

Cultivar description:

Caespitose bamboos. Culms 3-8 m tall, 1-3 cm in diameter, erect, culm-walls 3-5 mm thick; internodes 30-40 cm long, green, with irregular size and shape purple patches, yellow-white stripes present at the base when patches sparse, culms purple with green stripes when patches dense; initially with white powder, especially dense at the site covered by sheath, and with sparse grayish-white or light brown setae, especially dense below the nodes, pitted after setae deciduous. Culm-sheaths initially with white powder, light brown with yellow-white stripes abaxially, glabrous; auricles tiny, connected with blades, oral setae several, 1-4 mm long; ligules short, margin irregularly lobed; blades erect, triangular, easily deciduous, the base as wide as the sheath, abaxially with dark brown setae, small setae present between the ventral veins. Branches clustered, dominant branches longer than secondary branches. Branches with leaves 5-12, sheaths 3-5 cm long, abaxially glabrous, with thin white powder; auricles prominent, ovate, oral setae crinkled, 10 mm long, yellow-white; ligules 0.5-1.0 mm tall; blades lanceolate, 4-14 cm long, 0.5-2.0 cm wide, abaxially grey white, with short pubescence, secondary veins 5-8 pairs. Shooting from June to September.

Culms of this bamboo are green with purple patches and stripes. It has high ornamental value and can be used as garden ornamental bamboo species.

Key diagnostic characters compared with the closely related cultivar:

Bambusa multiplex 'Zibanxiaoshunzhu' belongs to *B. multiplex*(Lour.) Raeuschel ex J. A. et J. H. Schult of *Bambusa* Retz. corr. Schreber. This cultivar is further selected and cultivated from *B.* 'Multiplex'.

(a) bamboo clumps

Fig. 10 *Bambusa multiplex* 'Zibanxiaoshunzhu'

(b) bamboo culms　(c) branches　(d) internode

(e) culm-sheath　(f) bamboo leaves

Fig. 10　(continued)

This cultivar resembles *B.* 'Multiplex', but differs in the following characters: culms and branches with irregular purple patches, and with yellow-white or green longitudinal stripes at the base of the culm. When the purple spots are dense on internodes and the culm is mainly purple, the longitudinal stripes are green; when the purple spots are sparsely on internodes and the culm is mainly green, the longitudinal stripes are yellow-white.

1.10 *Lingnania cerosissima* 'Huapidanzhu' (Fig. 11)

Applicants: Huang Chengqian, Liu Wei, Huang Wentao, Huang Tao, Zheng Shuoli, Chen Baibing

Application date: September 21, 2018

Preservation place: Ornamental Bamboo Garden in Hunan Forest Botanical Garden

Authorized date: October 19, 2018

Registration No.: WB-001-2018-030

Cultivar description:

Rhizomes sympodium. Culms 8-10 (or 13) m tall, 4.5-6.5 (or 8.0) cm in diameter, erect, the top pendulous,internodes 50-80 (or 100) cm long, glabrous,culm-walls 4-5 mm cm thick; all the internodes with yellow and green stripes of varying width. Several branches also with yellow and green stripes; one year-old culm with dense white powder, two year-old culm with sparse white

(a) bamboo clumps　　(b) bamboo culms

Fig. 11　*Lingnania cerosissima* 'Huapidanzhu'

(c) bamboo leaves

(d) branches

(e) bamboo shoots

(f) culm-sheath

Fig. 11 (continued)

powder; culm-sheaths shorter than internodes, 2/5-3/5 as long as internodes, hard, tardily deciduous; auricles long and narrow, oral setae many; blades black, reflexed; secondary branches 3-4 (or 5) mm thick, 16-24 (or 28) cm long, glabrous, initially with white powder, secondary branches present on basal nodes of the dominant branches, leaves 6-10 per branch let, sheaths glabrous; blades lanceolate, 21 cm long, 3 cm wide, apex tapering, thin. Shooting from July to October.

This cultivar is a good ornamental bamboo species for garden virescence because of its strong growth potential and strong germination ability, thick and tall culm with yellow and green stripes and thick white powder.

Key diagnostic characters compared with the closely related cultivar:

Lingnania cerosissima 'Huapidanzhu' belongs to *L. cerosissima* (McClure) McClure of *Lingnania* McClure. This cultivar is further selected and cultivated from *L.* 'Cerosissima'.

This cultivar resembles *L.* 'Cerosissima', but differs in the following characters: the whole culm and several branches with yellow-green stripes, and the whole culms with thick white powder.

1.11 *Yushania uliginosa* 'Dianyou 1' (Fig. 12)

Applicants: Lin Huanqi, Sun Maosheng, Wu Luqin, Yang Qing, Yao Jun

Application date: September 22, 2018

Preservation place: Jindian Park of Kunming and Chenggong Logon Garden Nursery of Kunming

Authorized date: October 26, 2018

Registration No.: WB-001-2018-031

Cultivar description:

Rhizomes sympodium. Culm necks 4-7 mm in diameter, internodes 5-10 mm long, hollow; culms 1.0-2.0 m tall, 0.5-1.5 cm in diameter; internodes 10-20 cm long, terete, flat on the side with buds or branches, with white powder below nodes, cavity small or near solid, pith scobiculate; sheath-nodes prominent, glabrous; culm-nodes a little prominent, glossy. Culm buds 1, adnate, margins setose. Branches 5-15 on each node, basal adnate. Shoots green to purple green, glabrous. Culm sheaths tardily deciduous, cartilaginous, 1/3-1/2 as long as internodes, the top short triangular, abaxially glabrous, margins ciliate; ligules truncate or a little concaved ,1 mm tall; blades reflexed, lanceolate, 0.8-2.2 cm long,1.5-2.0 mm wide. Leaves (3) 4-5 (or 6) per branchlet; leaves lanceolate, 3-5 cm long, 3-5 mm wide, abaxially light green, glabrous on both surfaces, secondary veins 2 (or 3) pairs. Shooting in August.

Yushania uliginosa 'Dianyou 1' is a new cultivar successfully introduced and cultivated from *Y. uliginosa* Yi et J. Y. Shi. It has unique characteristics of water and cold resistance. It can be used as an ideal plant for wetland ecological restoration and hydrophilic garden virescence in urban and rural areas.

Key diagnostic characters compared with the closely related cultivar:

Yushania uliginosa 'Dianyou 1' belongs to *Y. uliginosa* Yi et J. Y. Shi of *Yushania* Keng f..

This cultivar resembles *Yushania uliginosa* Yi et J. Y. Shi, but differs in the following characters: growing at low altitudes; bamboo clumps dwarf; leaves narrowly lanceolate; internodes shorter; shoots greener (Table 5).

(a) habitat　(b) wild population

(c) bamboo clumps　(d) rhizome

(e) culm bud　(f) culm-sheath　(g) artificial population

Fig. 12　*Yushania uliginosa* 'Dianyou 1'

(h) bamboo clumps (i) bamboo leaves (j) bamboo shoots (wild) (k) bamboo shoots (cultivated)

Fig. 12 (continued)

Table 5 Key characters comparison between 'Dianyou 1'and *Yushania uliginosa*

characters	'Dianyou 1'	*Yushania uliginosa*
bamboo culms	1.0-2.0 m tall and 0.5-1.5 cm in diameter	2.5-3.5 m tall and 1.0-1.5 cm in diameter
internodes	(10) 15 (20) cm long	(5) 20 (25) cm long
leaves	slender, 3-5 cm long and 3.5-5.0 mm wide	wide, 3-6 cm long and 3.5-6.0 mm wide
bamboo shoots	green	purple

1.12 *Dendrocalamus farinosus* 'Xike 1' (Fig. 13)

Applicants: Hu Shanglian, Luo Xuegang, Cao Ying, Long Zhijian, Lu Xueqin, Xu Gang, Huang Yan, Ren Peng, Ma Lisha

Application date: November 19,2018

Preservation place: Germplasm Resource Nursery of Bamboo Institute of Southwest University of Science and Technology

Authorized date: December 21, 2018

Registration No.: WB-001-2018-032

Cultivar description:

Culms 8-10 m tall, 2.7-5.7 cm in diameter, internodes 30-45 cm long, culm-walls 0.40-0.54 cm thick, branching from the nodes 2.5-4.8 m above the ground; the top pendulous, initially with white powder; branches many, slender, dominant branches inconspicuous for the bamboos 2-3 years old. sheath-nodes prominent, with brown tomenta; culm-sheaths deciduous, leathery, the adaxial glabrous and smooth, abaxially with brown setae, margins with brownish cilia; blades lanceolate, reflexed, ligules 2 mm tall, fimbriate; leaves lanceolate, 20-25 cm long, 3.5-5.0 cm wide, thin, apex acuminate, the base cuneate, glabrous, surfaces smooth, with tomenta, margins rough, dominant veins prominent, secondary veins 6-8 pairs, inconspicuous, transverse veins absent，petiole1-2 mm, sheaths tightly enclosed branches, ligules truncate, the top with sparse white tomenta, auricles inconspicuous.

This cultivar has relatively high cellulose and low lignin, and the performance index of sulfate pulp meets the requirements of GB/T 24322—2009 (burst index 4.00 kPa・m^2/g, tear index 8.50 m N・m^2/g, tensile index 50.8 N・m/g, viscosity 700 mL/g), which is a good industrial pulp bamboo. Furthermore, this bamboo has thick culm-walls and tough culms, therefore, it can be used for weaving, artificial boards, and plywood. It can also be used as the bamboo species for returning farmland to forests and for garden virescence.

Key diagnostic characters compared with the closely related cultivar:

Dendrocalamus farinosus 'Xike 1' belongs to *D. farinosus* (Keng et Keng f.)

(a) bamboo clumps

Fig. 13 *Dendrocalamus farinosus* 'Xike 1'

(b) bamboo leaves

(c) branches

(d) bamboo culms

(e) bamboo shoot

Fig. 13　(continued)

Chia et H. L. Fung of *Dendrocalamus* Nees, a new industrial pulp bamboo cultivar bred from *D.* 'Farinosus' through molecular breeding technology.

This cultivar resembles *D.* 'Farinosus', but differs in the following characters: the main indexes related to bamboo yield, such as DBH, wall thickness, plant height, pole weight, number of new bamboo, cellulose content, yield of good pulp, tear index and viscosity of sulfate pulp higher than those of *D.* 'Farinosus', and the lignin content lower (Table 6), and the survival rate, shooting rate and bamboo-forming rate better.

Table 6 Comparison of bamboo properties and kraft pulp properties between 'Xike 1' and *D*. 'Farinosus'

items	'Xike 1'	*D*. 'Farinosus'
cellulose content /%	55.28	50.33
lignin content/%	20.02	23.62
yield of good pulp/%	39.29	35.98
burst index/kPa · m^2/g	5.33	5.55
tearing index (beating degree 46 ° SR)/(mN · m^2/g)	16.96	11.03
viscosity of sulphate pulp/ (mL/g)	862	763
1% NaOH hextractive /%	33.14	37.20

1.13 *Dendrocalamus farinosus* 'Xike 2' (Fig. 14)

Applicants: Hu Shanglian, Luo Xuegang, Cao Ying, Long Zhijian, Lu Xueqin, Xu Gang, Huang Yan, Ren Peng, Ma Lisha

Application date: November 19, 2018

Preservation place: Germplasm Resource Nursery of Bamboo Institute of Southwest University of Science and Technology

Authorized date: December 21, 2018

Registration No.: WB-001-2018-033

Cultivar description:

Culms 10-12.5 m tall, 3.5-6.0 cm in diameter, nodes 25-35, internodes 30-55 cm long, culm-walls 0.40-0.60 cm thick, branching from 10th to 14th nodes; the top pendulous; branches several, slender, dominant branches prominent for the bamboos 2-3 years old. sheath-nodes with purple-brown tomenta, culm-sheath residue present; culm-sheaths deciduous, leathery, the adaxial surface glabrous, abaxially with brown setae, margins with brownish cilia; blades lanceolate, reflexed, 4.5-11.5 cm long, 1.3-3.0 cm wide; ligules 0.5-0.6 cm tall, margins fimbriate, 0.2-0.5 cm long; leaves lanceolate, 20-37 cm long, 3.5-8 cm wide, thin and apex gradually acute, the base cuneate, glabrous, surfaces smooth, with tomenta, margins rough, dominant veins prominent, secondary veins 6-8 pairs, inconspicuous, transverse veins absent, petiole 1-2 mm, sheaths tightly enclosed branches, ligules truncate, the top with sparse white tomenta, auricles inconspicuous. Shooting from August to October.

This cultivar has the characteristics of high cellulose and low lignin, and its kraft pulp performance index meets the requirements of national standard GB/T 2432—2009 (burst index 3.50 kPa · m^2/g, tear index 6.50 mN · m^2/g, tensile index 50.00 N · m/g, viscosity 550 mL/g), and is an excellent bamboo for industrial pulp. Moreover, this bamboo has thick culm-wall and tough culms, therefore, it can be used for weaving, artificial boards and plywood. It can also be used as the bamboo species for returning farmland to forests and for garden virescence.

(a) bamboo clumps

Fig. 14 *Dendrocalamus farinosus* ‘Xike 2’

(b) bamboo culms

(c) branches

(d) bamboo leaves

Fig. 14　(continued)

(e) bamboo shoots

Fig. 14 (continued)

Key diagnostic characters compared with the closely related cultivar:

Dendrocalamus farinosus 'Xike 2' belongs to *D. farinosus* (Keng et Keng f.) Chia et H. L. Fung of *D.* Nees, a new industrial pulp bamboo cultivar bred by *D.* 'Farinosus' through molecular breeding technology.

This cultivar resembles *D.* 'Farinosus', but differs in the following characters: the main indexes related to bamboo yield, such as DBH, wall thickness, plant height, pole weight, number of new bamboo, cellulose content, yield of good pulp higher than those of *D.* 'Farinosus', lignin content and 1% NaOH extractive low; survival rate, shooting rate and bamboo yield higher (Table 7).

Table 7 Comparison of bamboo properties and kraft pulp properties between 'Xike 2' and *D.* 'Farinosus'.

items	'Xike 2'	*D.* 'Farinosus'
cellulose content /%	52.24	50.33
lignin content /%	19.72	23.62
yield of good pulp /%	41.61	35.98
burst index/ (kPa · m^2/g)	4.06	5.55
tearing index (beating degree46 °SR)/(mN · m^2/g)	10.96	11.03
viscosity of sulphate pulp/ (mL/g)	834	763
1% NaOH hextractive /%	28.44	37.20

'Xike 1' and 'Xike 2' are both new bamboo cultivars for industrial pulp bred by *D.* 'Farinosus' through in vitro mutagenesis technology. Their external morphological characteristics are basically the same. The key differences are the burst index (kPa · m^2/g), tear index (mN · m^2/g), tensile index (N · M/g) and viscosity of sulfate pulp (mL/g). The indices of the former are significantly higher than those of the latter. It should be pointed out that the indicators of the two generally higher than the national standard (GB/T 2432—2009) of first-class or even high-quality products currently used in China (Table 8).

Table 8　'Xike 1' and 'Xike 2' compared with the national standards

items	'Xike 1'	'Xike 2'	GB/T24322-2009 high-quality	GB/T24322-2009 first-class
burst index /(kPa · m^2/g)	5.33	4.06	4.00	3.50
tear index/ (mN · m^2/g)	16.96	10.96	8.50	6.50
tensile index /(N · m/g)	62.20	59.25	58.00	50.00
viscosity of sulfate pulp /(mL/g)	862	834	700	550

2 Summarization of the published bamboo cultivars

From January 2017 to December 2018, International Cultivar Registration Authority (ICRA) began to systematically collate worldwide published cultivars since 2015 from Bambusoideae according to the regulations of the Special Committee on Plants Registration of the International Horticultural Society.

At present, there are total of 99 cultivars (21 species, three genera) being accepted, in which include 21 registered cultivars. 71 cultivars including newly 57 registered and 14 original cultivars belongs to *Bambusa* Retz. corr. Schreber; 22 cultivars including newly 17 registered and 5 original cultivars belongs to *Chimonobambusa* Makino; six cultivars including newly four registered and two original cultivars belongs to *Dendrocalamopsis* (Chia et H. L. Fung) Keng f.

We have been accepted cultivars (38 species, four genera) including 154 cultivars and 38 original cultivars. Five cultivars (four cultivars and one original cultivar) belongs to *Lingnania* McClure; 12 cultivars (10 cultivars and two original cultivars) belongs to *Neosinocalamus* Keng f.; 21 cultivars (13 cultivars and eight original cultivars) belongs to *Dendrocalamus* Nees; 154 cultivars (127 cultivars and 27 original cultivars) belong to *Phyllostachys* Sieb. et Zucc.

Up to now, a total of 291 cultivars have been accepted, in which include 232 cultivars and 59 original cultivars from seven genera.

2.1 *Lingnania* McClure

(1) *Lingnania chungii* (McClure) McClure

Culms caespitose, 7-10 m tall, 4.0-5.5 cm in diameter, apex erect ; internodes 40-55 (100) cm long, initially with dense white powder, culm-walls thin; sheath-nodes corky, with brown-black setae initially; culm-nodes flat; intranodes with thin white powder. Branching from higher nodes, branches several, slender, nearly equal. Culm-sheaths abaxially with white powder initially and sparse small setae, the base with dark brown pubescence; auricles narrow, oral setae present; ligules 1.5 mm tall, margin lobed or fimbriate; blades ovate-lanceolate, reflexed, pendulous, deciduous, margins involute, abaxially with densely setae, adaxially rough, the base 1/5 as wide as the top of culm-sheaths. Leaves 7 per branchlet; auricles and oral setae conspicuous; blades 10-16 (20) cm long, 1.0-2.0(3.5) cm wide, abaxially tomentose, secondary veins 5-6 pairs. Flowering branches slender, leafless; pseudospikelets usually one or two per node, broadly ovate, 2 cm long, glabrous, apex gradually acute; florets 4-5, swollen, the basal 1 or 2 florets large, the upper 1 or 2 florets reduced; 1 or 2 bracts with buds; glumes 1 or 2; rachilla glabrous, internodes short, gradually longer apically, soft, hollow; lemma broadly ovate, 9-12 mm long, apex blunt or acute, the abaxial glabrous, margins with cilia; palea as long as lemma, apex blunt or truncate, longitudinal veins inconspicuous, keel sglabrous, margins with cilia; lodicules 3, nearly equal, the abaxial with setae, the upper with cilia; anthers aristate; ovary with setae at the apex, style 1-2 mm long, stigmas 2 or 3, plumose. Caryopsis ovate, 8-9 mm long, dark brown, with grooves on the adaxial surface. Shooting from the middle of August to the middle of September. Flowering in April; fruiting from May to June.

1) *Lingnania* 'Chungii' (original cultivar)

Local names: white powdery bamboo (English)

Synonyms: *Bambusa chungii*

Lingnania chungii var. petilla

Citations: *Lingnania chungii* (McClure) McClure in Lingnan. Univ. Sci. Bull. No. 9: 35. 1940; Y. Chen, Illustr. manual of Chinese trees and shrubs (supplement). 13. 1957; Flora Illustr. Plant. Prima. Sinica. Gramineae, 61. pl. 42. 1959; Flora of Hainan 4: 358. pl. 1170. 1977; Bamboos in Guangxi and cultivation, 49. 1987; Yi et al. in Icon. Bamb. Sin. 154. 2008, et in Clav. Gen. Spec. Bamb. Sin. 49. 2009. ——*L. chungii* var. *petilla* Wen in J. Bamb. Res. 1(1): 34. 1982. ——*Bambusa chungii* McClure in Lingnan. Sci. J. 15(4): 639. f. 28, 29. 1936, et in Lingnan Sci. J. 15(4): 639. 1939; Bamboos in Hongkong, 28, 1985;

Chinese bamboos, 13. 1988; Icon. Arbor. Yunnani. (Ⅲ), 1382, pl. 646. 1991; Keng et Wang in Flora Reip. Pop. Sin. 9(1): 120. 1996; D. Ohrnb., The Bamb. World, 258. 1999; Flora of China Editorial Committee, eds. 2006. Flora of China. Vol. 22 (Poaceae): 33; Amer. Bamb. Soc. in Bamb. Species Source List no. 35: 7. 2015.

Characteristics: the same with *Lingnania* 'Chungii'.

Use: young culms are white initially and straight. This bamboo can be cultivated in yards and gardens for ornamentation. The culms are flexile with strong toughness, internodes are long, flat, and suitable for weaving and twisting bamboo ropes. This bamboo is the main species widely used in Guangxi and Guangdong, and also the good raw material for paper making.

Distribution: China (Hunan, Fujian, Guangdong, Guangxi, Hongkong, Hainan).

2) *Lingnania chungii* 'Barbellata'

Synonyms: *Bambusa chungii* var. *barbellata*

Lingnania chungii var. *barbellata*

Citations: *Lingnania chungii* (McClure) McClure var. *barbellata* Q. H. Dai in Acta Phytotax. Sin. 24(5): 395. 1986; Yi et al. in Icon. Bamb. Sin. 158. 2008, et in Clav. Gen. Spec. Bamb. Sin. 49. 2009. ——*Bambusa chungii* var. *barbellata* (Q. H. Dai) Ohrnberger in Bamb. World Introd. ed. 4: 18. 1997; D. Ohrnb., The Bamb. World, 258. 1999; Amer. Bamb. Soc. in Bamb. Species Source List no. 35: 7. 2015.

Characteristics: internodes with white setae, verrucose when setae deciduous, finally pitted.

Use: this bamboo can be cultivated in yards and gardens for ornamentation. The culms are flexible with strong toughness, internodes are long, flat, and suitable for weaving and twisting bamboo ropes.

Distribution: China (Nandan in Guangxi, Huaan in Fujian).

3) *Lingnania chungii* 'Petilla'

Synonyms: *Bambusa chungii* var. *petilla*

Lingnania chungii var. *petilla*

Citations: *Lingnania chungii* (McClure) McClure var. *petilla* Wen in J.

Bamb. Res. 1(1): 34. 1982; Yi et al. in Icon. Bamb. Sin. 158. 2008, et in Clav. Gen. Spec. Bamb. Sin. 49. 2009. ——*Bambusa chungii* var. *petilla* (Wen) Ohrnberger in Bamb. World Introd. ed. 4: 18. 1997; D. Ohrnb., The Bamb. World, 258. 1999.

Characteristics: culm 3-4 m tall, 1 cm in diameter, crisp, white powder absent; leaf auricles conspicuous, oral setae long; blades with short pubescence on both surfaces.

Use: this bamboo can be cultivated in yards and gardens for ornamentation. The culms are flexible with strong toughness, internodes are long, flat, and suitable for weaving and twisting bamboo ropes.

Distribution: China (Xiamen in Fujian, Hangzhou in Zhejiang).

4) *Lingnania chungii* 'Velutina'

Synonyms: *Lingnania chungii* var. *velutina*

Citations: *Lingnania chungii* 'Velutina', J. Y. Shi in Int. Cul. Regist. Rep. Bamb. (2013–2014): 23. 2015. ——*L. chungii* (McClure) McClure var. *velutina* Yi et J. Y. Shi in J. Bamb. Res. 24(2): 14. 2005; Yi et al. in Icon. Bamb. Sin. 158. 2008, et in Clav. Gen. Spec. Bamb. Sin. 49. 2009.

Characteristics: culms 4-7 m tall, 3-4 cm in diameter; internodes 30-45 cm long, culm-walls thin; pink white initially, the lower internodes (except intranodes and the ring below the node) with purple-black to brown-black short tomenta and setae; the upper internodes sparsely yellowish-brown or yellow setose, verrucose when setae deciduous.

Use: this cultivar can be cultivated in yards and gardens for ornamentation and can be used for weaving.

Distribution: China (Huaan in Fujian).

5) *Lingnania chungii* 'Vittata'

Synonyms: *Lingnania chungii* f. *vittata*

Citations: *Lingnania chungii* (McClure) McClure f. *vittata* B. M. Yang et J. C. Xie in J. Nat.

Sci. Hunan Norm. Univ. 11(8): 235. 1988; Yi et al. Icon. Bamb. Sin. Ⅱ. 15. 2017.

Characteristics: Culms 7-10 m tall, 4-4.5 cm in diameter, apex erect; internodes 40–55 cm long, initially with densely white powder, culm-walls thin; sheath-nodes corky, brown-black setose initially; culm-nodes flat; intranodes with thin white powder. Yellow longitudinal stripes present on internodes or some branches below the middle of culm. Culm-sheaths abaxially with white powder initially and sparse small setae, the base with dark brown pubescence; auricles narrow, oral setae present; ligules 1.5 mm tall, margin lobed or fimbriate; blades ovate-lanceolate, reflexed, pendulous, deciduous, margins involute, abaxially with densely setae, the adaxial rough, the base 1/5 as wide as the top of culm-sheaths. Leaves 7 per branchlet; auricles and oral setae conspicuous; blades 10-16 (20) cm long, 1.0-2.0 (3.5) cm wide, abaxially with tomenta initially, secondary veins 5-6 pairs.

Use: Culms are white powdery, and the internodes below the middle culms are with yellow longitudinal stripes. This cultivar can be cultivated in yards and gardens for ornamentation.

Distribution: China (Yiyang in Hunan).

2.2 *Neosinocalamus* Keng f.

(1) *Neosinocalamus affinis* (Rendle) Keng f.

Rhizomes sympodium. Culms clustered, 8-13 m tall, 3-8 (10) cm in diameter, apex curved and pendulous; internodes 30-50 (60) cm long, the upper with gray or grayish-brown setae initially, usually no white powder, sometimes basal nodes above and below sheath-nodes with a ring of grey-white or brown tomenta, culm-walls 3-6 mm thick; culm-nodes flat. Branching from high nodes, branches many, clustered, no strong dominant branches. Bamboo shoots green; culm-sheaths deciduous tardily, apex slightly depressed in the shape of "山" , abaxially with brown and black setae; auricles and oral setae absent; ligules together with fimbriate setae totally 10-15 mm tall; blades reflexed, ovate-lanceolate, 2-16 cm long, 1.2-5.0 cm wide, the base narrowed circularly, abaxially with sparse setae at the middle, the adaxial with densely white setae. Leaves 6-11 per branchlet;

auricles and oral setae absent; ligules 1.0-1.5 mm tall; petiole with tomenta abaxially; blades 8-28 cm long, 1.2-4.0 cm wide, the base round or broadly wedge-shaped, abaxially with tomenta, secondary veins 4-10 pairs, transverse veins inconspicuous, margins serrated. Flowering branches slender, pendulous, 20-60 cm long, internodes 1.5-5.5 cm long; pseudospikelets 1.5 cm long; rachilla glabrous, flat, the upper internodes 2 mm long; glume 0 or 1, 6-7 mm long; lemma wide ovate, 8-10 mm long, several veins, the apex acute, margins ciliate; palea 7-9 mm long, the abaxial 2 keels with cilia, glabrous between keels; lodicules 3, sometimes 4, usually oblong and lanceolate, the front two pieces 2-3 mm long, sometimes apex split, and the rear one 3-4 mm long, margins with cilia; stamens 6, sometimes with undeveloped ones, filaments 4-7 mm long ,anthers 4-6 mm long, apex with setae or inconspicuous; ovary 1 mm long, style 4 mm long, with tomenta, stigmas 2-4, the latter 3-5 mm long, plumose. Fruit spindle, 7.5 mm long, the upper with pubescence, pericarp thin, easy to separate from seeds. Shooting from the end of July to August. Flowering from April to July, usually only blossoming without fruit.

1) ***Neosinocalamus*** **'Affinis'** (original cultivar)

Local names: Diaoyuci; Congzhu; Jiumici

Synonyms: *Bamhusa emeiensis*

Dendrocalamus affinis

Dendrocalamus textilis

Lingnania affinis

Sinocalamus affinis

Citations: *Neosinocalamus* 'Affinis', Keng et Wang in Flora Reip. Pop. Sin. 9(1): 133. 1996; Shi et al. in For. Res. 27(5): 703. 2014, in World Bamb. Ratt. 16(1): 46. 2018. ——*N. affinis* (Rendle) Keng f. in J. Bamb. Res. 2(2): 12. 1983; J. H. Xiao in S. L. Zhu et al. Compend. Chin. Bamb. 64.1994; Yi et al. in Icon. Bamb. Sin. 168. 2008, et in Clav. Gen. Spec. Bamb. Sin. 52. 2009. ——*Bambusa emeiensis* Chia et H. L. Fung in Act. Phytotax. Sin. 18(2): 214. 1980, et in ibid. 20(4): 512. 1982; Chinese bamboos, 11. 1988; Ohrnb., The Bamb. World, 260.

1999; Amer. Bamb. Soc. in Bamb. Species Source List no. 35: 7. 2015. ——*Dendrocalamus affinis* Rendle in J. Linn. Soc. Bot. 36: 447. 1904. ——*D. textilis* Xia, Chia et C. Y. Xia in Act. Phytotax. Sin. 31(1): 63. 1993. ——*Lingnania affinis* (Rendle) Keng f. in Act. Phytotax. Sin. 19(1): 141. 1981.——*Sinocalamus affinis* (Rendle) McClure in Lingnan Univ. Sci. Bull. No. 9: 67. 1940; Fang, Icon. Pl. Omei 1(2): 51. 1944; Chen, Illustr. manual of Chinese trees and shrubs,9.1937; Flora Illustr. Plant. Prima. Sinica. Gramineae, p. 75. f. 52a, 52b. 1959; Keng f. in J. Nanjing Univ. (Biol.) (1): 39. 1962.

Characteristics: the same with *Neosinocalamus* 'Affinis'

Use: this bamboo can be used for paper making and farming tools. Bamboo shoots taste bitter, but are edible after boiling. This bamboo also can be cultivated in yards and gardens for ornamentation and as ecological shelter forests. Occasionally, giant pandas feed on the bamboo when they move vertically downward in winter.

Distribution: China (Sichuan Basin, Southern of Gansu, Southern of Shaanxi, Western of Hubei, Western of Hunan, Guizhou, Yunnan). Growing in plains, hilly rivers, foothills and villages below 1200 m (can reach 1800 m above sea level in Yunnan). Also cultivated in yards.

2) *Neosinocalamus affinis* 'Chrysotrichus'

Synonyms: *Bambusa emeiensis* 'Chrysotrichus'

Bambusa emeiensis f. *chrysotricha*

Neosinocalamus affinis f. *chrysotrichus*

Sinocalamus affinis f. *chrysotrichus*

Citations: *Neosinocalamus affinis* 'Chrysotrichus', J. H. Xiao in S. L. Zhu et al., Compend. Chin. Bamb., 64.1994; Keng et Wang in Fl. Reip. Pop. Sin. 9(1): 135. 1996; Shi et al. in For. Res. 27(5): 703. 2014, et in World Bamb. Ratt. 16(1): 46. 2018; J. Y. Shi in Int. Cul. Reg. Rep. Bamb. (2013-2014): 23. 2015. ——*N. affinis* (Rendle) Keng f. f. *chrysotrichus* (Hsueh et Yi) Yi in J. Bamb. Res. 4(1): 13. 1985; Yi et al. in Icon. Bamb. Sin. 171. 2008; et in Clav. Gen. Spec. Bamb. Sin. 32. 2009. ——*B. emeiensis* 'Chrysotrichus', Amer. Bamb. Soc. in Bamb. Species

Source List no. 35: 7. 2015. ——*Bambusa emeiensis* f. *chrysotricha* (Hsueh et Yi) Ohrnberger in Bamb. World Introd. ed. 4: 18. 1997; D. Ohrnb., The Bamb. World, 260. 1999. ——*Sinocalamus affinis* (Rendle) McClure f. *chrysotrichus* Hsueh et Yi in J. Yunnan For. Coll. (1): 68. 1982.

Characteristics: internodes with dense rust setae and with white powder.

Use: this bamboo can be planted as ecological shelter forests. Culms are ideal materials for making bamboo rope. Occasionally, giant pandas feed on the bamboo when they move vertically downward in winter.

Distribution: China (Shuangliu, Chongqing and Dujiangyan in Sichuan).

3) *Neosinocalamus affinis* 'Doupengzhu'

Citations: *Neosinocalamus affinis* 'Doupengzhu', Shi et al. in For. Res. 27(5): 705. 2014, et in World Bamb. Ratt. 16(1): 47. 2018; T. P. Yi et al. in Cert. Int. Reg. Bamb. Cult., No. WB-001-2014-005. 2014; J. Y. Shi in Int. Cul. Reg. Rep. Bamb. (2013-2014): 14. 2015.

Characteristics: internodes longer than original cultivation, 60 cm long, up to 85 cm long.

Use: this cultivar can be cultivated in yards and gardens for ornamentation. Culms can be used for weaving.

Distribution: China (Chengdu, Meishan, Qingshen and Leshan in Sichuan).

4) *Neosinocalamus affinis* 'Flavidorivens'

Local names: Daqinsi

Synonyms: *Bambusa emeiensis* 'Flavidorivens'

Bambusa emeiensis f. *tlavidorivens*

Neosinocalamus affinis f. *flavidorivens*

Sinocalamus affinis f. *flavidorivens*

Sinocalamus affinis var. *tlavidorivens*

Citations: *Neosinocalamus affinis* 'Flavidorivens', J. H. Xiao in S. L. Zhu et al., Compend. Chin. Bamb.65.1994; Shi et al. in For. Res. 27(5): 704. 2014, et in World Bamb. Ratt. 16(1): 46. 2018; J. Y. Shi in Int. Cul. Reg. Rep. Bamb. (2013-2014): 23. 2015. ——*N. affinis* (Rendle) Keng f. f. *flavidorivens* (Hsueh et Yi) Yi in J. Bamb. Res. 4(1): 14. 1985; Yi et al. in Icon. Bamb. Sin. 171. 2008, et in Clav. Gen. Spec. Bamb. Sin. 52. 2009; Shi et al. in The Ornamental Bamb. in China. 308. 2012. ——*Sinocalamus affinis* var. *tlavidorivens* Yi, 72.1963. ——*S. affinis* (Rendle) McClure f. *flavidorivens* Hsueh et Yi in J. Yunnan For. Coll. (1): 68. 1982. ——*Bambusa emeiensis* f. *tlavidorivens* (Yi) Ohrnberger in Bamb. World Introd. ed. 4: 18. 1997; D. Ohrnb., The Bamb. World, 260. 1999. ——*B. emeiensis* 'Flavidorivens', Amer. Bamb. Soc. in Bamb. Species Source List no. 35: 7. 2015.

Characteristics: internodes light yellow, with dark green longitudinal stripes, sometimes leaf blades with light yellow longitudinal stripes.

Use: this cultivar can be cultivated in yards and gardens for ornamentation. Occasionally, giant pandas feed on this bamboo when they move vertically downward in winter.

Distribution: China (Chengdu, Leshan, Xichong, Yingshan and Yibin in Sichuan, Liangping and Dianjiang in Chongqing).

5) *Neosinocalamus affinis* 'Foducizhu'

Citations: *Neosinocalamus affinis* 'Foducizhu', Shi et al. in For. Res. 27(5): 705. 2014, et in World Bamb. Ratt. 16(1): 47. 2018; J. Y. Shi in Int. Cul. Reg. Rep. Bamb. (2013–2014): 8. 2015.

Characteristics: the lower internodes of the culm obviously swollen, like the belly of Buddha.

Use: this cultivar can be cultivated in yards and gardens for ornamentation. Culms are used for weaving.

Distribution: China (Chengdu, Leshan, Meishan and Chongzhou in Sichuan).

6) *Neosinocalamus affinis* 'Niutuizhu'

Citations: *Neosinocalamus affinis* 'Niutuizhu', Shi et al. in Shi et al. in For. Res. 27(5): 705. 2014, et in World Bamb. Ratt. 16(1): 47. 2018; T. P. Yi et al. in Cert. Int. Reg. of Bamb. Cult., No. WB-001-2014-002. 2014; J. Y. Shi in Int. Cul. Reg. Rep. Bamb. (2013-2014): 10. 2015.

Characteristics: the base of culm slightly swollen, zigzag.

Use: this cultivar can be cultivated in yards and gardens for ornamentation. Culms are suitable for weaving.

Distribution: China (Chengdu and Meishan in Sichuan).

7) *Neosinocalamus affinis* 'Purpureo-striatus'

Citations: *Neosinocalamus affinis* (Rendle) Keng f. f. *purpureo-striatus* Yi in J. Sichuan For. Sci. Techn. 35(4): 13. 2014; Yi et al. Icon. Bamb. Sin. Ⅱ. 15. 2017; Shi et al. in World Bamb. Ratt. 16(1): 47. 2018.

Characteristics: internodes green and with dense purple longitudinal stripes.

Use: this bamboo can be planted as ecological shelter forests and cultivated in yards and gardens for ornamentation.

Distribution: China (Chengdu in Sichuan).

8) *Neosinocalamus affinis* 'Shetouzhu'

Citations: *Neosinocalamus affinis* 'Shetouzhu', Shi et al. in For. Res. 27(5): 705. 2014, et in World Bamb. Ratt. 16(1): 47. 2018; T. P. Yi et al. in Cert. Int. Reg. of Bamb. Cult., No. WB-001-2014-004. 2014; J. Y. Shi in Int. Cul. Reg. Rep. Bamb. (2013-2014): 12. 2015.

Characteristics: the diameter of the base of the culm smaller than the upper part and slightly zigzag, from the height of 1 m (about 4-5 nodes above the ground), gradually thinner, showing a "snake head" shape, and the upper internodes normal and smooth.

Use: this cultivar can be cultivated in yards and gardens for ornamentation. Culms are used for weaving.

Distribution: China (Chengdu and Leshan in Sichuan).

9) *Neosinocalamus affinis* 'Striatus'

Synonyms: *Neosinocalamus affinis* f. *striatus*

Citations: *Neosinocalamus affinis* 'Striatus', Shi et al. in For. Res. 27(5): 704. 2014, et in World Bamb. Ratt. 16(1): 47. 2018; J. Y. Shi in Int. Cul. Reg. Rep. Bamb. (2013-2014): 47. 2015; ——*N. affinis* (Rendle) Keng f. f. *striatus* Yi et H. R. Qi in Bull. Bot. Res. 5(4): 131. 1985; Yi et al. Icon. Bamb. Sin. Ⅱ. 15. 2017.

Characteristics: culms green with light yellow longitudinal stripes, and sometimes the leaf blades with light yellow longitudinal stripes.

Use: this bamboo can be planted as ecological shelter forests and cultivated in yards and gardens for ornamentation.

Distribution: China (Liangping in Chongqing).

10) *Neosinocalamus affinis* 'Viridiflavus'

Synonyms: *Bambusa emeiensis* f. *viridiflava*

Bambusa emeiensis 'Viridiflavus'

Neosinocalamus affinis f. *viridiflavus*

Neosinocalamus affinis 'Striatus'

Sinocalamus affinis f. *viridiflavus*

Citations: *Neosinocalamus affinis* 'Viridiflavus', J. H. Xiao in S. L. Zhu et al., Compend. Chin. Bamb., 65.1994; Shi et al. in For. Res. 27(5): 704. 2014, et in World Bamb. Ratt. 16(1): 46. 2018 ; J. Y. Shi in Int. Cul. Reg. Rep. Bamb. (2013-2014): 23. 2015. ——*N. affinis* (Rendle) Keng f. f. *viridiflavus* (Yi) Yi, Yi in J. Bamb. Res. 4(1): 13. 1985; Yi et al. Icon. Bamb. Sin. 171. 2008, et in Clav. Gen. Spec. Bamb. Sin. 52. 2009.——*N. affinis* 'Striatus', J. H. Xiao in S. L. Zhu et al. in Compend. Chin. Bamb., 65.1994. ——*Sinocalamus affinis* f. *viridiflavus* (Yi) Hsueh et Yi in J. Yunnan For. Coll. no. 1: 68. 1982. ——*Bambusa emeiensis* f. *viridiflava* (Yi) Ohrnberger in Bamb. World Introd. ed. 4: 18. 1997; D. Ohrnb., The Bamb. World, 260. 1999. ——*B. emeiensis* 'Viridiflavus', Amer. Bamb. Soc. in Bamb. Species Source List no. 35: 7. 2015.

Characteristics: culms green, but with light yellow stripes on the side with buds or branches.

Use: this bamboo can be planted as ecological shelter forests and cultivated in yards and gardens for ornamentation. Occasionally, giant pandas feed on the bamboo when they move vertically downward in winter.

Distribution: China (Chengdu, Qionglai, Danling and Liangping in Chongqing, Fuzhou and Huaan in Fujian, Guangzhou in Guangdong).

(2) *Neosinocalamus fangchengensis* Yi et J. Y. Shi

Rhizomes sympodium. Culms clustered, 12-14 m tall, 3-4 cm in diameter, apex pendulous; nodes 41-43, internodes 40-44 cm long, basal internodes 20 cm long, terete, no groove on branching side, smooth, glabrous, initially with thin white powder (below nodes with heavy white powder), hollow, culm-walls thin, 2-4(5) mm thick, marrow sawdust-like; sheath-nodes prominent, purplish brown, glabrous; culm-nodes flat; intranodes 2-3 mm tall, glabrous, with white powder. Culm buds tonsil-shaped, glabrous. Branching from from the middle and upper nodes, branches many, spreading, dominant branches 1.7 m long, 4-5 mm in diameter, secondary branches slender, 1-2 mm in diameter, spreading. Shoots light green, with sparse brown setae. Culm-sheaths deciduous, leathery, shorter than internodes, abaxially with sparse brown short setae, longitudinal ribs inconspicuous, glabrous; auricles absent, glabrous; ligules truncate, initially purple, 2-2.5 mm tall, margin with dense setae, flat, initially purple-brown, 5-12 mm long; blades linear or linear triangle, reflexed, 8-18 cm long, 1.2-2 cm wide, glabrous, margins serrate. Leaves 8-13 per branchlet; sheaths green purple to green, glabrous, the longitudinal rids prominent at the upper part; auricles and oral setae absent; ligules arched, purple-brown, glabrous, 1.5 mm tall; petiole light green, glabrous, 1.5-2 mm long; blades linear or linear lanceolate, green, papery, glabrous, 16-25 cm long, 2.6-4 cm wide, the base wedge-shaped, apex gradually acute, secondary veins 3-9 pairs, transverse veins rectangular, margins serrate. Inflorescence unknown. Shooting from July to August.

1) *Neosinocalamus* 'Fangchengensis' (Original Cultivar)

Local names: Wozhu.

Citations: *Neosinocalamus* 'Fangchengensis', Shi et al. in World Bamb. Ratt. 16(1): 47. 2018. ——*N. fangchengensis* Yi et J. Y. Shi in J. Sichuan For. Sci. Techn. 37(2): 1. 2016; Yi et al. Icon. Bamb. Sin. Ⅱ. 17. 2017.

Characteristics: the same with *Neosinocalamus* 'Fangchengensis'.

Use: this bamboo is cold-resistant and can adapt to the temperature from –5℃ to –8℃. This cultivar can be cultivated in yards and gardens for ornamentation. Culms are used for furniture making, and suitable for popularization and cultivation in Hanshui River Basin.

Distribution: China (Fangcheng in Henan, Xiangfan in Hubei).

2) *Neosinocalamus fangchengensis* 'Meiling'

Citations: *Neosinocalamus fangchengensis* 'Meiling', Shi et al. in World Bamb. Ratt. 14(5): 31. 2016; J. Y. Shi in Int. Cul. Regist. Rep. Bamboos (2015-2016): 22. 2017.

Characteristics: similar to the characteristics of *Neosinocalamus* 'Fangchengensis', the difference is the internodes below the middle of the culm with several light yellow longitudinal stripes of varying width.

Use: this cultivar can be cultivated in yards and gardens for ornamentation and furniture making.

Distribution: China (Fangcheng in Henan).

2.3 *Dendrocalamus* Nees

(1) *Dendrocalamus asper* (J. A. et J. H. Schult.) Backer ex Heyne

Culms 15-20 m tall, 6-10(12) cm in diameter, the top pendulous; internodes 30-50 cm long, initially with light brown setae and thin white powder; internodes and below sheath-nodes with a ring of light brown tomenta, the basal intranodes with aerial roots. Branching from high nodes, branches many, dominant branches strong. Culm-sheaths deciduous, initially light green, with gray or brown setae when fresh, longitudinal ribs prominent after drying, apex circular; auricles long and narrow, 2 cm long, 7 mm wide, wavy, oral setae present; ligules 7-10 mm tall, margin with setae; blades reflexed, the base narrowed on both sides, wavy. Leaves 7-13 per branchlet; sheaths setose; auricles tiny, oral setae several; ligules 2 mm tall; blades (10) 20-30 (35) cm long, (1.5) 3-5 cm wide, abaxially with pubescence, secondary veins 7-11 pairs. Flowering branches leafless, 0.5-3.0 m long, internodes 1.5-15 cm long, with white cilia; each node with pseudospikelets 3-6, or 10-25 (30) pseudospikelets clustered, 1.5-2.0 cm in diameter, flat, yellow brown, 5-12 mm long, 3-7 mm wide, florets 4-5, apical florets fertile; glume 1 or 2, ovate lanceolate; lemma wide ovate, 5-8 mm long, 6-9 mm wide, with pubescence abaxially, margins with cilia; palea as long as lemma, with 2 keels, veins 1-3 between keels, keels and margins ciliate; lodicules absent; stamens 6, anthers 3-9 mm long, yellow; ovary long ovate, pubescent; stigma 1, plumose. Fruit nutlike, subglobose, 2-4 mm in diameter, with persistent style at the apes, 1-2 mm long, pubescent. Flowering from June to November and fruiting from March to May.

1) *Dendrocalamus* 'Asper' (Original Cultivar)

Local names: Gaoshezhu; Buloh betong (Malaysia); Rebong(Singapore); Bambu betung (Indonesia); Buluh batung(cd), Bukawe, Botong, Butong (Philippines); Hok (Laos); Phai-tong (Thailand); Manh tong (Vietnam); Rough Giant Bamboo (UK)

Synonyms: *Arundarbor bitung*

Bambusa aspera

Bambusa bitung

Bambusa flagellifera

Bambusa macroculmis

Dendrocalamus flagellifer

Dendrocalamus macroculmis

Gigantochloa aspera

Schizostachyum bitung

Schizostachyum loriforme

Sinocalamus flagellifer

Sinocalamus macroculmis

Citations: *Dendrocalamus asper* (J. A. et J. H. Schult.) Backer ex Heyne, Nutt. Pl. Ned, Ind. ed. 2. 1: 301. 1927; Backer, Handb. Fl. Java Afl. 2: 279. 1928; Holttum in Gard. Bull. Singapore 16: 100. 1958; Backer, Fl. Java 3: 238. 1968; Gilliland, Rev. Fl. Malay. 3: 27. 1971; Bamboos in Hongkong,58. 1985; Chinese bamboo, 40 1988; Hsueh et D. Z. Li in J. Bamb. Res. 8(1): 1989; D. Ohrnb., Gen. *Chimonobambusa* 283. 1990; Icon. Arbor. Yunnani. (Ⅲ),1405,pl.656. 1991; Keng et Wang in Flora Reip. Pop. Sin. 9(1): 193. 1996; D. Ohrnb., The Bamb. World, 283. 1999; Yi et al. in Icon. Bamb. Sin. 189. 2008, et in Clav. Gen. Spec. Bamb. Sin. 62. 2009. ——*Arundarbor bitung* (J. H. Schultes) Kuntze in Rev. Gen. Pl. 2: 761. 1891. ——*Bambusa aspera* J. A. et J.

H. Schult., Syst. Veg. 7: 1352. 1830. ——*B. bitung* J. H. Schultes in Schultes et J. H. Schultes in Syst. Veg. 7, 2: 1354.1830. ——*B. flagellifera* Griffith ex Munro in Trans. Linn. Soc. London 26: 150. 1868. ——*B. macroculmis* A. Rivière ap. A. et C. Rivière in Bull. Soc. Acclim. sér. 3, 5: 624, fig. 14. 1878. ——*Dendrocalamus flagellifer* Munro in Trans. Linn. Soc. London 26: 150. 1868. ——*D. macroculmis* (A. Rivière) Houzeau de Lehaie in Bamb. 2: 263. 1908. ——*Gigantochloa aspera* Kurz ex Teijsmann et Binnendijk in Cat. Pl. Horto. Bot. Bogor. 20.1866; (J. H. Schultes.) Kurz in Ind. For. 1: 221. 1876; McClure in Field. Bot. 24, pt. 2: 141. 1955; Fl. Taiwan 5: 770. pl. 1514. 1978, err. typogr. pro. D. levis. ——*Schizostachyum bitung* (J. H. Schultes) Steudel in Syn. Pl. Glumac., 332.1854. ——*S. loriforme* Munro in Trans. Linn. Soc. London 26: 150. 1868. ——*Sinocalamus flagellifer* (Munro) Nguyen in Bot. Zhum. Akad. NAUK 74(11): 1662. 1989. ——*S. macroculmis* (A. Rivière) Nguyen in Bot. Zhurn. Akad. NAUK 76(7): 994. 1991.

Characteristics: the same with *Dendrocalamus* ‘Asper’.

Use: the bamboo shoots are delicate and delicious. Culms can be used for buildings and paper making.

Distribution: China (Yunnan, Hong Kong, Taiwan); Philippines; Malaysia; Indonesia; Thailand; Laos; Myanmar; It is also cultivated in USA.

2) *Dendrocalamus asper* ‘Niger’

Local names: Betunghitam(Indonesia)

Synonyms: *Dendrocalamus asper* f. *niger*

Citations: *Dendrocalamus asper* f. *niger* Hildebrand in Rapp. Bosbouwproefst. no. 66:43.1954; D. Ohrnb., The Bamb. World, 284. 1999.

Characteristics: culms black.

Use: the bamboo shoots are delicate and delicious. Culms can be used for buildings and paper making. It can be cultivated for ornamentation.

Distribution: Indonesia.

(2) *Dendrocalamus brandisii* (Munro) Kurz

Culms 10-15 m tall, 10-12 cm in diameter, the top pendulous; internodes 34-43 cm long, initially with longitudinal white tomenta, culm-walls 3 cm thick;

intranodes and below sheath-nodes with a ring of grey-white or brown tomenta, the lower intranodes with aerialroots. Branching from high nodes, branches many, dominant branches 1 or sometimes no dominant branches, secondary branches slender, reflexed and encircling the culm. Culm-sheaths deciduous, red-brown to bright yellow, abaxially with white short pubescence; auricles tiny; ligules 1 cm tall, margin lobed; blades reflexed or erect, basal 1/3-1/2 as wide as the top of culm-sheath. Leaf-sheaths with white setae; ligules 1.5-2.0 mm tall; blades 23-30 cm long, 2.5-5.0 cm wide, abaxially with pubescence, secondary veins 10-12 pairs. Flowering branches flagellated, internodes 2.5-3.8 cm long, one side flat, densely with rusty pubescence; pseudospikelets 5-25 clustered on branches, 1.3-1.8 cm in diameter; spikelets ovoid, hairy, 7-9 mm long, 4-5 mm wide, purple-brown, apex blunt, florets 2-4; glumes 1 or 2, 4 mm long, 3.5 mm wide, with 10 veins, apex acute; lemma glume-like, 5-6 mm long, veins 16-20; palea with 2 keels, ciliate,1.6 mm wide 3-veined between keels, apex acute; lodicules usually absent, sometimes 1 or 2, lanceolate or spoon-shaped when present, 3-veined at the base, margins with cilia; anthers extending outside florets when mature, green-yellow, short and wide (3 mm long), apex pointed, filaments short and initially thick; ovary oval, hairy, style 3 mm long, stigma 1 or 2 lobed, purple, plumose. Fruit oval, 1.5-5.0 mm long, upper hairy, apex beaked, peel hard shell.

1) *Dendrocalamus* 'Brandisii' (original cultivar)

Local names: Yunnan Tianlongzhu

Synonyms: *Arundarbor brandisii*

Bambusa brandisii

Sinocalamus brandisii

Citations: *Dendrocalamus brandisii* (Munro) Kurz in Prelim. Rep. For. Veg. Pegu. App. B. 94. 1875 (in clav.), et For. Fl. Brit. Burma 2: 560. 1877; Gamble in Ann. Roy. Bot. Gard. Calcutta 7: 90. pl. 79. 1896 et in Hook. f., Fl. Brit. Ind. 7: 407. 1897; Brandis, Ind. Trees 678. 1906; E. G. Camus, Bambus. 157. 1913; E. G. et A. Camus in Lecomte, Fl. Gen. Ind.-Chin. 7: 629. 1923; Hsueh et D. Z. Li in J. Bamb. Res. 8(1): 30. 1989; Icon. Arbor. Yunnani. (Ⅲ), 1407, pl.658. 1991;

Keng et Wang in Flora Reip. Pop. Sin. 9(1): 189. 1996; D. Ohrnb., The Bamb. World, 284. 1999; Yi et al. in Icon. Bamb. Sin. 192. 2008, et in Clav. Gen. Spec. Bamb. Sin. 62. 2009; Amer. Bamb. Soc. in Bamb. Species Source List no. 35: 15. 2015. ——*Arundarbor brandisii* (Munro) Kuntze in Rev. Gen. Pl. 2: 761. 1891. ——*Bambusa brandisii* Munro in Trans. Linn. Soc. 26: 109. 1868. ——*Sinocalamus brandisii* (Munro) Keng f. in J. Nanjing Univ. (Biol.) (1): 35. 1962.

Characteristics: the same with *Dendrocalamus* 'Brandisii'.

Use: bamboo shoots are edible. Culms can be used for buildings.

Distribution: China (southern to western Yunnan, Guangdong, Fujian); Myanmar; Laos; Vietnam; Thailand; India.

2) *Dendrocalamus brandisii* 'Black'

Citations: *Dendrocalamus brandisii* 'Black', Amer. Bamb. Soc. in Bamb. Species Source List no. 35: 15. 2015.

Characteristics: fast-growing, culms black when fresh, but dark brown when dry.

Use: bamboo shoots are edible. Culms can be used for buildings and furniture. It can be cultivated in yards and gardens for ornamentation.

Distribution: unknown.

(3) *Dendrocalamus farinosus* (Keng et Keng f.) Chia et H. L. Fung

Rhizomes sympodium. Culms clustered 7-12 m tall, 4-8 cm in diameter, the top pendulous; internodes 20-45 cm long, initially with powder, culm-walls 0.4-1.0 cm thick; with a ring of grey-yellow tomenta below intranodes. Branching from high nodes, branches many, dominant branches 1, 2.5 m long. Culm-sheaths deciduous, with brown small setae abaxially, apex truncate or concave, setose; auricles absent; ligules conspicuous, 4-10 mm tall, margin with setae, 7-10 mm long, 13 mm tall; blades reflexed, lanceolate, 4-12 cm long, 0.7-3.0 cm wide, the base narrowed. Leaves 4-10 (12) per branchlet; auricles and oral setae absent; ligules 1.0-1.5 mm tall; blades 9-33 cm long, 1.5-6.0 cm wide, abaxially with white tomenta, secondary veins 5-11 pairs. Flowering branches leafless, whip-shaped, pendulous, 30-40 cm long, internode 2.5-5.0 cm long, with dense white powder and pubescence, flat at the base with pseudospikelets, with 7-20 pseudospikelets clustered at each node, each cluster 1.4-2.5 cm in diameter, pseudospikelet subtended by two or more bracts, the latter dark brown, margin with cilia; florets 3-5 per pseudospikelet, oblong, obovate, 8-14 mm long, 3-6 mm wide, purple-brown, apex blunt. Rachilla 1 mm long, densely white pubescent; glume 2 or several, 6-8 mm long and 5-8 mm wide, both abaxial surface and margins with pubescence, veins 16, apex acute; lemma broadly ovate, 7-10 mm long and 6-8 mm wide, abaxially pubescent, apex acute; palea 7 mm long, wider than lemma, with 2 keels, keels ciliate, 1.5 mm wide between keels, veins 2 or 3, and abaxially pubescent, apex obtuse; filament 8-12 mm long, anther yellow, 3-5 mm long, extending into a small tip; ovary ovate, about 1.5 mm long, densely yellow pubescent, base with a petiole, 1 mm long, style 1 mm long, stigmas 1-3, 2-3 mm long, densely pubescent. Fruit yellow, glabrous and smooth, apex beaked. Shooting in September. Flowering in July.

1) *Dendrocalamus* 'Farinosus' (original cultivar)

Local names: Dayeci, mianzhu, wahuizhu, diaozhu

Synonyms: *Lingnania farinosa*

Neosinocalamus farinosus

Sinocalamus farinosus

Citations: *Dendrocalamus farinosus* (Keng et Keng f.) Chia et H. L. Fung in Act. Phytotax. Sin. 18(2): 215. 1980; Hsueh et D. Z. Li in J. Bamb. Res. 8(1): 40. 1989; Keng et Wang in Flora Reip. Pop. Sin. 9(1): 174. 1996; D. Ohrnb., The Bamb. World, 285. 1999; Yi et al. in Icon. Bamb. Sin. 194. 2008, et in Clav. Gen. Spec. Bamb. Sin. 63. 2009. ——*Lingnania farinosa* (Keng et Keng f.) Keng f. in Act. Phytotax. Sin. 19(1): 141. 1981. ——*Neosinocalamus farinosus* (Keng et Keng f.) Keng f. et Wen in J. Bamb. Res. 4(2): 18. 1985. ——*Sinocalamus farinosus* Keng et P. C. Keng in J. Wash. Acad. Sci. 36: 79. 1946. Keng f. in Techn. Ball. Nat'l. For. Res. Bur. China No. 8: 18. 1948; Flora Illustr. Plant. Prima. Sinica. Gramineae,73. 1959; Keng f. in J. Nanjing Univ. (Biol.) (2): 10. 1962.

Characteristics: the same with *Dendrocalamus* 'Farinosus'.

Use: bamboo shoots are edible. Culms can be used as handles or for weaving.

Distribution: China (Sichuan, Guizhou, Yunnan, Guangxi). Growth near rivers, plains, hills, shallow mountains and houses in low altitude areas, especially in limestone areas.

2) *Dendrocalamus farinosus* 'Flavo-striatus'

Synonyms: *Dendrocalamus farinosus* f. *flavostriatus*

Neosinocalamus farinosus f. *flavostriatus*

Citations: *Dendrocalamus farinosus* (Keng et Keng f.) Chia et H. L. Fung f. *flavo-striatus* Yi in Bull. Bot. Res. 6(4): 28. 1986; Yi et al. in Icon. Bamb. Sin. 195. 2008. ——*D. farinosus* f. *flavostriatus*, D. Ohrnb., The Bamb. World, 285. 1999. ——*Neosinocalamus farinosus* f. *flavostriatus* (Yi) Ohrnberger in Bamb. World Introd. ed. 3: 14. 1996.

Characteristics: culm short, 5-7 m tall, 1.5-3.5 cm wide, with light yellow longitudinal stripes at the basal internodes.

Use: bamboo shoots are edible. Culms can be used as handles or for weaving.

Distribution: China (Yidu and Zhicheng in Hubei).

(4) *Dendrocalamus latiflorus* Munro

Rhizomes sympodium. Culms clustered 15-25 m tall, 15-30 cm in diameter, apex pendulous; internodes 45-60 cm long, initially with white powder, culm-walls 1-3 cm thick; intranodes with a ring of brown tomenta. Branching from high nodes, branches many, clustered, dominant branches 1, strong. Culm-sheaths deciduous, setose abaxially, apex 3 cm wide; auricles tiny, 5 mm long, 1 mm wide; ligules 1-3 mm tall, margin lobed; blades reflexed, ovate or lanceolate, 6-15 cm long, 3-5 cm wide, with light brown setae adaxially. Leaves 7-13 per branchlet; sheaths with yellowish brown setae; auricles absent; ligules 1-2 mm tall, margin lobed; blades 15-35 (50) cm long, 2.5-7.0 (13.0) cm wide, the base round, small serrated on abaxial mid vein, initially with short pubescence, secondary veins 7-15 pairs, transverse veins prominent. Flowering branches leafless or leafy, internodes with dense yellowish-brown pubescence, pseudospikelets many clustered on each node; bracts 1-4, the upper one without buds axillary; spikelets ovate, flat, red or dark purple, 1.2-1.5 cm long, 7-13 mm wide, florets 6-8; rachilla independently jointed and disjointed below glume; glumes 2 or more, broadly ovate or broadly elliptic, about 5 mm long, 4 mm wide, both sides with pubescence, margins with cilia, veins many. The lemma glume-like, 12-13 mm long, 7-16 mm wide, glabrous, with 29-33 veins, transverse veins present; palea oblong-lanceolate, 7-11 mm long, 3-4 mm wide, pubescent on both sides, veins 2-3 between keels, veins 2 outside each keel, margins and keels densely ciliate; lodicules absent; stamens 6, filaments free, anther 5-6 mm long; ovary oblate or broadly ovate, 7 mm long, petiolate, grooved, the upper with white pubescence, style densely white pubescent, stigmas 1 or 2, plumose. Fruit ovoid, cystocarp-shaped, 8-12 mm long, 4-6 mm in diameter, pericarp thin. Shooting from May to November. Flowering usually in summer and autumn.

1) *Dendrocalamus* 'Latiflorus' (original cultivar)

Local names: Ma-chiku (Japan); Wa-ni, Wa-bo(Burma); Phai-zangkum, Mai-sangkham (Thailand); Bambu taiwan (Indonesia); Botong (Philippines: Tagala); Taiwan Giant Bamboo, Sweet Giant Bamboo (UK)

Synonyms: *Bambusa latiflora*

Sinocalamus latiflorus

Citations: *Dendrocalamus* 'Latiflorus', Keng et Wang in Flora Reip. Pop. Sin. 9(1): 162. 1996. ——*D. latiflorus* Munro in Trans. Linn. Soc. 26: 152. 1868; Gamble in Ann. Roy. Bot. Gard. Calcutta 7: 131. 1896, et in Hook. f., Fl. Brit. Ind. 7: 407. 1897; Brandis, Ind. Trees 678. 1906; E. G. Camus, Bambus, 160. 1913; E. G. et A. Camus in Lecomte, Fl. Gen. Ind. -Chin. 7: 635. 1923; Fl. Taiwan 5: 774. 1978; Chia et H. L. Fung in Act. Phytotax Sin. 18(2): 215. 1980; Bamboos in Hongkong, 62. 1985; Bamboos in Guangxi and cultivation, 73. pl. 40. 1987; Hsueh et D. Z. Li in J. Res. Bamb. 7(4): 13. 1988; Chinese bamboos, 45. 1988; Icon. Arbor. Yunnani. (Ⅲ), 1401, pl. 652. 1991; D. Ohrnb., The Bamb. World, 287. 1999; Yi et al. in Icon. Bamb. Sin. 198. 2008, et in Clav. Gen. Spec. Bamb. Sin. 60. 2009; Amer. Bamb. Soc. in Bamb. Species Source List no. 35: 15. 2015. ——*Bambusa latiflora* (Munro) Kurz in J. Asiat. Soc. Bengal. 42: 250. 1873, pro syn. sub B.

calostachya Kurz. ——*Sinocalamus latiflorus* (Munro) McClure in Lingnan Univ. Sci. Bull. No. 9: 67. 1940; Keng f. in Techn. Bull. Nat'l. For. Res. Bur. China no. 8: 18: 1948; Flora Illustr. Plant. Prima. Sinica. Gramineae, 65. 1959; Keng f. in J. Nanjing Univ. (Biol.) 1962(1): 32. 1962; Flora of Hainan, 4: 360. 1977.

Characteristics: the same with *Dendrocalamus* 'Latiflorus'.

Use: this bamboo is widely cultivated. It has a long shooting period and high yield. The bamboo shoots are sweet and can be dried or canned. These dried bamboo shoots and canned bamboo shoots are even exported to Japan, Europe and America. Culms can be used for buildings and weaving. It also can be cultivated in yards and gardens for ornamentation.

Distribution: China (Fujian, Taiwan, Guangdong, Hong Kong, Guangxi, Hainan, Guizhou, Yunnan, southern of Zhejiang, southern of Jiangxi, southern and southwest of Sichuan); Vietnam; Myanmar.

2) *Dendrocalamus latiflorus* 'Mei-nung'

Synonyms: *Dendrocalamus latiflorus* f. *mei-nung*

Citations: *Dendrocalamus latiflorus* 'Mei-nung', W. C. Lin in Bull. Taiwan For. Res. Inst. No. 98: 10. 1964 et. in Quart. J. Chin. For. 3(2): 51. 1967; Fl. Taiwan 5: 776. 1978; Keng et Wang in Flora Reip. Pop. Sin. 9(1): 164. 1996; D. Ohrnb., The Bamb. World, 287. 1999; Amer. Bamb. Soc. in Bamb. Species Source List no. 35: 15. 2015; J. Y. Shi in Int. Cul. Reg. Rep. Bamb. (2013-2014): 23. 2015; Shi et al. in World Bamb. Ratt. 14(6): 28. 2016. ——*D. latiflorus* Munro f. *mei-nung* (W. C. Lin) Yi in J. Sichuan For. Sci. Techn. 28(3): 17. 2007; Yi et al. in Icon. Bamb. Sin. 201. 2008, et in Clav. Gen. Spec. Bamb. Sin. 61. 2009.

Characteristics: culms and branches yellow-green with dark green stripes in the internodes, and the culm-sheaths yellow-green to brown-green with several light yellow stripes.

Use: bamboo shoots are delicious and edible. This bamboo can be cultivated for ornamentation.

Distribution: China (Taiwan, Fuzhou and Huaan in Fujian, Guangdong in

Guangzhou, Guizhou ,Yunnan).

3) *Dendrocalamus latiflorus* 'Subconvex'

Synonyms: *Dendrocalanzus latiflorus* f. *subconvex*

Dendrocalamus latiflorus var. *lagenarius*

Citations: *Dendrocalanms latiflorus* 'Subconvex', W. C. Lin in Bull. Taiwan For. Res. Inst. No. 271: 57. 1976; Fl. Taiwan 5: 774. 1978; Keng et Wang in Flora Reip. Pop. Sin. 9(1): 162. 1996; D. Ohrnb., The Bamb. World, 287. 1999; J. Y. Shi in Int. Cul. Reg. Rep. Bamb. (2013-2014): 23. 2015; Shi et al. in World Bamb. Ratt. 14(6): 28. 2016. ——*D. latiflorus* Munro f. *subconvex* (W. C. Lin) Yi in J. Sichuan For. Sci. Techn. 28(3): 17. 2007; Yi et al. in Icon. Bamb. Sin. 201. 2008, et in Clav. Gen. Spec. Bamb. Sin. 61. 2009. ——*D. latiflorus* var. *lagenarius* W. C. Lin. in Bull. Taiwan For. Res. Inst. No. 98: 6. 1964, et in Quart. J. Chin. For. 3(2): 51. 1967.

Characteristics: culms 5-10 m tall, 4-12 cm in diameter, internodes 10-30 cm long, swollen at the lower, gourd-shaped or pear-shaped.

Use: this cultivar can be cultivated in yards and gardens for ornamentation.

Distribution: China (Jiayi and Kaohsiung in Taiwan).

4) *Dendrocalamus* 'Mabanzhu'

Synonyms: *Dendrocalamus latiflorus* × *D. hamiltonii*

Citations: *Dendrocalamus* 'Mabanzhu', Shi et al. in World Bamb. Ratt. 14(6): 28. 2016. ——*D. latiflorus* Munro × *D. hamiltonii* Nees et Arn. ex Munro, Yi et al. in Icon. Bamb. Sin. 201. 2008, et in Clav. Gen. Spec. Bamb. Sin. 63. 2009.

Characteristics: a hybrid of *Dendrocalamus* 'Latiflorus' as female parent and *D.* 'Brandisii' as male parent, bred by Guangdong Academy of Forestry. Culms and shoots crisp, culm-sheaths broadly triangular at the apex, blades broad and hard. Culm blades erect at the lower of culms, at the upper reflexed.

Use: bamboo shoots are crisp and delicious. This bamboo can adapt to a broad range of climate, and can be extended to the south of 23°30′N.

Distribution: China (Guangxi).

(5) *Dendrocalamus membranaceus* Munro

Rhizomes sympodium. Culms caespitose, 8-12 m tall, 7-10 cm in diameter, apex slightly bent; internodes 34-42 cm long initially with white powder; sheath-nodes prominent; intranodes 8 mm tall, basal intranodes with aerial roots. Dominant branches 3, secondary branches slender, the upper pendulous. Culm-sheaths deciduous, usually longer than internodes, abaxially with white powder and black-brown setae; auricles 5 mm long, 1 mm wide, oral setae long; ligules 8-10 mm tall, hairy adaxially, margin serrate; blades reflexed, 30-40 cm long, 2.5 cm wide, the base 1/3-1/2 as wide as the top of culm-sheath, with brown small setae on both surfaces, especially dense at the adaxial base. Leaves 3-6 per branchlet; auricles falcate, oral setae several; ligules 1 mm tall, hairy adaxially; blades lanceolate, 12.5 cm long, 1.2-2.0 cm wide, pubescent on both surfaces, secondary veins 4-7 pairs. Flowering branches with large branches, internodes 2.5-5.0 cm long, glabrous, or often with white powder in the upper part, pseudospikelets clustered on the nodes, globose, 2.5-5.0 cm in diameter; pseudospikelets flat, nearly glabrous and lustrous, 1.0-1.3 cm long, 2.5-3.0 mm wide, initially yellow-green, light brown after drying, soft , mature florets 2-5; glumes 2, ovate, apex blunt or acute; lemma similar to glume but larger, 8-9 mm long, 5-8 mm wide, thin, membranous, glabrous, margins ciliate, apex aristate, about 1 mm long; palea also membranous, 7-8 mm long, 1.4 mm wide, and the lower floret with 2 keels abaxially, keels ciliate, veins 3 between the keels, apex blunt or concave, the upper most floret without keels, or with 2 keels, keels glabrous; stamens extended outside the floret after maturity, filaments slender and long, anthers yellow to purple, 4 mm long, the apex with short tips; ovary ovate, slender, the upper part hairy and the lower part glabrous, style 5-6 mm long, pubescent, stigma 1, purple, plumose. Fruit wide ovate, base round, 5.0-7.5 mm long, one side with groove or slightly flat, apex with long beak, embryo prominent.

1) *Dendrocalamus* 'Membranaceus' (original cultivar)

Synonyms: *Dendrocalamus membranaceus* f. *membranaceus*

Dendrocalamus strictus

Citations: *Dendrocalamus membranaceus* Munro in Trans. Linn. Soc. 26: 149. 1868; Kurz, For. Fl. Brit. Burma 2: 560. 1877; Gamble in Ann. Roy. Bot. Gard. Calcutta 7: 81. pl. 71. 1896, et in Hook. f., Fl. Brit. Ind. 7: 404. 1897; Brandis, Ind. Trees 676. 1906; E. G. Camus. Bambus. 153. 1913; E. G. et A. Camus in Lecomte, Fl. Gen. Ind. Chin. 7: 628. 1923; Hsueh et D. Z. Li in J. Bamb. Res. 7(4): 2. 1988; Icon. Arbor. Yunnan. (Ⅲ), 1389, fig. 648. 1991; D. Ohrnb., The Bamb. World, 288. 1999; Yi et al. in Icon. Bamb. Sin. 203. 2008, et in Clav. Gen. Spec. Bamb. Sin. 58. 2009. ——*D. strictus* auct. non Nees; Flora Illustr. Plant. Prima. Sinica. Gramineae,pl.53. 1959, pro figura tantum. ——*D. membranaceus* f. *membranaceus*, Keng et Wang in Flora Reip. Pop. Sin. 9(1): 185. 1996.

Characteristics: the same with *Dendrocalamus membranaceus* Munro.

Use: this bamboo can be planted as ecological shelter forests and cultivated in yards and gardens for ornamentation. Bamboo shoots are edible. Culms can be used for paper making, buildings and living utensils.

Distribution: China (from southeastern Yunnan to southwestern Yunnan, Guangdong, Fujian).

2) *Dendrocalamus membranaceus* 'Fimbriligulatus'

Synonyms: *Dendrocalamus membranaceus* f. *fimbriligulatus*

Citations: *Dendrocalamus membranaceus* Munro f. *fimbriligulatus* Hsueh et D. Z. Li in J. Bamb. Res. 7(4): 4. 1988; Icon. Arbor. Yunnan. (Ⅲ), 1390, 1991; Keng et Wang in Flora Reip. Pop. Sin. 9(1): 188. 1996; D. Ohrnb., The Bamb. World, 288. 1999; Yi et al. in Icon. Bamb. Sin. 204. 2008, et in Clav. Gen. Spec. Bamb. Sin. 58. 2009.

Characteristics: culm-sheaths shorter than internodes, margin of the ligule lobed, fimbriate, hair 5-10 mm long.

Use: this bamboo can be planted as ecological shelter forests and cultivated in yards and gardens for ornamentation. Bamboo shoots are edible. Culms can be used for paper making, buildings and living utensils.

Distribution: China (Xishuangbanna in Yunnan).

3) ***Dendrocalamus membranaceus*** **'Pilosus'**

Synonyms: *Dendrocalamus membranaceus* f. *pilosus*

Citations: *Dendrocalamus membranaceus* Munro f. pilosus Hsueh et D. Z. Li. in J. Bamb. Res. 7(4): 3. 1988; Icon. Arbor. Yunnani. (Ⅲ), 1389, 1991; Keng et Wang in Flora Reip. Pop. Sin. 9(1): 187. 1996; D. Ohrnb., The Bamb. World, 288. 1999; Yi et al. in Icon. Bamb. Sin. 204. 2008, et in Clav. Gen. Spec. Bamb. Sin. 58. 2009.

Characteristics: internodes of culms with yellow brown setae.

Use: this bamboo can be planted as ecological shelter forests and cultivated in yards and gardens for ornamentation. Bamboo shoots are edible. Culms can be used for paper making, buildings and living utensils.

Distribution: China (Xishuangbanna in Yunnan).

4) ***Dendrocalamus membranaceus*** **'Striatus'**

Synonyms: *Dendrocalamus membranaceus* f. *striatus*

Citations: *Dendrocalamus membranaceus* Munro f. *striatus* Hsueh et D. Z. Li in J. Bamb. Res. 7(4): 3. 1988; D. Ohrnb., Gen. *Chimonobambusa* 288. 1990; Icon. Arbor. Yunnan. (Ⅲ), 1390, 1991; Keng et Wang in Flora Reip. Pop. Sin. 9(1): 187. 1996; Yi et al. in Icon. Bamb. Sin. 204. 2008, et in Clav. Gen. Spec. Bamb. Sin. 58. 2009.

Characteristics: internodes with yellow longitudinal stripes, culm-sheaths sometimes shorter than internodes, margin of ligule fimbriate.

Use: this bamboo can be planted as ecological shelter forests and cultivated in yards and gardens for ornamentation. Bamboo shoots are edible. Culms can be used for paper making, buildings and living utensils.

Distribution: China (Xishuangbanna in Yunnan).

(6) ***Dendrocalamus minor*** (McClure) Chia et H. L. Fung

Culms 6-12 m tall,8 cm in diameter, apex curved or pendulous; internodes 30-45 cm long, with dense white powder initially, glabrous, culm-walls 5.0-5.6 cm thick. Branching from the higher nodes, dominant branches inconspicuous. Culm-sheaths deciduous, green when fresh, with brown setae abaxially; auricles tiny,

3 mm long, 1 mm wide; ligules 3-8 mm tall, margin fimbriate; blades reflexed, ovate-lanceolate or lanceolate, 6-10 cm long, with small setae on adaxial base and marginss. Leaves 3-8 per branchlet; sheaths with sparse small setae; auricles and oral setae absent; ligules 1 mm tall, blades 10-25 (35) cm long, 1.5-3.0 (7.0) cm wide, glabrous, with white powder abaxially, greyish green, secondary veins 8-12 pairs, small transverse veins visible abaxially. Glume 2, palea apex acute. Flowering branches slender, leafless, internodes 2.0-3.5 cm long, slightly flat or with wide longitudinal grooves on one side, with rusty pubescence, especially dense at flat or grooved sites, each node with 5-10 pseudospikelets, pseudospikelets flat, ovate oblong, about 1.2 cm long, 4-7 mm wide, purple when fresh, brown after drying, florets 4 or 5, apex open; glumes usually 2, broadly ovate, 6 mm long, 4 mm wide, glabrous, margins ciliate; lemma papery or slightly stiffened, broadly ovate or cordate, 9-11 mm long, 5-6 mm wide, nearly glabrous (the upper florets with sparse pubescence), apex acute, with many obscure longitudinal veins, margins ciliate; palea thin, narrowly lanceolate, 6-8 mm long, 2 mm wide, the abaxial with sparse pubescence, margins and keels with cilia, 3-veined between keels, apex acute; anthers yellow, 5-6 mm long, connectivum extended upward into a hairy tip; pistils with tomenta except the base, ovary ovate, style slender, stigma single, often curly. Fruit ovate, about 5 mm long, 3.5 mm in diameter, beaked at the apex, and with setae, the rest glabrous. Pericarp brown, the upper hard, color light and lustrous, the lower thin, dark and with groin. Flowering from October to December.

1) *Dendrocalamus* 'Minor' (original cultivar)

Local names: Wuyaozhu

Synonyms: *Sinocalamus minor*

Citations: *Dendrocalamus minor* (McClure) Chia et H. L. Fung in Act. Phytotax. Sin. 18(2): 215. 1980; Bamboos in Guangxi and cultivation,76.pl.41. 1987; Hsueh et D. Z. Li in J. Res. Bamb. 8(1): 39. 1989; Keng et Wang in Flora Reip. Pop. Sin. 9(1): 165. 1996; D. Ohrnb., The Bamb. World, 289. 1999; Yi et al. in Icon. Bamb. Sin. 204. 2008, et in Clav. Gen. Spec. Bamb. Sin. 63. 2009. ——

Sinocalamus minor McClure in Sunyatsenia 6(1): 47. pl. 11, 12. 1941; Keng f. in Techn. Bull. Nat'l. For. Res. Bur. China No. 8: 18. 1948; Flora Illustr. Plant. Prima. Sinica. Gramineae,66.pl.44, 1959; Keng f. in J. Nanjing Univ. (Biol.) (1): 33. 1962.

Characteristics: the same with *Dendrocalamus* 'Minor'.

Use: this bamboo can be planted ecological construction and cultivated in yards and gardens for ornamentation.

Distribution: China (Guangdong, Guangxi, southern of Guizhou, Xiamen in Fujian)

2) *Dendrocalamus minor* 'Amoenus'

Synonyms: *Dendrocalamus minor* var. *amoenus*

Dendrocalamus minor f. *amoenus*

Sinocalamus minor var. *amoenus*

Citations: *Dendrocalamus minor* 'Amoenus', Amer. Bamb. Soc. in Bamb. Species Source List no. 35: 16. 2015. ——*D. minor* f. *amoenus* (O. H. Dai et C. F. Huang) Ohrnberge, Bramb. World Introd. ed. 3. 1996: 14; D. Ohrnb., The Bamb. World, 289. 1999; Yi et al. in Icon. Bamb. Sin. 205. 2008, et in Clav. Gen. Spec. Bamb. Sin. 63. 2009. ——*D. minor* (McClure) Chia et H. L. Fung var. *amoenus* (Q. H. Dai et C. F. Huang) Hsueh et D. Z. Li in J. Bamb. Res. 8(1): 39. 1989; Bamboos in Guangxi and cultivation,76.pl.41-3. 1987. ——*Sinocalamus minor* McClure var. *amoenus* Q. H. Dai et C. F. Huang in Act. Phytotax. Sin.19(2): 261. 1981.

Characteristics: culms short, 5-8 m tall, 4-6 cm in diameter, internodes light yellow with 5-8 dark green stripes.

Use: this bamboo can be planted for ecological construction and cultivated in yards and gardens for ornamentation.

Distribution: China (hilly and low-mountain limestone areas in southern of Guangxi, Xiamen of Fujian Province).

(7) *Dendrocalamus strictus* (Roxb.) Nees

Culms 17 m tall, 10 cm in diameter; internodes 30-45 cm long, with thin white powder initially, culm-walls 2 cm thick, basal internodes solid; basal intranodes with aerial roots. Branching from the lower nodes, branches many, dominant branches 3, the upper curved and pendulous. Culm-sheaths deciduous, with golden brown small setae abaxially, apex arched, margins with brown cilia; auricles absent or tiny; ligules 1-3 mm tall, margin lobed; blades erect, triangular, the base as wide as the top of culm-sheath, with pubescence on both surfaces, especially dense at the adaxial surface. Leaves 5-13 per branchlet; sheaths with pubescence initially; auricles absent or tiny, oral setae several, easily deciduous; ligules short, margin lobed; blades 5-30 cm, 1-3 cm wide, with pubescence abaxially, margins serrate, secondary veins 3-6 pairs, transverse veins absent. Flowering branches leafless, internode 3.5-5.0 cm long, terete, glabrous, pseudospikelets globose on each node, including many small and sterile ones, pseudospikelet clusters 2.5-5.0 cm in diameter; pseudospikelets 8-15 mm long, 2.5-5.0 mm wide, usually with pubescence, florets 2-4, the upper floret usually sterile; glumes 2 or more, ovate, 6-8 mm long, with several veins, apex acute; lemma also ovate, 9-10 mm long, 8 mm wide, veins 18, apex acute, 1-3 mm long; palea narrow ovate or obovate, 8-9 mm long, apex bifid, keels 2 on the back of the lower florets, densely ciliate on the keels, veins 2 between the keels, and the palea of the upper floret round and without keels, usually nearly glabrous, veins 6-8; stamens long when mature, filaments slender, 8 mm long,anthers yellow, 5 mm long, apex acute; ovary gyroscopic, 1-2 mm long, petiolate, upper hairy, style 6.5 mm long, stigma single, purple, plumose. Fruit ovate to almost spherical, 6-8 mm long, 3-4 mm in diameter, brown, lustrous, upper hairy, beaked at the top, peel leather, shell-like.

1) *Dendrocalamus* 'Strictus' (original cultivar)

Local names: Yindu Shizhu; Bans (India); Karail (Bangladesh); Mn-wa(Myanmar); Buloh batu (Malaysia); Phai-sang (Thailand); Male Bamboo, Calcutta Bamboo (UK)

Synonyms: *Arundo hexandra*

Bambusa glomera

Bambusa hexandra

Bambusa pubescens

Bambusa stricta

Bambusa tanaea

Bambusa verticillata

Dendrocalamus prainiana

Dendrocalamus strictus var. *prainiana*

Nastus strictus

Citations: *Dendrocalamus strictus* (Roxb.) Nees in Linnaea 9(4): 476. 1834; Munro in Trans. Linn. Soc. 26: 147. 1868; Kurz. For. Fl. Brit. Burma 2: 558. 1877; Gamble in Ann. Roy. Bot. Gard. Calcutta 7: 78. pl. 68, 69. 1896, et in Hook. f., Fl. Brit. Ind. 7: 404. 1897; Brandis, Ind. Trees 675. 1906; E. G. Camus, Bambus. 147. 1913; E. G. et A. Camus in Lecomte, Fl. Gen. Ind. Chin. 7: 626. 1923; Holttum in Gard. Bull. Singapore 16: 98. 1958; Flora Illustr. Plant. Prima. Sinica. Gramineae, 77. 1959, excl. spec. Yunnan. et figura no. 53; Fl. Taiwen 5: 776. pl. 1517. 1978; W. T. Lin in Act. Phytotax. Sin. 18(3): 308. 1980; Bamboos in Guangxi and cultivation, 69. pl. 38. 1987; 中国竹谱 48. 1988; Hsueh et D. Z. Li in J. Bamb. Res. 7(4): 1. 1988; P. C. M. Jansen et S. Duriyaprapan in S. Dransfield et E. A. Widjaja in Pl. Resources S. E. Asia 7: 97. 1995; D. Ohrnb., The Bamb. World, 291. 1999; Yi et al. in Icon. Bamb. Sin. 215. 2008. ——*D. prainiana* J. C. Varmah et K. N. Bahadur in Lessard et Chouinard Bamb. Res. Asia, 22. 1980. ——*D. strictus* var. *prainiana* Gamble in Ann. Roy. Bot. Gard. Calcutta 7: 80. 1896. ——*Bambos stricta* Roxb., Corom. Pl. 1: 59, Pl. 80. 1798. ——*Bambusa glomera* Royle ex Munro in Trans. Linn. Soc. London 26: 147. 1868. ——*B. hexandra* Roxburgh ex Munro in Trans. Linn. Soc. London 26: 147. 1868. ——*B. pubescens* Loddiges ex Loudon in Hort. Brit. 24. 1830; et in Penny Cycl. 3: 357. 1835. ——*B. stricta* (Roxburgh) Roxburgh in Hort. Beng., 25. 1814. ——*B. tanaea* Buchanan-Hamilton in Cat. 118.1822 ——*B. verticillata* Rottler in ined., ex Munro in Trans. Linn. Soc. London 26: 147. 1868. ——*Arundo hexandra* Roxburgh ex Munro in Trans. Linn. Soc. London 26: 147. 1868. ——*Nastus strictus* (Roxburgh) Smith in Rees.n.2.1819.

Characteristics: the same with *Dendrocalamus strictus* (Roxb.) Nees.

Use: culms can be used for buildings and paper making, the most widely used cultivar in India.

Distribution: China (Guangdong, Taiwan); India; Bangladesh; Myanmar; Indonesia; Singapore; Malaysia; Thailand.

2) *Dendrocalamus strictus* 'Argenteus'

Synonyms: *Bambusa stricta*

Dendrocalamus strictus var. *argenteus*

Citations: *Dendrocalamus strictus* 'Argenteus', D. Ohrnb., The Bamb. World, 291. 1999; ——*D. strictus* var. *argenteus* J. C. Varmah et K. N. Bahadur in Lessard et Chouinard in Bamb. Res. Asia 22.1980; McClure ex Bahadur app. Bahadur et S. Jain in Indian J. For. 4(4): 284. 1981. ——*Bambusa stricta* var. *argentea* A. Rivière ap. A. et C. Rivière in Bull. Soc. Acclim. sér. 3, 5, 1878: 681.

Characteristics: culm-sheaths with dark green and yellowish longitudinal stripes; leaves with narrow silver-white stripes.

Use: culms can be used for buildings and paper making. This bamboo can be planted in yards and gardens for ornamentation.

Distribution: India.

(8) *Dendrocalamus tsiangii* (McClure) Chia et H. L. Fung

Rhizomes sympodium. Culms caespitose, 7-15 m tall, 4-8 cm in diameter, the top pendulous; internodes 25-30 (40) cm long, terete, with shallow grooves, white powdery initially, and with a ring of grey or light yellow tomenta below sheath-nodes, culm-walls 0.3-0.7 cm thick; sheath-nodes with yellow brown setae initially; the lower intranodes with grey orlight yellow tomenta. Branching from the upper nodes, branches many, dominant branches inconspicuous. Culm-sheaths tardily deciduous, with dense brown black setae abaxially, margins ciliate initially; auricles and oral setae absent; ligules 2-3 mm tall, margin setae 2-9 mm; blades reflexed and pendulous, lanceolate or linear lanceolate, 2.5-8.0 cm long, 0.5-1.1 cm wide, short setose adaxially, the base slightly narrowed. Leaves 3-7 (11) per branchlet; auricles and oral setae absent; ligules 0.5-1.0 mm tall, margin serrate;

blades (6) 8-12 (24) cm long, (0.8) 1.2-1.8 (2.8) cm wide, glabrous, secondary veins (4) 5-6 (7) pairs, transverse veins inprominent, margins serrate.

1) *Dendrocalamus* 'Tsiangii' (original cultivars)

Local names: Diaoyuzhu

Synonyms: *Lingnania tsiangii*

Citations: *Dendrocalamus* 'Tsiangii', Keng et Wang in Flora Reip. Pop. Sin. 9(1): 177. 1996; Shi et al. in World Bamb. Ratt. 14(6): 28. 2016. ——*D. tsiangii* (McClure) Chia et H. L. Fung in Act. Phytotax. Sin. 18(2): 216. 1980; Hsueh et D. Z. Li in J. Bamb. Res. 8(1): 37. 1989; Yi in J. Bamb. Res. 10(1): 34, fig. 3. 1991; D. Ohrnb., The Bamb. World, 292. 1999; Yi et al. in Icon. Bamb. Sin. 217. 2008, et in Clav. Gen. Spec. Bamb. Sin. 62. 2009. ——*Lingnania tsiangii* McClure in Sunyatsenia 6(1): 41. 1941; Bamboo management ,48. 1957. Bamboo management (revised), 67. 1965.

Characteristics: the same with *Dendrocalamus tsiangii* (McClure) Chia et H. L. Fung.

Use: bamboo shoots are edible. Culms can be used for weaving and as scaffolds.

Distribution: China (Chongqing, Sichuan, Guizhou).

2) *Dendrocalamus tsiangii* 'Striatus'

Synonyms: *Dendrocalamus tsiangii* f. *striatus*

Citations: *Dendrocalamus tsiangii* 'Striatus', Shi et al. in World Bamb. Ratt. 14(6): 28. 2016. ——*D. tsiangii* (McClure) Chia et H. L. Fung f. *striatus* (Yi et H. R. Qi) Yi et H. R. Qi in J. Bamb. Res. 10(1): 34. 1991; D. Ohrnb., The Bamb. World, 292. 1999; Yi et al. in Icon. Bamb. Sin. 218. 2008, et in Clav. Gen. Spec. Bamb. Sin. 62. 2009.

Characteristics: culms green, and the basal internodes with light yellow longitudinal stripes. Culm-sheaths and the leaves also with light yellow longitudinal stripes.

Use: bamboo shoots are edible. Culms can be used for weaving and as scaffolds. This bamboo can be planted in yards and gardens for ornamentation.

Distribution: China (Liangping in Chongqing).

3) *Dendrocalamus tsiangii* 'Viridistriatus'

Synonyms: *Dendrocalamus tsiangii* f. *viridistriatus*

Citations: *Dendrocalamus tsiangii* 'Viridistriatus', Keng et Wang in Flora Reip. Pop. Sin. 9(1): 177. 1996; Shi et al. in World Bamb. Ratt. 14(6): 28. 2016.—— *D. tsiangii* (McClure) Chia et H. L. Fung f. *viridistriatus* X. H. Song ex Hsueh et D. Z. Li in J. Bamb. Res. 8(1): 37. 1989; D. Ohrnb., The Bamb. World, 292. 1999; Yi et al. in Icon. Bamb. Sin. 218. 2008, et in Clav. Gen. Spec. Bamb. Sin. 62. 2009.

Characteristics: internodes of culms light yellow, with green longitudinal stripes.

Use: bamboo shoots are edible. Culms can be used for weaving and as scaffolds. This bamboo can be planted in yards and gardens for ornamentation.

Distribution: China (Libo in Guizhou).

2.4 *Phyllostachys* Sieb. et Zucc.

(1) *Phyllostachys angusta* McClure

Culms 8 m tall, 4 cm in diameter; internodes 26 cm long, with thin white powder initially, culm-walls 3 mm thick; culm-nodes prominent, as tall as sheath-nodes. Culm-sheaths milky white or yellowish green abaxially, with purple longitudinal stripes and sparse small brown spots, margin with cilia; auricles and oral setae absent; ligules truncate or prominent, yellow green, margin ciliate, 5 mm long; blades spreading or reflexed, flat, light green, milky yellow or sometimes purple. Leaves 2-3 per branchlet; auricles and oral setae absent, sometimes oral setae present; ligules yellow green; blades 5-17 cm long, 1.2-2.0 cm wide, the base with pubescence abaxially. Shooting at the end of April.

1) *Phyllostachys* 'Angusta' (original cultivars)

Synonyms: *Phyllostachys angusta* f. *angusta*

Citations: *Phyllostachys angusta* McClure in J. Wash. Acad. Sci. 35(9): 278. f. 1. 1945, et in Agr. Handb. USDA No. 114: 12. ff. 4, 5. 1957; Flora of East China

Gramineae, 305. pl. 327. 1962; Flora of Jiangsu (Ⅰ), 157. pl. 245. 1977; Keng et Wang in Flora Reip. Pop. Sin. 9(1): 265. 1996; D. Ohrnb., The Bamb. World, 194. 1999; Yi et al. in Icon. Bamb. Sin. 312. 2008, et in Clav. Gen. Spec. Bamb. Sin. 93. 2009. ——*P. angusta* McClure f. *angusta* Ma et al. The Genus *Phyllostachys* in China. 72. 2014.

Characteristics: the same with *Phyllostachys angusta* McClure.

Use: bamboo shoots are edible. Culms can be used for weaving.

Distribution: China (Henan, Jiangsu, Zhejiang); introduced into the United States.

2) *Phyllostachys angusta* 'Aureovariega'

Citations: *Phyllostachys angusta* 'Aureovariega', J. Vandooren in Belgian Bamb. Soc. Newsl. no. 11. 43.1995, epithet not established (ICNCP 1995, art. 177.9); D. Ohrnb., The Bamb. World, 195. 1999.

Characteristics: similar to the characteristics of *Phyllostachys angusta* McClure, the difference is the blades with yellow stripes.

Use: the same with *Phyllostachys angusta* McClure, with more ornamental value.

Distribution: Belgium.

3) *Phyllostachys angusta* 'Flavosulcata'

Synonyms: *Phyllostachys angusta* f. *flavosulcata*

Citations: *Phyllostachys angusta* McClure f. *flavosulcata* G. H. Lai in Subtrop. Pl. Sci. 42(1): 56. 2013; Ma et al. The Genus *Phyllostachys* in China. 73. 2014; Yi et al. Icon. Bamb. Sin. Ⅱ . 45. 2017.

Characteristics: the internodes of culms green and the grooves yellow.

Use: the same with *Phyllostachys angusta* McClure, with more ornamental value.

Distribution: China (southern Anhui).

(2) *Phyllostachys arcana* McClure

Caespitose bamboos. Culms 8 m tall, 3 cm in diameter; internodes 20 cm long, with white powder and purple spots initially, nodes purple, culm-walls 2-3 mm thick; culm-nodes prominent, taller than sheath-nodes. Culm-sheaths light green, purple or yellowish green, with purple longitudinal veins, basal culm-sheaths with purple spots, white powdery, setose between veins; auricles and oral setae absent; ligules prominent, light purple or yellowish green, 4-8 mm tall, apex lobed, margin with short cilia; blades reflexed, flat, green, with purple longitudinal veins. Leaves 2-3 per branchlet; ligules arched, prominent; blades 7-11 cm long, 1.2-1.5 cm wide, glabrous abaxially or the base with long pubescence. Shooting in April.

1) *Phyllostachys* 'Arcana' (original cultivars)

Synonyms: *Phyllostachys arcana* f. *arcana*

Citations: *Phyllostachys* 'Arcana', Keng et Wang in Flora Reip. Pop. Sin. 9(1): 260. 1996. ——*P. arcana* McClure in J. Wash. Acad. Sci. 35; 280. 1945, et in Agr. Handb. USDA No. 114: 13. 1957 Flora of East China Gramineae,305. pl.328, 1962; Flora of Jiangsu (Ⅰ),157.pl.247. 1977; Icon. Arbor. Yunnani. (Ⅲ), 1458, pl.686. 1991; D. Ohrnb., The Bamb. World, 195. 1999; Yi et al. in Icon. Bamb. Sin. 313. 2008, et in Clav. Gen. Spec. Bamb. Sin. 91. 2009. ——*P. arcana* f. *arcana*, Ma et al. The Genus *Phyllostachys* in China. 74. 2014.

Characteristics: similar to the characteristics of *Phyllostachys arcana* McClure.

Use: bamboo shoots are edible; culms are usually used for poles and handles.

Distribution: China (the provinces in the basin of Yellow River and Yangtze River); the United States, France have introduced cultivation.

2) *Phyllostachys arcana* 'Luteosulcata'

Synonyms: *Phyllostachys arcana* f. *luteosulcata*

Phyllostachys arcana 'Yellowstone'

Citations: *Phyllostachys arcana* 'Luteosulcata', J. P. Demoly in Bamb. Assoc. Europ. Bamb. EBS Sect. Fr. no. 8: 23. 1991; Keng et Wang in Flora Reip. Pop. Sin. 9(1): 260. 1996; J. Y. Shi in Int. Cul. Regist. Rep. Bamb. (2013-2014): 23. 2015; Amer. Bamb. Soc. in Bamb. Species Source List no. 35: 23. 2015. —— *P. arcana* McClure f. *luteosulcata* C. D. Chu et C. S. Chao in Act. Phytotax. Sin. 18(2): 174. 1980; Flora of Jiangsu (Ⅰ), 157. 1977, tantum in Sinice. descr.; Chinese bamboos, 63. 1988; Yi et al. in Icon. Bamb. Sin. 313. 2008, et in Clav.

Gen. Spec. Bamb. Sin. 91. 2009; Ma et al. The Genus *Phyllostachys* in China. 75. 2014. ——*P. arcana* 'Yellowstone', D. Ohrnb., The Bamb. World, 195. 1999.

Characteristics: culm green, grooves yellow.

Use: bamboo shoots are edible; culms are usually used for poles and handles.

Distribution: China (Nanjing, Jiangsu).

(3) *Phyllostachys aurea* Carr. ex A. et C. Riv.

Caespitose bamboos. Culms 5-12 m tall, 2-5 cm in diameter; internodes 15-30 cm long, with white powder initially, basal or sometimes middle internodes extremely shortened, the upper part of the middle and lower normal internodes also swollen, culm-walls 4-8 mm thick; sheath-nodes with short pubescence initially; culm-nodes prominent, as tall as sheath-nodes, or taller than sheath-nodes. Culm-sheaths yellow-green or light brown-yellow with purple, and with brown patches and spots, the base with short pubescence; auricles and oral setae absent; ligules truncate or arched, light yellow-green, margin with long cilia; blades reflexed or recurved, narrowly triangular, the lower crinkled, green, the edges yellow. Leaves 2-3 per branchlet, auricles and oral setae deciduous or absent; blades 6-12 cm long, 1.0-1.8 cm wide, glabrous or hairy abaxially. Flowering branches spicate, 3-8 cm long; spathes 5-7, reduced leaf ovate or narrow lanceolate, pseudospikelets 1-3 axillary to each spathe; florets 1-4 per pseudospikelet; rachilla glabrous; glumes 0-2; lemma similar to the glume, but longer, densely pubescent near the margin, many veined; palea equal to lemma or shorter, veins 2-3 between keels, veins 2-5 outside each keel; lodicules 3, pubescent, 3.5-5.0 mm long; stamens 3, filaments free, anthers 10-12 mm long; stigmas 2, plumose. Caryopsis linear lanceolate. Shooting in May.

1) *Phyllostachys* 'Aurea' (original cultivars)

Local names: Renmianzhu

Synonyms: *Phyllostachys bambusoides* var. *aurea*
Phyllostachys aurea f. *aurea*
Phyllostachys formosana
Phyllostachys reticulata var. *aurea*

Citations: *Phyllostachys aurea* 'Aurea', J. P. Demoly in Bamb. Assoc. Europ. Bamb. EBS Sect. Fr. no. 8: 22. 1991. ——*P. aurea* Carr. ex A. et C. Riv. in Bull. Soc. Acclim. Ill. 5: 716. 1878; McClure in Agr. Handb. USDA No. 114: 15. 1957; Flora of Jiangsu (Ⅰ),160.pl.255. 1977; Fl. Taiwan 5: 723. pl. 1489. 1978; S. Suzuki Ind. Jap. Bambusac. 14 (f. 2-1), 72, 73 (pl. 2), 336. 1978; Bamboos in Hongkong ,67. 1985; Bamboos in Guangxi and cultivation, 125. pl.66. 1987; Chinese bamboos ,64. 1988; Icon. Arbor. Yunnani. (Ⅲ), 1483, pl.683. 1991; Keng et Wang in Flora Reip. Pop. Sin. 9(1): 255. 1996; D. Ohrnb., The Bamb. World, 196. 1999; Yi et al. in Icon. Bamb. Sin. 314. 2008, et in Clav. Gen. Spec. Bamb. Sin. 90. 2009; Ma et al. The Genus *Phyllostachys* in China. 75. 2014. ——*P. aurea* f. *aurea* D. Ohrnb., The Bamb. World, 197. 1999; Ma et al. The Genus *Phyllostachys* in China. 76. 2014. ——*P. bambusoides* Sieb. et Zucc. var. *aurea* (Carr. ex A. et C. Riv.) Makino in Bot. Mag. Tokyo 11: 158. 1897, et in ibid. 14: 64. 1900; Flora Illustr. Plant. Prima. Sinica. Gramineae. 120. pl.71.1959. ——*P. reticulata* (Rupr.) K. Koch. var. *aurea* Makino in 1. c. 26: 22. 1912. ——*P. formosana* Hayata, Icon. Pl. Form. 6: 140. 1916, et in ibid. 7: 95. 1918.

Characteristics: the same with *Phyllostachys aurea* Carr. ex A. et C. Riv.

Use: the bamboo shoots are delicious. This cultivar can be cultivated in yards and gardens for ornamentation.

Distribution: China (provinces in south of the Yellow River Basin); introduced and cultivated in Japan.

2) *Phyllostachys aurea* 'Flavescens-inversa'

Local names: Huangcaorenmianzhu；Ginmei-hotei (Japan)

Synonyms: *Phyllostachys aurea* f. *flavescens-inversa*

Phyllostachys aurea f. *altemato-lutescens*

Phyllostachys aurea var. *flavescens-inversa*

Phyllostachys bambusoides var. *aurea* f. *altematolutescens*

Phyllostachys reticulata var. *aurea* f. *altemato-lutescens*

Citations: *Phyllostachys aurea* 'Flavescens-inversa', Hatusima in Woody

Pl. Jap. 593.1976; D. Ohrnb., The Bamb. World, 196. 1999; Amer. Bamb. Soc. in Bamb. Species Source List no. 35: 24. 2015. ——*P. aurea* Carr. ex A. et C. Riv. f. *flavescens-inversa* (H. de Lehaie) Muroi in Sugimoto, New Keys Jap. Tr. 465. 1961; Ma et al. The Genus *Phyllostachys* in China. 77. 2014; Yi et al. Icon. Bamb. Sin. Ⅱ. 46. 2017. ——*P. aurea* f. *flavescens-inversa* (Heau de Lehaie) Muroi in Sugimoto, New Keys Jap. Tr. 465.1961. ——*P. aurea* var. *flavescens-inversa* (Houzeau de Lehaie) Nakai in J. Jap. Bot. 9(1): 20. 1933. ——*P. bambusoides* var. *aurea* f. *altematolutescens* Makino ex Tsuboi in Illus. Jap. Sp. Bamb. 9. pl.7. 1916. ——*P. reticulata* var. *aurea* f. *altemato-lutescens* (Makino ex Tsuboi) Makino et Nemoto in Fl. Jap. 2nd Ed. 1376.1931.

Characteristics: culms green and the grooves yellow. Several leaves with yellow longitudinal stripes.

Use: build a bamboo planting garden, and cultivated in yards and gardens for ornamentation.

Distribution: China (Zhejiang); Japan; cultivated in Europe and the United States.

3) *Phyllostachys aurea* 'Holochrysa'

Local names: Jinhuangrenmianzhu

Synonyms: *Phyllostachys aurea* f. *holochrysa*

Citations: *Phyllostachys aurea* 'Holochrysa', Amer. Bamb. Soc. in Bamb. Species Source List no. 35: 24. 2015. ——*P. aurea* Carr. ex A. et C. Riv. f. *holochrysa* Muroi et Kasahara, J. Himeji Gakuin Wom. Jun. Coll. (1): 3. 1974; Ma et al. The Genus *Phyllostachys* in China. 77. 2014; Yi et al. in Icon. Bamb. Sin. Ⅱ. 46. 2017.

Characteristics: culms yellow-green, gradually yellow, with occasional light green longitudinal stripes at the basal internodes.

Use: this bamboo can be cultivated in yards and gardens for ornamentation.

Distribution: China (Zhejiang); cultivated in Europe, the United States and Japan.

4) *Phyllostachys aurea* 'Kansai'

Local names: Õgon-hotei (Japan)

Synonyms: *Phyllostachys aurea* f. *holochrysa*

Phyllostachys aurea 'Holochrysa'

Citations: *Phyllostachys aurea* 'Kansai', Ohrnberge Bamb. World *Phyllostachys* ed. 3: 15. 1996; D. Ohrnb., The Bamb. World, 196. 1999. ——*P. aurea* f. *holochrysa* Muroi et Kasahara in J. Himeji Gakuin Wom. Coll. no. 3.1974. invalid (without type; ICBN 1994 Art. 37J). ——*P. aurea* 'Holochrysa', Crouzet, Bamb. 68.1981.

Characteristics: Culms 5-9 m tall and 3.0-4.5 cm in diameter; culms yellow occasionally with green longitudinal stripes; a few leaves with narrow white stripes.

Use: this cultivar can be cultivated in yards and gardens for ornamentation.

Distribution: Japan; introduced into Germany, France and the United States.

5) *Phyllostachys aurea* 'Koi'

Local names: Lvcaorenmianzhu

Synonyms: *Phyllostachys aurea* f. *koi*

Citations: *Phyllostachys aurea* 'Koi', M. Hirsh in Europ. Bamb. Net. Newsl. 3: 9. 1986; Ohrnberger in Bamb. World, *Phyllostachys* ed.2. 24. 1987; C. Younge in Bamboepark Schellinkh. 9. 1992; Amer. Bamb. Soc. Newsl. 14(4): 22. 1993; D. Ohrnb., The Bamb. World, 197. 1999; Amer. Bamb. Soc. in Bamb. Species Source List no. 35: 24. 2015. ——*P. aurea* Carr. ex A. et C. Riv. f. *koi* G. H. Lai in Subtrop. pl. Sci. 42(1): 56. 2013; Ma et al. The Genus *Phyllostachys* in China. 78. 2014; Yi et al. Icon. Bamb. Sin. Ⅱ. 46. 2017.

Characteristics: culms yellow and the grooves green. Some leaves with milky white or light yellow stripes.

Use: this bamboo can be cultivated in yards and gardens for ornamentation.

Distribution: The United States of America; China (cultivated in Zhejiang and Sichuan); introduced into Europe and Japan.

6) *Phyllostachys aurea* 'Takemurai'

Local names: Usan-chiku (Japan)

Synonyms: *Phylloschys aurea* f. *takemurai*

Phylloschys aurea var. *takemurae*

Phyllostachys takemurai

Citations: *Phyllostachys aurea* 'Takemurai', Muroi et H. Hamada ex H. Okamura et Y. Tanaka, Hort. Bamb. Sp. Jap.24.1986; Amer. Bamb. Soc. in Bamb. Species Source List no. 35: 24. 2015. ——*P. aurea* f. *takemurai* Muroi et H. Hamada ex H. Okamura et Y. Tanak, Hort. Bamb. Sp. Jap. 24.1986; H. Okamura et al., Ill. Hort. Bamb. Sp. Jap. 347.1991. ——*P. aurea* var. *takemurae* Muroi ex Hatusima, Woody Pl. Jap. 593.1976. ——*P. takemurai* Muroi in Sugimoto, New Keys Jap. Tr. rev. ed. 68.1965.

Characteristics: the internode of culms gray-white, with dark halo.

Use: this cultivar can be cultivated in yards and gardens for ornamentation.

Distribution: Japan (Kyushu to Kagoshima); introduced into France, Germany and the United States.

(4) *Phyllostachys aureosulcata* McClure

Culms 9 m tall,4 cm in diameter, basal 2-3 nodes a little zigzag on the small culms; internodes 39 cm long, grooves yellow, with white powder and pubescence initially; culm-nodes taller than sheath-nodes. Culm-sheaths purple-green, usually with light yellow stripes, brown spots or not, and thin white powdery abaxially; the base of blades extened to be auricles, light yellow with purple or purple brown, oral setae present; ligules truncate or arched, purple, margin with short cilia; blades erect or recurved, light green yellow or purple green, triangular or triangular lanceolate, flat or wavy. Leaves 2-3 per branchlet; auricles tiny or absent, oral setae short; blades 12 cm long, 1.4 cm wide. Flowering branches spicate, 8.5 cm long, with 4 gradually enlarged scaly bracts at the base; spathes 4 or 5, glabrous or with sparse pubescence, auricles and oral setae absent, rduced leaves subulate, with 5-7 pseudospikelets in each spathes, except the lowest one. Florets 1 or 2 per pseudospikelet; rachilla hairy; glumes 1 or 2, keeled; lemma 15-19 cm long, pubescent at middle and upper part; palea slightly shorter than lemma, pubescent at the upper part; lodicules 3.5 mm long, margins ciliate; anthers 6-8 mm long; stigmas 3, plumose. Shooting from mid-April to early May. Flowering from May to June.

1) *Phyllostachys* 'Aureosulcata' (original cultivars)

Local names: Rauher Gelbrinnen-Bambus (Germany)

Synonyms: *Phyllostachys aureosulcata* 'Aureosulcata'

Phyllostachys aureosulcata f. *aureosulcata*

Citations: *Phyllostachys* 'Aureosulcata', Keng et Wang in Flora Reip. Pop. Sin. 9(1): 283. 1996. ——*P. aureosulcata* 'Aurcosulcata', J. P. Demoly in Bamb. Assoc. Europ. Bamb. EBS Sect. Fr. no. 8: 23. 1991; Amer. Bamb. Soc. in Bamb. Species Source List no. 35: 24. 2015. ——*P. aureosulcata* McClure in J. Wash. Acad. Sci. 35: 282. 1945, et in Agr. Handb. USDA No. 114. 18. 1957. Z. P. Wang et al. in Act. Phytotax. Sin. 18(2): 180. 1980; D. Ohrnb., The Bamb. World, 198. 1999; Yi et al. in Icon. Bamb. Sin. 315. 2008, et in Clav. Gen. Spec. Bamb. Sin. 101. 2009. ——*P. aureosulcata* f. *aureosulcata*, D. Ohrnb., The Bamb. World, 198. 1999; Ma et al. The Genus *Phyllostachys* in China. 78. 2014.

Characteristics: the same with *Phyllostachys aureosulcata* McClure

Use: this bamboo can be planted as ecological shelter forests and landscape virescence.

Distribution: China (Beijing, Jiangsu, Zhejiang, Anhui); introduced into Europe and United States.

2) *Phyllostachys aureosulcata* 'Aureocaulis'

Local names: Goldener Peking-Bambus(Germany)

Synonyms: *Phyllostachys aureosulcata* f. *aureocaulis*

Citations: *Phyllostachys aureosulcata* 'Aureocarlis', Keng et Wang in Flora Reip. Pop. Sin. 9(1): 286. 1996; Amer. Bamb. Soc. in Bamb. Species Source List no. 35: 24. 2015. ——*P. aureosulcata* McClure f. *aureocaulis* Z. P. Wang et N. X. Ma in J. Nanjing Univ. (Nat. Sci. ed.) (3): 493. 1983; D. Ohrnb., The Bamb. World, 199. 1999; Yi et al. in Icon. Bamb. Sin. 315. 2008, et in Clav. Gen. Spec. Bamb. Sin. 102. 2009; Ma et al. The Genus *Phyllostachys* in China. 80. 2014.

Characteristics: culms yellow, or green longitudinal stripes present at the basal 1 or 2 internodes, and sometimes leaves with light yellow stripes.

Use: culms are colorful, and this bamboo can be cultivated in yards and gardens for ornamentation.

Distribution: China (Jiangsu, Zhejiang, Beijing); introduced into United States and Germany.

3) *Phyllostachys aureosulcata* 'Flavostriata'

Synonyms: *Phyllostachys aureosulcata* f. *flavostriata*

Citations: *Phyllostachys aureosulcata* 'Flavostriata', Amer. Bamb. Soc. in Bamb. Species Source List no. 35: 24. 2015; J. Y. Shi in Int. Cul. Regist. Rep. Bamb. (2013-2014): 23. 2015. ——*P. aureosulcata* McClure f. *flavostriata* S. J. Zhao in J. Bamb. Res. 25(3): 14. 2006; Yi et al. in Icon. Bamb. Sin. 316. 2008, et in Clav. Gen. Spec. Bamb. Sin. 101. 2009; Ma et al. The Genus *Phyllostachys* in China. 80. 2014.

Characteristics: culms green, with golden longitudinal stripes.

Use: culms are colorful, and this bamboo can be cultivated in yards and gardens for ornamentation.

Distribution: China (Lianyungang in Jiangsu).

4) *Phyllostachys aureosulcata* 'Harbin'

Synonyms: *Phyllostachys aureosulcata* 'Harbin Inversa'

Citations: *Phyllostachys aureosulcata* 'Harbin', C. DeRosa in Amer. Bamb. Soc. Newsl. 12(1): 2. 1991; D. Ohrnb., The Bamb. World, 198. 1999; Amer. Bamb. Soc. in Bamb. Species Source List no. 35: 24. 2015. ——*P. aureosulcata* 'Harbin Inversa', Amer. Bamb. Soc. in Bamb. Species Source List no. 35: 24. 2015.

Characteristics: culms light yellow, with green longitudinal stripes. Old culms red-brown after exposed to sunlight.

Use: this cultivar can be cultivated in yards and gardens for ornamentation.

Distribution: China; introducted and cultivated in Europe and America.

5) *Phyllostachys aureosulcata* 'Pekinensis'

Local names: Peking-Bambus (Germany)

Synonyms: *Phyllostachys aureosulcata* 'Alata'

Phyllostachys aureosulcata f. *pekinensis*

Phyllostachys aureosulcata f. *alata*

Citations: *Phyllostachys aureosulcata* 'Pekinensis', Keng et Wang in Flora Reip. Pop. Sin. 9(1): 285. 1996; Amer. Bamb. Soc. in Bamb. Species Source List no. 35: 24. 2015. ——*P. aureosulcata* McClure f. *pekinensis* J. L. Lu in J. Henan Agr. Coll. (2): 71. 1981; Wen in Bull. Bot. Res. 2(1): 77. 1982; D. Ohrnb., The Bamb. World, 198. 1999; Yi et al. in Icon. Bamb. Sin. 316. 2008, et in Clav. Gen. Spec. Bamb. Sin. 101. 2009; Ma et al. The Genus *Phyllostachys* in China. 81. 2014. ——*P. aureosulcata* f. *alata* Wen in J. Bamb. Res. 2(1): 72. 1983. ——*P. aureosulcata* 'Alata', J. P. Demoly in Bamb. Assoc. Europ. Bamb. EBS Sect. Fr. no. 8: 23. 1991; Amer. Bamb. Soc. in Bamb. Species Source List no. 35: 24. 2015.

Characteristics: culms green, without yellow longitudinal stripes.

Use: this bamboo can be cultivated in yards and gardens for ornamentation. Bamboo shoots are edible.

Distribution: China (Beijing, Jiangsu, Zhejiang, Henan); introduced into Europe and the United States.

6) *Phyllostachys aureosulcata* 'Spectabilis'

Local names: Spectabil-Bambus (Germany)

Synonyms: *Phyllostachys aureosulcata* f. *spectabilis*

Phyllostachys aureosulcata 'Spectabilis'

Phyllostachys spectabilis

Citations: *Phyllostachys aureosulcata* 'Spectabilis', New Roy. Hort. Soc. Dict. Gard. 3: 564. 1992; C. Younge, Bamboepark Schellinkh.10.1992; Keng et Wang in Flora Reip. Pop. Sin. 9(1): 285. 1996; Amer. Bamb. Soc. in Bamb. Species Source List no. 35: 24. 2015; J. Y. Shi in Int. Cul. Regist. Rep. Bamb. (2013-2014): 23. 2015. ——*P. spectabilis* C. D. Chu et C. S. Chao in Acta Phytotax. Sin. 18(2):180. 1980; Flora of Jiangsu (Ⅰ), 160. pl.256, (tandum in Sinice. descr.). ——*P. aureosulcata* McClure f. *spectabilis* C. D. Chu et C. S. Chao in Act. Phytotax. Sin. 18(2): 180. 1980; Chinese bamboos, 65. 1988; Yi et al. in Icon. Bamb. Sin. 316. 2008, et in Clav. Gen.Spec. Bamb. Sin. 102. 2009; Ma et al. The Genus *Phyllostachys* in China. 81. 2014.

Characteristics: culms golden, but the grooves green.

Use: this bamboo can be cultivated in yards and gardens for ornamentation. Bamboo shoots are edible.

Distribution: China (introduced and cultivated in Beijing, Jiangsu, Zhejiang and Sichuan).

7) *Phyllostachys aureosulcata* 'Vittata'

Local names: Shima-hotei, Fuiri-hotei (Japan)

Synonyms: *Phyllostachys aureosulcata* 'Alata albovariegata'
Phyllostachys aureosulcata f. *vittata*

Citations: *Phyllostachys aureosulcata* 'Vittata', Shi in Int. Cul. Regist. Rep. Bamb. (2013-2014): 23. 2015. ——*P. aureosulcata* McClure f. *vittata* X. Y. Zeng in J. Bamb. Res. 24(4): 13. 2005; Yi et al. in Icon. Bamb. Sin. 317. 2008, et in Clav. Gen.Spec. Bamb. Sin. 102. 2009; Ma et al. The Genus *Phyllostachys* in China. 82. 2014. ——*P. aureosulcata* 'Alata albovariegata', J. V. d. Palen, Bamboelijst, 1995.

Characteristics: culms green and the leaves green with white or yellow stripes.

Use: this bamboo can be cultivated in yards and gardens for ornamentation.

Distribution: China (Hangzhou in Zhejiang); introduced into Japan, Germany and United States.

(5) *Phyllostachys bambusoides* Sieb. et Zucc.

Culms 20 m tall, 15 cm in diameter; internodes 40 cm long, bright green initially, glabrous, no powder, sometimes with a ring of powder below nodes, culm-walls 5 mm thick; culm-nodes taller than sheath-nodes. Culm-sheaths yellowish-brown abaxially, sometimes green or purple, with dense purple-brown patches, small spots and veins, sparsely brown setose; auricles purple-brown, falcate, sometimes absent, oral setae present; ligules arched, light brown or greenish, margin with cilia; blades reflexed, band-shaped, flat or apex a little crinkled, the lateral part purple, margins yellow. Leaves 2-4 per branchlet; auricles semicircular, oral setae radiate; ligules protruding; blades 5.5-15 cm long, 1.5-

2.5 cm wide. Flowering branches spicate, 5-8 cm long, occasionally 10 cm long, with 3-5 gradually enlarged scaly bracts at the base; spathes 6-8, auricles tiny or nearly absent, oral setae usually present, short, reduced leaves ovate to linear lanceolate, round at the base and awn-shaped at the top. Each spathe with one or sometimes two pseudospikelets, the basal 1-3.0 spathes without pseudospikelets and deciduous. Pseudospikelets lanceolate, 2.5-3.0 cm long, florets 1 or 2 (3); rachilla extending to the back of the uppermost fertile palea, degenerated florets usually present at the apex, internodes pubescent except for the needle-like extension; glume 1 or absent; lemma 2-2.5 cm long, sparsely hairy, apex gradually acute, awnlike; palea slightly shorter than lemma, except for two keels, the abaxial glabrous or the apex hairy; lodicules long elliptic, 3.5-4.0 mm long, anthers 11-14 mm long; style long, stigmas 3, plumose. Shooting at the end of May.

1) *Phyllostachys* 'Bambusoides' (original cultivars)

Local names: Banzhu, Wuyuejizhhu; Madake (Japan); Bambou vrai (France)

Synonyms: *Phyllostachys bambusoides* f. *bambusoides*

Phyllostachys bambusoides f. *xitchiku*

Phyllostachys reticulata

Citations: *Phyllostachys bambusoides* Sieb. et Zucc. f. *bambusoides*, Keng et Wang in Flora Reip. Pop. Sin. 9(1): 292. 1996.——*P. bambusoides* Sieb. et Zucc. in Abh. Akad. Munchen. 3: 746. 1843 [1844?]; Munro in Trans. Linn Soc. 26: 36. 1868; Gamble in Ann. Bot. Gard. Culcutta 7: 27. pl. 27. 1896; McClure in Agr. Handb. USDA No. 114:20. ff. 12, 13. 1957; Flora Illustr. Plant. Prima. Sinica. Gramineae, 99. pl. 670. 1959; Flora of East China Gramineae, 41. pl. 11. 1962; Flora Tsinlingensis, 1(1): 63. pl. 56. 1976; Flora of Jiangsu (Ⅰ), 153. pl. 234. 1977; Fl. Taiwan. 5: 725. f. 1490. 1878; S. Suzuki Ind. Jap. Bambusac. 13 (f. 3-1, 2.), 74, 75 (pl. 13), 336. 1978; Bamboos in Hongkong, 68. 1985; Bamboos in Guangxi and cultivation, 118. pl. 62. 1987; Chinese bamboos, 66. 1988; Icon. Arbor. Yunnani. (Ⅲ), 1463, pl. 691. 1991; D. Ohrnb., The Bamb. World, 199. 1999; Yi et al. in Icon. Bamb. Sin. 317. 2008, et in Clav. Gen. Spec. Bamb. Sin. 103. 2009; Ma et al. The Genus *Phyllostachys* in China. 82. 2014. ——*P. bambusoides* f.

xitchiku Makino in Bot. Mag. 14: 63. 1900. ——*P. pinyanensis* Wen in Bull. Bot. Res. 2(1): 67, f. 6. 1982. ——*P. reticulata* auct. non (Rupr.) K. Koch; R. Chen, Illustr. manual of Chinese trees and shrubs, 80. pl. 59. 1937.

Characteristics: the same with *Phyllostachys bambusoides* Sieb. et Zucc.

Use: culms are thick and hard, and can be used as timber. The bamboo shoots are a little bitter. The giant pandas feed on the bamboo sometimes.

Distribution: China (Yellow River Basin and South China); introduced and cultivated in Japan and France.

2) *Phyllostachys bambusoides* 'Albovariegata'

Local names: Huayeguizhu; Shima-hotei, Fuiri-hotei (Japan)

Synonyms: *Phyllostachys aurea* 'Albovariegata'
Phylloschys aurea f. *albovariega*
Phyllostachys aurea 'Variegata'
Phyllostachys bambusoides f. *albovariegata*
Phyllostachys bambusoides var. *aurea* f. *albovariegata*
Phyllostachys reticula var. *aurea* f. *albovariegata*
Phyllostachys reticulata f. *albovariegata*

Citations: *Phyllostachys bambusoides* 'Albovariegata', Hatusima. Woody Pl. Jap. 59.1976. ——*P. bambusoides* Sieb. et Zucc. f. *albovariegata* (Makino) Munoi in Sugimono, New Keys Jap. Tr. 465. 1961; Ma et al. The Genus *Phyllostachys* in China. 84. 2014; Yi et al. Icon. Bamb. Sin. Ⅱ 47. 2017. ——*P. bambusoides* var. *aurea* f. *albovariegata* Makino in J. Jap. Bot. 3(3): 12. 1926. ——*P. reticula* var. *aurea* f. *albovariegata* (Makino) Makino et Nemoto, Fl. Jap.ed.2.1376.1931. ——*P. aurea* f. *albovariega* (Makino) Makino ex Nakai in J. Jap. Bot. 9(1): 20. 1933. ——*P. aurea* 'Albovariegata', Hatusima, Woody Pl. Jap. 593.1976; D. Ohrnb., The Bamb. World, 196. 1999; Amer. Bamb. Soc. in Bamb. Species Source List no. 35: 23. 2015. ——*P. aurea* 'Variegata', D. Crampton in Garden J. Roy. Hort. Soc. 119 (6): 266. 1994. ——*P. reticulata* f. *albovariegata* Makino in Bot. Mag. Tokyo 26: 24. 1912.

Characteristics: culms occasionally with white longitudinal stripes and leaves with white longitudinal stripes.

Use: this bamboo can be cultivated in yards and gardens for ornamentation.

Distribution: Japan; China (introduced and cultivated in Zhejiang).

3) *Phyllostachys bambusoides* 'Castilloni-inversa'

Local names: Biyujianhuangjinzhu; Ginmei-chiku (Japan)

Synonyms: *Phyllostachys bambusoides* 'Castillon Inversa'

Phyllostachys bambusoides 'Castillonis Inversa'

Phyllostachys bambusoides 'Castillonis-inversa-variegata'

Phyllostachys bambusoides f. *castilloni-inversa*

Phyllostachys bambusoldes var. *altemato-lutescens*

Phyllostachys bambusoides var. *castilloni-inversa*

Phyllostachys castillonis var. *inversus*

Phyllostachys reticulata var. *castoni-inversa*

Phyllostachys reticulata var. *altemato-lutescen*

Citations: *Phyllostachys bambusoides* 'Castilloni-inversa', Hatusima Woody Pl. Jap. 593.1976; D. Ohrnb., The Bamb. World, 202. 1999. ——*P. bambusoides* 'Castillon Inversa', Amer. Bamb. Soc. in Bamb. Species Source List no. 35: 25. 2015. ——*P. bambusoides* Sieb. et Zucc. f. *castilloni-inversa*(H. de Lehaie) Muroi in Sugimono, New Keys Jap. Tr. 465. 1961; Ma et al. The Genus *Phyllostachys* in China. 85. 2014; Yi et al. Icon. Bamb. Sin. Ⅱ. 47. 2017. ——*P. bambusoldes* var. *altemato-lutescens*, Makino ex Tsuboi in Illus. Jap. Sp. Bamb. 7.1916. ——*P. reticulata* var. *altemato-lutescens* (Makino ex Tsuboi) Makino et Nemoto fl. Jap. ed.2.1376.1931. ——*P. bambusoides* var. *castilloni-inversa*, Houzeau de Lehaie in Act. Ill. Congr. Int. Bot. Brux. 2: 228. 1912. ——*P. reticulata* var. *castoni-inversa* (Houzeau de Lehaie) Nakai in J. Jap. Bot. 9(1): 34. 1933. ——*P. bambusoides* 'Castillonis Inversa', D. Crampton in Garden J. Roy. Hort. Soc. 119(6): 262. 1994. ——*P. castillonis* var. *inversus*, A. H. Lawson in Bamb. Gard. Guide, 160.1968. ——*P. bambusoides* 'Castillonis-inversa-variegata', Hort. ex Ohrnberger, Bamb. World *Phyllostachys* ed. 3: 32. 1996.

Characteristics: Culms green, but the grooves yellow.

Use: This bamboo can be cultivated in yards and gardens for ornamentation.

Distribution: China (Nanjing, Jiangsu, Yixing); Japan; introduced and cultivated in United States, France and Germany.

4) *Phyllostachys bambusoides* 'Castillonis'

Local names: Huangjinjianbiyuzhu, Huangganlvcaoguizhu; Kinmei-chiku (Japan)

Synonyms: *Bambusa castilloni*

Phyllostachys bambusoides 'Castillon'

Phyllostachys bambusoides 'Castillonis Variegata'

Phyllostachys bambusoides f. *castillonis*

Phyllostachys bambusoides var. *castillonis*

Phyllostachys castillonis

Phyllostachys nigra var. *castillonis*

Citations: *Phyllostachys bambusoides* 'Castillonis', Hatusima, Woody Pl. Jap. 593.1976; D. Ohrnb., The Bamb. World, 201. 1999. ——*P. bambusoides* 'Castillon', Amer. Bamb. Soc. in Bamb. Species Source List no. 35: 25. 2015. ——*P. bambusoides* Sieb. et Zucc. f. *castillonis* (Marl. ex Carr.) Muroi in Sugimoto, New Keys Jap. Tr. 465. 1961; Yi et al. in Icon. Bamb. Sin. 318. 2008, et in Clav. Gen. Spec. Bamb. Sin. 99. 2009; Ma et al. The Genus *Phyllostachys* in China. 84. 2014. ——*P. castillonis* Mitford in Garden 47: 3. 1895; Mitford, Bamb. Gard. 152.1896. ——*P. bambusoides* var. *castillonis* (Mitford) Makino in Bot. Mag. Tokyo 13: 268. 1899. ——*P. bambusoides* 'Castillonis Variegata', J. P. Demoly in Bamb. Assoc. Europ. Bamb. EBS Sect. Fr. no. 8: 23. 1991; T. Grieb Collect. Bamb. Juin 1995. ——*P. nigra* var. *castillonis* (Mitford) Bean in Bull. Misc. Inf. 232.1907. ——*Bambusa castilloni* Marliac ex Carrière in Rev. Hort. 38: 513. 1886.

Characteristics: culms and main branches yellow, but the grooves usually bright green. Sometimes 2 to 3 green longitudinal stripes present outside the groove; leaves with a few light yellow longitudinal stripes.

Use: This bamboo can be cultivated in yards and gardens for ornamentation.

Distribution: China (Anji in Zhejiang, Nanjing in Jiangsu, Zhouzhi in Shaanxi); cultivated in Japan and Europe.

5) *Phyllostachys bambusoides* 'Duihuazhu'

Local names: Bancaoguizhu

Synonyms: *Phyllostachys bambusoides* f. *duihuazhu*

Citations: *Phyllostachys bambusoides* 'Duihuazhu', J. Y. Shi in Int. Cul. Regist. Rep. Bamboos (2013-2014): 23. 2015. ——*P. bambusoides* Sieb. et Zucc. f. *duihuazhu* C. J. Wu in J. Bamb. Res. 25(3): 13. 2006 ex G. H. Lai, Subtrop. Pl. Sci. 42(1): 60. 2013; Yi et al. Icon. Bamb. Sin. 319. 2008, et in Clav. Gen. Spec. Bamb. Sin. 100. 2009; Ma et al. The Genus *Phyllostachys* in China. 85. 2014.

Characteristics: internode grooves with purple-black patches.

Use: culms are thick and hard, and can be used as timber. This bamboo can be planted for ornamentation.

Distribution: China (Boai in Henan, Zhouzhi in Shaanxi).

6) *Phyllostachys bambusoides* 'Geniculata'

Local names: Mutsuore-dake(Japan); Slender Crookstem (UK)

Synonyms: *Phyllostachys bambusoides* 'Slender Crookstem'

Phyllostachys bambusoides f. *geniculata*

Phyllostachys bambusoides f. *zigzag*

Phyllostachys genicuta

Phyllostachys reticulata f. *genicula*

Citations: *Phyllostachys bambusoides* 'Geniculata', Hatusima in Woody Pl. Jap. 594.1976; D. Ohrnb., The Bamb. World, 204. 1999. ——*P. bambusoides* 'Slender Crookstem', McClure in J. Arnold Arbor. 37: 194. 1956. ——*P. bambusoides* f. *geniculata* (Nakai) Muroi in Sugimoto New Keys Jap. Tr. 465.1961. ——*P. bambusoides* f. *zigzag* Muroi; Muroi et H. Okamura in Take Sasa, 1977: 116, 10. ——*P. genicuta* Stover Bamb. Book, 52.1983. ——*P. reticulata* f. *genicula* Nakai in J. Jap. Bot. 9(1): 34. 1933; Nemoto in Fl. Jap. Suppl., 866.1936.

Characteristics: each internode of culms crooked, the adjacent internodes crooked to opposie direction.

Use: this cultivar can be cultivated in yards and gardens for ornamentation.

Distribution: China (Guangdong, Sichuan); introduced into Japan, Europe and United States.

7) *Phyllostachys bambusoides* 'White Crookstem'

Local names: White Crookstem (UK)

Citations: *Phyllostachys bambusoides* 'White Crookstem', McClure in Agr. Handb. US Departm. Agr. 114: 25. 1957; D. Ohrnb., The Bamb. World, 204. 1999.

Characteristics: culms slender, the lower internodes crooked, and the old culms with white powder.

Use: unknown.

Distribution: China (Guangdong); introduced and cultivated in Europe and United States.

8) *Phyllostachys bambusoides* 'Holochrysa'

Local names: Kinmei-chiku(Japan)

Synonyms: *Phyllostachys bambusoides* 'Allgold'

Phyllostachys bambusoides f. *holochrysa*

Phyllostachys bambusoides var. *holochrysa*

Phyllostachys bambusoides 'Sulphurea'

Phyllostachys bambusoides var. *castilloni-holochrysa*

Phyllostachys bambusoides var. *sulphurea*

Phyllostachys castillonis var. *holochrysa*

Phyllostachys quilioi var. *castillonis-holochrysa*

Phyllostachys reticulata var. *holochrysa*

Citations: *Phyllostachys bambusoides* 'Holochrysa', Hatusima in Woody Pl. Jap. 594.1976; D. Ohrnb., The Bamb. World, 202. 1999. ——*P. bambusoides* 'Allgold', McClure in J. Arnold Arbor. 37: 193. 1956; Amer. Bamb. Soc. in Bamb. Species Source List no. 35: 24. 2015. ——*P. bambusoides* 'Sulphurea', Martin et J. P. Demoly in Bull. Assoc. Parcs Bot. France 1, 12. 1979.——*P. bambusoides* var. *holochrysa*, Pfitzer ex Camus Bamb. 57.1913; S. Suzukj index Jap. Bamb. 74, 337. 1978. ——*P. bambusoides* Sieb. et Zucc. f. *holochrysa* (Pfitzer) Muroi in Sugimono, New Keys Jap. Tr. 465. 1961; T. G. Chen in World Bamb. Ratt. 11(3): 11. 2013; Ma et al. The Genus *Phyllostachys* in China. 86. 2014; Yi et al. Icon. Bamb. Sin. Ⅱ 49. 2017. ——*P. bambusoides* var. *sulphurea* Makino ex Tsuboi in Illus. Jap. Sp. Bamb. 7.1916. ——*P. castillonis* (Marliac ex Carrière) Mitford var. *holochrysa* Pfitzer, Mitt. Deutsch. Dendrol. Ges. 11: 96. 1902. ——*P. bambusoides* var. *castilloni-holochrysa*, Pfitzer ex Houzeau de Lehaie in Act. 111 Congr. Int. Bot. Brux. 2: 228. 1912. ——*P. quilioi* var. *castillonis-holochrysa*, Regel ex Houzeau de Lehaie in Bamb. 4: 118. 1906. ——*P. reticulata* var. *holochrysa* Nakai in J. Jap. Bot. 9(1): 34. 1933.

Characteristics: culms and branches golden yellow, sometimes with green longitudinal stripes at the base internodes of culms; leaves green and with irregular yellow-white longitudinal stripes.

Use: culms are thick and hard, and can be used as timber. This bamboo can be planted for ornamentation.

Distribution: Japan; China (introduced into Changzhou of Jiangsu Province); introduced into France and United States.

9) *Phyllostachys bambusoides* 'Kashirodake'

Local names: Kashiro-dake, Shiro-dake, Shira-take(Japan)

Synonyms: *Phyllostachys bambusoides* f. *kashirodake*

Phyllostachys reticulata f. *kashirodake*

Citations: *Phyllostachys bambusoides* 'Kashirodake', Hatusima Woody Pl. Jap. 594.1976; Stover in Bamb. Book, 52.1983; D. Ohrnb., The Bamb. World, 203. 1999. ——*P. bambusoides* f. *kashirodake* Makino in S. Honda, Descr. Prod. For. Jap. 38.1900; Makino ex Tsuboi in Illus. Jap. Sp. Bamb. 5.1916; Makino ex Muroi in Sugimoto New Keys Jap. Tr. 465.1961. ——*P. reticulata* f. *kashirodake* Makino in Bot. Mag. Tokyo 26: 20. 1912.

Characteristics: culms green, the culm-sheaths gray white with light spots that gradually fade out.

Use: culm-sheaths of this bamboo can be used to make handicrafts.

Distribution: Japan (northern Kyushu, Niigata and Aichi counties in

Honshu); introduced and cultivated in Korea.

10) *Phyllostachys bambusoides* 'Katashibo'

Local names: Katashibo-chiku(Japan)

Synonyms: *Phyllostachys bambusoides* f. *katashibo*

Phyllostachys bambusoides var. *marliacea* f. *katashibo*

Citations: *Phyllostachys bambusoides* 'Katashibo', Hatusima in Woody Pl. Jap. 593.1976; D. Ohrnb., The Bamb. World, 203. 1999. ——*P. bambusoides* f. *katashibo* Muroi in J. Himeji Gakuin Wom. Coll. no. 17, 1989; Muroi in Guide Book iFBamb. Gard. 21,71. 1963. ——*P. bambusoides* var. *marliacea* f. *katashibo* Muroi in Sugimoto, New Keys Jap. Tr. 465.1961.

Characteristics: the internodes of culms long, and the grooves wrinkled.

Use: unknown.

Distribution: Japan; introduced and cultivated in Europe.

11) *Phyllostachys bambusoides* 'Kawadana'

Local names: Kishima-dake (Japan)

Synonyms: *Phyllostachys bambusoides* f. *kawadana*

Phyllostachys reticulata f. *kawadana*

Citations: *Phyllostachys bambusoides* 'Kawadana', Hatusima Woody Pl. Jap. 593.1976; D. Ohrnb., The Bamb. World, 200. 1999; Amer. Bamb. Soc. in Bamb. Species Source List no. 35: 25. 2015. ——*P. bambusoides* Sieb. et Zucc. f. *kawadana* Makino ex Tsuboi in Ill. Jap. Sp. Bamb. ed. 2. 5, t. 2, f. 2. 1916; Ma et al. The Genus *Phyllostachys* in China. 86. 2014; Yi et al. Icon. Bamb. Sin. Ⅱ 49. 2017. ——*P. reticulata* f. *kawadana* (Makino ex Tsuboi) Makino et Nemot Fl. Jap. ed. 2. 1376.1931.

Characteristics: culms green, but occasionally with yellow longitudinal stripes; the leaves with yellow longitudinal stripes.

Use: culms are thick and hard, and can be used as timber. This bamboo can be planted for ornamentation.

Distribution: Japan; China (introduced into Zhejiang); cultivated in Europe and United States.

12) *Phyllostachys bambusoides* 'Lacrima-deae'

Local names: Hyuga-hanchiku(Japan)

Synonyms: *Phyllostachys bambusoides* 'Tanakae'

Phyllostachys bambusoides f. *lacrima*

Phyllostachys bambusoides f. *lacrima-deae*

Phyllostachys bambusoides f. *tanake*

Phyllostachys makinoi f. *tanakae*

Phyllostachys reticulata f. *tanakae*

Citations: *Phyllostachys bambusoides* 'Lacrima-deae', J. Y. Shi in Int. Cul. Regist. Rep. Bamboos (2013-2014): 23. 2015. ——*P. bambusoides* Sieb. et Zucc. f. *lacrima-deae* Keng f. et Wen in Bull. Bot. Res. 2(1): 73. 1982; D. Ohrnb., The Bamb. World, 205. 1999; Yi et al. in Icon. Bamb. Sin. 319. 2008, et in Clav. Gen. Spec. Bamb. Sin. 100. 2009; Ma et al. The Genus *Phyllostachys* in China. 87. 2014. ——*P. bambusoides* f. *tanake* Makino ex Tsuboi in Jap. Sp. Bamb.1916: 4; Flora of Jiangsu (Ⅰ),153. 1977; Chinese bamboos ,67. 1988. ——*P. bambusoides* 'Tanakae', Hatusima in Woody Pl. Jap. 593.1976; Amer. Bamb. Soc. in Bamb. Species Source List no. 35: 25. 2015. ——*P. makinoi* f. *tanakae* H. Okamura in H. Okamura et Y. Tanaka, Hort. Bamb. Sp. Jap. 21.1986. ——*P. reticulata* f. *tanakae* (Makino ex Tsuboi) Makino et Nemoto in Fl. Jap. ed.2.1376.1931.

Characteristics: culms with purple-brown or light-brown spots.

Use: culms are thick, large, and hard, and can be used for weaving, musical instruments and crafts. This bamboo can also be cultivated in yards and gardens for ornamentation.

Distribution: China (from the Yellow River to the Yangtze River Basin); introduced into Japan and Europe.

13) *Phyllostachys bambusoides* 'Marliacea'

Synonyms: Bambusa marliacea

Phyllostachys bambusoides 'Marliac'

Phyllostachys bambusoides f. *marliacea*

Phyllostachys bambusoides var. *marliacea*

Phyllostachys marliacea

Phyllostachys reticulata var. *marliacea*

Citations: *Phyllostachys bambusoides* 'Marliacea', Hatusima in Woody Pl. Jap. 1976: 593; D. Ohrnb., The Bamb. World, 203. 1999. ——*P. bambusoides* 'Marliac', Amer. Bamb. Soc. in Bamb. Species Source List no. 35: 25. 2015. ——*P. marliacea* (Mitford) Mitford in Bamb. Gard. 158.1896. ——*P. bambusoides* Sieb. et Zucc. f. *marliacea* (Makino ex I. Tsuboi) Muroi in Rep. Fuji Bamb. Gard. 17: 8. 1972; Muroi in J. Himeji Gakuin Wom. Coll. no. 17, 1989; Ma et al. The Genus *Phyllostachys* in China. 87. 2014; Yi et al. Icon. Bamb. Sin. Ⅱ. 50. 2017. ——*P. bambusoides* var. *marliacea* (Mitford) Makino in Bot. Mag. Tokyo 13: 297. 1899. ——*P. reticulata* var. *marliacea* (Mitford) Makino in Bot. Mag. Tokyo 26: 21. 1912. ——*Bambusa marliacea* Mitford in Garden 46: 547. 1894.

Characteristics: the internodes of culms with longitudinal ribs of different width and narrowness, and the basal internodes very short.

Use: this bamboo can be planted for environmental virescence and ornamentation.

Distribution: Japan; introduced into China, Korea, France, Britain and United States.

14) *Phyllostachys bambusoides* 'Mixta'

Synonyms: *Phylloschys bambusoides* 'Mix',

Phyllostachys bambusoides f. *mixta*

Citations: *Phyllostachys bambusoides* 'Mixta', J. Y. Shi in Int. Cul. Regist. Rep. Bamboos (2013-2014): 23. 2015. ——*P. bambusoides* 'Mix', Ohrnberger in Bamb. World *Phyllostachys* ed. 3: 40. 1996; D. Ohrnb., The Bamb. World, 203. 1999. ——*P. bambusoides* Sieb. et Zucc. f. *mixta* Z. P. Wang et N. X. Ma in J. Nanjing Univ. (Nat. Sci. ed.) (3): 494. 1983; Keng et Wang in Flora Reip. Pop. Sin. 9(1): 295. 1996; Yi et al. in Icon. Bamb. Sin. 320. 2008, et in Clav. Gen. Spec. Bamb. Sin. 100. 2009; Ma et al. The Genus *Phyllostachys* in China. 88. 2014.

Characteristics: grooves yellow with brown spots.

Use: this bamboo can be cultivated in yards and gardens for ornamentation.

Distribution: China (Boai in Henan, Anji in Zhejiang).

15) *Phyllostachys bambusoides* 'McClure' s Castillon'

Local names: McClure's Castillon Bamboo (UK)

Synonyms: *Phyllostachys bambusoides* 'Castillon'

Phyllostachys bambusoides 'Castillonis'

Phyllostachys quilioi var. *castillonis*

Citations: *Phyllostachys bambusoides* 'McClure's Castillon', Ohrnberger in Bamb. World *Phyllostachys*. 3: 39. 1996; D. Ohrnb., The Bamb. World, 201. 1999. —— *P. bambusoides* 'Castillon', McClure in J. Arnold Arbor. 37: 192. 1956. —— *P. bambusoides* 'Castillonis', Soder-strom et C. E. Calderón in Pac. Hort. 37(3): 13. 1976. ——*P. quilioi* var. *castillonis* Crouzet in Allg. Kat. Bambous. German Ed. [1996]: 68.

Characteristics: culms 9-12 m long and 6-8 cm in diameter; grooves yellow with green; the leaves occasionally with 1 to several white or yellow longitudinal stripes.

Use: this bamboo can be cultivated in yards and gardens for ornamentation.

Distribution: Japan; Europe; introduced into China and the United States.

16) *Phyllostachys bambusoides* 'Shouzhu'

Synonyms: *Phyllostachys bambusoides* f. *shouzhu*

Citations: *Phyllostachys bambusoides* Sieb. et Zucc. f. *shouzhu* Yi in Bull. Bot. Res. 2(4): 102. 1982; D. Ohrnb., The Bamb. World, 205. 1999; Yi et al. in Icon. Bamb. Sin. 320. 2008, et in Clav. Gen. Spec. Bamb. Sin. 100. 2009; Ma et al. The Genus *Phyllostachys* in China. 88. 2014.

Characteristics: culms with white powder initially, culm-nodes flat, internodes long; culm-sheaths glabrous; leaf auricles and oral setae usually absent.

Use: bamboo shoots are delicious. Culms can be used for buildings, furniture making farming tools, and weaving. Culm-sheaths are used to make bamboo hats and glutinous rice dumplings.

Distribution: China (Sichuan, Chongqing); introduced and cultivated in Europe.

17) *Phyllostachys bambusoides* 'Subvariegata'

Local names: Konshima-dake (Japan)

Synonyms: *Phyllostachys bambusoides*

Phyllostachys bambusoides f. *subvariegata*

Phyllostachys reticulata f. *subvariegata*

Citations: *Phyllostachys bambusoides* 'Subvariegata', Hatusima, Woody Pl. Jap. 593.1976; D. Ohrnb., The Bamb. World, 201. 1999; Amer. Bamb. Soc. in Bamb. Species Source List no. 35: 25. 2015. ——*P. bambusoides* f. *subvariegata* Makino ex Tsuboi Illus. Jap. Sp. Bamb. 4. 1916. ——*P. reticulata* f. *subvariegata* Makino in Bot. Mag. Tokyo 26: 24. 1912.

Characteristics: culms 4-10 m tall and 4-6 cm in diameter; culms occasionally with obvious dark-green longitudinal stripes; the leaves with bright and dark green stripes.

Use: unknown.

Distribution: Japan; introduced and cultivated in Germany and United States.

18) *Phyllostachys bambusoides* 'Violascens'

Synonyms: *Phyllostachys aurea* 'Violascens'

Citations: *Phyllostachys bambusoides* 'Violascens', Martin et J. P. Demoly in Bull. Assoc. Parcs Bot. France 1: 10. 1979; Crouzet Bamb. 71.1981; G. Cooper in Amer. Bamb. Soc. Newsl. 16(4): 17, 1995; D. Ohrnb., The Bamb. World, 203. 1999. ——*P. aurea* 'Violascens', New Roy. Hort. Soc. Dict. Gard. 3564. 1992.

Characteristics: culms 12-15 (17) m tall and 16-7 (9) cm in diameter. Culms dark green initially, and with many stripes of different width on the culm. The color of these stripes variable (light yellow, light green, dark green) as the bamboo matures.

Use: this bamboo can tolerate –15℃ and should be a cold-resistant ornamental bamboo.

Distribution: Europe; introduced into United States.

(6) *Phyllostachys bissetii* McClure

Culms 5-7 m tall, 4 cm in diameter; internodes 20 (30) cm long, with white powder and white short setae initially, rough, culm-walls 4 mm thick; culm-nodes prominent, taller than sheath-nodes. Culm-sheaths dark green to light green, a little purple, apex sometimes with milky white longitudinal stripes, white powdery, glabrous or pubescent at the lower part of the culm, no spots or with small spots on the top, margins ciliate; auricles green or green with purple, falcate or tiny, or absent, oral setae present or absent; ligules truncate or arched, purple, wider than the base of blades, margin ciliate; blades erect, dark green or dark green with purple, narrowly triangular or triangular lanceolate. Leaves 2 per branchlet; auricles and oral setae deciduous; blades 7-11 cm long, 1.2-1.6 cm wide. Shooting from the middle to the end of April.

1) *Phyllostachys* 'Bissetii' (original cultivars)

Local names: Longzhu

Citations: *Phyllostachys bissetii* McClure in J. Arn. Arb. 37: 180. f. 1. 1956, et in Agr. Handb. USDA No. 114. 25. ff. 14,15. 1957; Keng et Wang in Flora Reip. Pop. Sin. 9(1): 286. 1996; Yi et al. in Icon. Bamb. Sin. 321. 2008, et in Clav. Gen. Spec. Bamb. Sin. 102. 2009; Ma et al. The Genus *Phyllostachys* in China. 43. 2014.

Characteristics: the same with *Phyllostachys bissetii* McClure.

Use: bamboo shoots are edible. Culms can be used for weaving.The giant pandas feed on the bamboo.

Distribution: China (Sichuan, Zhejiang); introduced into United States.

2) *Phyllostachys bissetii* 'Denigrata'

Local names: Heizhu

Synonyms: *Phyllostachys bissetii* f. *denigrata*

Citations: *Phyllostachys bissetii* McClure f. *denigrata* Yi et H. R. Qi in J. Bamb. Res. 10(1): 32. 1991; Yi et al. Icon. Bamb. Sin. Ⅱ. 50. 2017.

Characteristics: culms green during the first year, and then gradually purple-black; rhizomes sometimes purple-black.

Use: bamboo shoots are edible. Culms can be used for weaving. It is also planted for ornamentation.

Distribution: China (Liangping in Chongqing).

(7) *Phyllostachys edulis* (Carr.) H. de Lehaie

Culms 20 m tall, 20 cm in diameter; internodes 40 cm long, with dense pubescence and heavy white powder initially, culm-walls 10 mm thick; sheath-nodes hairy initially; culm-nodes inconspicuous. Culm-sheaths yellowish-brown or purple-brown abaxially, with brown spots and dense brown setae; auricles tiny, oral setae conspicuous; ligules prominent, margin with long thick cilia; blades reflexed, green, triangular or lanceolate, crinkled. Leaves 2-4 per branchlet; auricles inconspicuous, oral setae present; ligules prominent; blades 4-11 cm long, 0.5-1.2 cm wide, grayish-white short pubescence present along the basal midrib abaxially, secondary veins 3-6 pairs. Flowering branches spicate, 4-7 cm long, with bracts at the base; spathes more than 10 , reduced leaves lanceolate or subulate, pseudospikelets 1-3 in axillary of each fertile spathe; floret 1 per pseudospikelet; rachilla internodes pubescent; glume 1; lemma 22-24 mm long, the upper part and margins hairy; palea slightly shorter than lemma, the upper hairy; lodicules 3, lanceolate; stamens 3, filaments free, anthers 12 mm long; stigmas 3, plumose. Caryopsis long elliptic, 4.5-6.0 mm long, 1.5-1.8 mm in diameter, apex with the residual of style. Shooting in May.

1) *Phyllostachys* 'Edulis' (original cultivars)

Local names: Nanzhu, Mengzongzhu

Synonyms: *Bambusa mitis*

Phyllostachys edulis 'Pubescens'

Phyllostachys edulis f. *edulis*

Phyllostachys heterocycla

Phyllostachys heterocycla f. *pubescens*

Phyllostachys heterocycla var. *pubescens*

Phyllostachys macroculmis var. *edulis*

Phyllostachys mitis

Phyllostachys pubescens

Phyllostachys pubescens f. *lutea*

Citations: *Phyllostachys edulis* 'Pubescens', J. Y. Shi in Int. Cul. Regist. Rep. Bamb. (2013-2014): 24. 2015. ——*P. edulis* (Carr.) H. de Leh. in Le Bambou 1: 39. 1906; R.Chen,Illustr. manual of Chinese trees and shrubs , 78. pl.58. 1937, et in Nat'l Hort. Mag. 25: 45. 1946; C. S. Chao et S. A. Renv. in Kew Bull. 43: 420. 1988; R. A. Young in Wash. Acad. Sci. 37: 345. 1937, et in Nat'l Hort. Mag. 25: 45. 1946; C. S. Chao et S. A. Renv. in Kew Bull. 43: 420. 1988. ——*P. edulis* (Carr.) H de Leh. f. *edulis*, Ma et al. The Genus *Phyllostachys* in China. 92. 2014. ——*P. heterocycla* (Carr.) Matsumura Shokubutsu in mei-i. 213. 1895; Mitford in Bamb. Gard. 160. 1896. ——*P. heterocycla* f. *pubescens* (H. de Leh.) D. McClink in Kew Bull. 38: 185. 1983. ——*P. heterocycla* (Carr.) Mitford var. *pubescens* (Mazel) Ohwi. Fl. Jap. 77. 1953. Yi et al. in Icon. Bamb. Sin. 327. 2008, et in Clav. Gen. Spec. Bamb. Sin. 97. 2009. ——*P. macroculmis* var. *edulis* Simonson ex A.V. Vasil'ev in Trans. in Sukhumi Bot. Gard. 9: 23. 1956. ——*P. mitis* Bean in Gard. Chron. ser. 3, 15, 1894: 238, 369; not *Phyllostachys mitis* A. et C. Rivière, 1878. ——*P. pubescens* Mazel ex H. de Leh., Bamb. 1: 7. 1906; McClure in J. Arn. Arb. 37: 189. 1956, et in Agr. Handb. USDA No. 114: 51. ff. 40, 41. 1957; Flora Illustr. Plant. Prima. Sinica. Gramineae, 89. pl.65. 1959; Flora of East China Gramineae, 39, pl.10. 1962; Flora of Jiangsu (Ⅰ), 152. pl.233. 1977; Fl. Taiwan 5: 733. pl. 1495. 1978; S. Suzuki, Ind. Jap. Bambusac. 10 (f. 1), 12 (f. 2), 70, 71 (pl. 1), 336. 1978; Bamboos in Guangxi and cultivation, 119. pl.63. 1987; Icon. Arbor. Yunnani. (Ⅲ), 1460, pl.687. 1991; Keng et Wang in Flora Reip. Pop. Sin. 9(1): 275. 1996. ——*P. pubescens* f. *lutea* Wen in Bull. Bot. 2(1): 79. 1982. ——*Bambusa mitis* Hort. ex Carrière in Rev. Hort. 1866: 380.

Characteristics: the same with *Phyllostachys edulis* (Carr.) H. de Lehaie.

Use: this cultivar is widely used with a long history and of great economic value in China. Culms are used for buildings and weaving. Rhizomes are good materials for making handicraft. Bamboo shoots are edible and can be processed into ready-to-eat bamboo shoots, slices, dried bamboo shoots and canned bamboo shoots. Culm-sheaths can be used for knitting sacks, carpets, insoles and paper making. This bamboo is widely planted in gardens and parks for landscape virescence and ornamentation. Bamboos shoots are sometimes used as the food of giant pandas.

Distribution: China (from the Qinling Mountains, the Hanshui River Basin to the south of the Yangtze River Basin and Taiwan Province, some areas of the Yellow River Basin are cultivated); introduced into Japan, Europe and United States.

2) *Phyllostachys edulis* 'Abbreviata'

Local names: Butsumen-chiku (Japan)

Synonyms: *Phyllostachys edulis* f. *abbreviata*
Phyllostachys edulis 'Subconvexa'
Phyllostachys edulis var. *heterocycla* f. *subconvexa*
Phyllostachys heterocycla f. *subconvexa*

Citations: *Phyllostachys edulis* (Carr.) H. de Lehaie f. *abbreviata* G. H. Lai in Subtrop. pl. Sci. 42(1): 56. 2013; Ma et al. The Genus *Phyllostachys* in China. 94. 2014; Yi et al. Icon. Bamb. Sin. Ⅱ. 55. 2017. ——*P. edulis* 'Subconvexa', J. P. Demoly in Bamb. Assoc. Europ. Bamb. EBS Sect. Fr. no. 8: 23. 1991; D. Ohrnb., The Bamb. World, 211. 1999. ——*P. edulis* var. *heterocycla* f. *subconvexa* Makino ex Tsuboi in Illus. Jap. Sp. Bamb. 21.1916. ——*P. heterocycla* f. *subconvexa* (Makino ex Tsuboi) K. Kasahara et H. Okamura, 1967; Muroi et H. Okamura in Take Sasa, 1977: 118, 14; H. Okamura et al. Ill. Hort. Bamb. Sp. Jap. 150, 344. 1991.

Characteristics: the middle and lower parts of the culm shortened abnormally, concave, nodes inclined, but the adjacent nodes not connected, or sometimes slightly connected on one side, and the other side bowknot-shaped.

Use: this bamboo can be cultivated in yards and gardens for ornamentation.

Distribution: China; introduced into Japan.

3) *Phyllostachys edulis* 'Anderson'

Synonyms: *Phyllostachys pubescens* 'Anderson'

Citations: *Phyllostachys edulis* 'Anderson', Ohrnberger in Bamb. World

Phyllostachys ed. 3: 58. 1996; D. Ohrnb., The Bamb. World, 213. 1999; Amer. Bamb. Soc. in Bamb. Species Source List no. 35: 26. 2015. ——*P. pubescens* 'Anderson', in Amer. Bamb. Soc. Newsl. 16(4): 10. 1995.

Characteristics: more cold-resistant, growing well in the U.S. at −15.5 ℃ .

Use: unknown.

Distribution: United States.

4) *Phyllostachys edulis* 'Anjiensis'

Synonyms: *Phyllostachys edulis* f. *anjiensis*

Citations: *Phyllostachys edulis* (Carr.) H. de Lehaie f. *anjiensis* (P. X. Zhang) G. H. Lai in Subtrop. pl. Sci. 42(1): 59. 2013; Ma et al. The Genus *Phyllostachys* in China. 95. 2014; Yi et al. Icon. Bamb. Sin. Ⅱ. 55. 2017.

Characteristics: culm-sheaths light yellowish-brown or grayish-yellow-brown, with varying lengths of light purple-brown stripes, especially conspicuous near the margins, purple-brown patches dense at the upper part and sparse at the middle and lower part.

Use: this bamboo can be planted for environmental virescence and ornamentation.

Distribution: China (Anji in Zhejiang).

5) *Phyllostachys edulis* 'Aureovariegata'

Local names: Fuiri-môsôchiku, Shima-môsô(Japan)

Synonyms: *Phyllostachys edulis* f. *aureostriata*

Phyllostachys edulis f. *aureovariegata*

Phyllostachys heterocycla 'Aureovariegata'

Phyllostachys heterocycla f. *aureovariegata*

Phyllostachys pubescens f. *aureovariegata*

Citations: *Phyllostachys edulis* 'Aureovariegata', D. Ohrnb., The Bamb. World, 208. 1999. ——*P. edulis* f. *aureostriata* Uchida ex Ueda in Bull. Kyoto Univ. For. 30: 4. 1960. ——*P. edulis* f. *aureovariegata* (Uchida) Ohrnberger in Bambus-Brief no. 2: 17. 1990. ——*P. pubescens* f. *aureovariegata* Uchida in Bull. Sci. Res. Alumni Assoc. Morioka Coll. Agr. 12: 84. 1936. ——*P. heterocycla* f. *aureovariegata* (Uchida)

Muroi in Sugimoto, New Keys Jap. Tr. 465.1961; Muroi in J. Himi Gakuin Wom. Coll. no. 4.1974. ——*P. heterocycla* 'Aureovariegata', Hatusima in Woody Pl. Jap. 593.1976; Murata in Kitamura et Murata Col. Ill. Woody Pl. Jap. 2: 362. 1979.

Characteristics: leaves with yellow stripes.

Use: unknown.

Distribution: Japan; United States; introduced into Europe.

6) *Phyllostachys edulis* 'Bicolor'

Local names: Hon-kimmei, Kmmei-môsô, Gimmei-môsô(Japan)

Synonyms: *Phyllostachys edulis* f. *bicolor*

Phyllostachys edulis f. *gimmei*

Phyllostachys edulis 'Gimmei'

Phyllostachys edulis f. *viridisulcata*

Phyllostachys edulis 'Viridisulcata'

Phyllostachys heterocycla f. *bicolor*

Phyllostachys heterocycla f. *gimmei*

Phyllostachys heterocycla f. *luteosulcata*

Phyllostachys heterocycla f. *pubescens* 'Bicolor'

Phyllostachys heterocycla 'Luteosulca'

Phyllostachys heterocycla f. *viridisulcata*

Phyllostachys heterocycla var. *pubescens* f. *bicolor*

Phyllostachys pubescens 'Bicolor'

Phyllostachys pubescens 'Gimmei'

Phyllostachys pubescens f. *bicolor*

Phyllostachys pubescens f. *luteosulcata*

Phyllostachys pubescens f. *viridisulcata*

Phyllostachys pubescens 'Viridisulcata'

Sinoarundinaria pubescens var. *bicolor*

Citations: *Phyllostachys edulis* 'Bicolor', Ohrnberger in Bamb. World *Phyllostachys* ed. 3: 59. 1996; D. Ohrnb., The Bamb. World, 208. 1999; Amer. Bamb. Soc. in Bamb. Species Source List no. 35: 26. 2015; J. Y. Shi in Int. Cul.

Regist. Rep. Bamb. (2013-2014): 24. 2015. ——*P. edulis* f. *bicolor* (Nakai) C. S. Chao et Renvoize ex G. H. Lai et Y. Hong in J. Bamb. Res. 14(2): 7. 1995; G. H. Lai in J. Anhui Agr. Sci. 40(8): 4624. 2012; Ma et al. The Genus *Phyllostachys* in China. 96. 2014. ——*P. edulis* 'Gimmei', Ohrnberger in Bamb World *Phyllostachys* ed. 3: 62. 1996. ——*P. edulis* f. *gimmei* (Muroi et Ksahara) Ohrnberger in Bambus-Brief no. 2: 18. 1990. ——*P. edulis* (Carr.) H. de Lehaie f. *viridisulcata* (Wen) C. S. Chao et S. A. Renv. in Kew Bull. 43(3): 421. 1988. ——*P. edulis* 'Viridisulcata', D. Ohrnb., The Bamb. World, 209. 1999. ——*P. heterocycla* f. *bicolor* (Nakai) Muroi et Ksahara in J. Himeji Gakuin Wom. Coll. no. 1: 3. 1974. ——*P. heterocycla* f. *gimmei* Muroi et K. Kasahara in Rep. Fuji Bamb. Gard. no. 17: 8.1972; Muroi in J. Himeji Gakuin Wom. Coll. no. 4.1974. ——*P. heterocycla* f. *luteosulcata* (Wen) Wen in J. Bamb. Res. 4(2): 17 1985; P. R. Rong in J. Bamb. Res. 4(2): 89. 1985; C. S. Chao et Renvoize in Kew Bull. 43(3): 420. 1988. ——*P. heterocycla* f. *pubescens* 'Bicolor', Muroi et K. Kasahara, 1985; cf. H. Okamura in H Okamura et Y. Tanaka in Hort. Bamb. Sp. Jap. 18.1986. ——*P. heterocycla* 'Luteosulca', W. Y. Zhang et N. X. Ma in S. L. Zhu et Compend. Chin. Bamb. 1994: 124. ——*P. heterocycla* f. *viridisulcata* (Wen) Wen in J. Bamb. Res. 4(2): 17. 1985; Yi et al. in Icon. Bamb. Sin. 331. 2008, et in Clav. Gen. Spec. Bamb. Sin. 96. 2009. ——*P. heterocycla* var. *pubescens* f. *bicolor* (Nakai) Muroi et Ksahara in J. Himeji Gakuin Wom. Coll. no. 4.1974. ——*P. pubescens* 'Bicolor', Martin et J. P. Demoly in Bull. Assoc. Parcs 80t. France 1: 10. 1979. ——*P. pubescens* f. *bicolor* (Muroi et Kasahara) Wen in J. Bamb. Res. 10(1): 23. 1991; Wen in Col. Ill. Bamb. China, 188.1993. ——*P. pubescens* 'Gimmei', Martin et J. P. Demoly in Bull. Assoc. Parcs Bot. France 1: 10. 1979. ——*P. pubescens* f. *luteosulcata* Wen in Bull. Bot. Res. 2(1): 76. 1982. ——*P. pubescens* f. *viridisulcata* Wen in Bull. Bot. Res. 2(1): 76. 1982. ——*P. pubescens* 'Viridisulcata', W. Y. Zhang et N. X. Ma in S. L. Zhu et al. Compend. Chin. Bamb. 125. 1994; Keng et Wang in Flora Reip. Pop. Sin. 9(1): 278. 1996. ——*Sinoarundinaria pubescens* var. *bicolor* Nakai in Tennen kinenbutsu chosahokoku 19: 36. 1942.

Characteristics: culms yellow, grooves green, a few green stripes outside the groove; some leaves with light yellow stripes.

Use: this bamboo can be planted for environmental virescence and ornamentation.

Distribution: China (Zhejiang); introduced into Japan, Europe and United States.

7) *Phyllostachys edulis* 'Early Purple'

Local names: Zaomaozhu

Synonyms: *Phyllostachys edulis* f. *purpurescens*

Phyllostachys pubescens f. *purpurescens*

Citations: *Phyllostachys edulis* 'Early Purple', Ohrnberger in Bamb. World *Phyllostachys* ed. 3: 60. 1996; D. Ohrnb., The Bamb. World, 213. 1999. ——*P. edulis* f. *purpurescens* (W. Y. Hsiung, Q. H. Dai et J. K. Liu) Ohrnberger in Bambus-Brief no. 2: 19. 1990. ——*P. pubescens* f. *purpurescens* W. Y. Hsiung, Q. H. Dai et J. K. Liu in Bamboo research no.10: 3. 1977(?).

Characteristics: shooting early, culm-sheaths purple-brown to brown-black, culm-blades 3-4 cm long, purple-red, strongly crinkled.

Use: unknown.

Distribution: China (Guangxi).

8) *Phyllostachys edulis* 'Epruinosa'

Synonyms: *Phyllostachys edulis* f. *epruinosa*

Phyllostachys heterocycla f. *epruinosa*

Citations: *Phyllostachys edulis* (Carr.) Mitford f. *epruinosa* G. H. Lai in J. Bamb. Res. 14(2): 7. 1995; D. Ohrnb., The Bamb. World, 213. 1999; Yi in J. Bamb. Res. 14(2): 7. 1995; Ma et al. The Genus *Phyllostachys* in China. 96. 2014. ——*P. heterocycla* (Carr.) Mitford f. *epruinosa* (G. H. Lai) Yi, Yi et al. in Icon. Bamb. Sin. 329. 2008, et in Clav. Gen. Spec. Bamb. Sin. 95. 2009.

Characteristics: new culms smooth and glabrous, without white powder, and the white powder ring under nodes inconspicuous.

Use: this bamboo can be planted for environmental virescence.

Distribution: China (Guangde in Anhui).

9) *Phyllostachys edulis* 'Exaurita'

Synonyms: *Phyllostachys edulis* f. *exaurita*

Citations: *Phyllostachys edulis* (Carr.) H. de Lehaie f. *exaurita* T G. Chen in World Bamb. Ratt. 11(6): 25. 2013; Ma et al. The Genus *Phyllostachys* in China. 97. 2014; Yi et al. Icon. Bamb. Sin. Ⅱ. 56. 2017.

Characteristics: Auricles and oral setae of culm-sheaths absent, the apex of culms usually irregularly curved and long drooping.

Use: this bamboo can be cultivated in yards and gardens for ornamentation.

Distribution: China (Changzhou in Jiangsu).

10) *Phyllostachys edulis* 'Gracilis'

Local names: Kleiner Moso-Bambus (Germany); Little Moso (UK)

Synonyms: *Phyllostachys edulis* f. *gracilis*
Phyllostachys heterocycla f. *gracilis*
Phyllostachys heterocycla 'Gracilis'
Phyllostachys pubescens f. *gracilis*

Citations: *Phyllostachys edulis* 'Gracilis', Keng et Wang in Flora Reip. Pop. Sin. 9(1): 277. 1996; D. Ohrnb., The Bamb. World, 212. 1999; Amer. Bamb. Soc. in Bamb. Species Source List no. 35: 26. 2015; J. Y. Shi in Int. Cul. Regist. Rep. Bamb. (2013-2014): 24. 2015. ——*P. edulis* (Carr.) H. de Lehaie f. *gracilis* (W. Y. Hsiung) Chao et Renv. in Kew Bull. 43(3): 420. 1988; Ma et al. The Genus *Phyllostachys* in China. 98. 2014. ——*P. heterocycla* (Carr.) Mitford f. *gracilis* W. Y. Hsiung ex Ohrnberger in Bamb. World Gen. *Phyllostachys* 13.1983; Yi et al. in Icon. Bamb. Sin. 329. 2008, et in Clav. Gen. Spec. Bamb. Sin. 98. 2009. ——*P. heterocycla* 'Gracilis', W. Y. Zhang et N. X. Ma in S. L. Zhu et al. in Compend. Chin. Bamb. 124.1994. ——*P. pubescens* Mazel ex H. de Leh. f. *gracilis* W. Y. Hsiung in Act. Phytotax. Sin. 18(2): 178. 1980; Flora of Jiangsu (Ⅰ), 152. 1977 (tantum in Sinica. descr.).

Characteristics: culms short, 7-8 m tall, 3-4 cm in diameter, culm-walls thick.

Use: this bamboo can be cultivated in yards and gardens for ornamentation.

Culms are used for farming tools.

Distribution: China (Nanjing and Yixing in Jiangsu, Guangde and Jingxian in Anhui); introduced and cultivated in Germany and Switzerland.

11) *Phyllostachys edulis* 'Holochrysa'

Local names: Ôgon-môsô (Japan)

Synonyms: *Phyllostachys edulis* f. *holochrysa*
Phyllostachys edulis 'Lutea'
Phyllostachys heterocycla f. *holochrysa*
Phyllostachys heterocycla 'Holochrysa'
Phyllostachys pubescens 'Aurea'
Phyllostachys pubescens f. *holochrysa*
Phyllostachys pubescens f. *lutea*

Citations: *Phyllostachys edulis* 'Holochrysa', Amer. Bamb. Soc. in Bamb. Species Source List no. 35: 26. 2015. ——*P. edulis* (Carr.) H. de Lehaie f. *holochrysa* (Muroi et K. Kasahara) Ohrberger in Bambus-Brief (2): 18. 1990; G. H. Lai in Subtrop. pl. Sci. 42(1): 64. 2013; Ma et al. The Genus *Phyllostachys* in China. 98. 2014; Yi et al. Icon. Bamb. Sin. Ⅱ. 58. 2017. ——*P. edulis* 'Lutea', Ohrnberger in Bamb. World *Phyllostachys* ed. 3: 66. 1996. ——*P. heterocycla* (Carr.) Matsum. f. *holochrysa* Muroi et K. Kasahara, J. Himeji Gakuin Wom Coll. Jap. (1): 4. 1974. ——*P. heterocycla* 'Holochrysa', Muroi et K. Kasahara; cf. H. Okamura et Y. Tanaka Hort Bamb. Sp. Jap. 19.1986. ——*P. pubescens* 'Aurea', Stover in Bamb Book, 54. 1983.——*P. pubescens* Mazel ex H. de Leh. f. *holochrysa* (Muroi et K. Kasahara) Wen, J. Bamb. Res. 10(1): 23. 1991. ——*P. pubescens* f. *lutea* Wen in Bull. Bot Res. 2(1): 76. 1982.

Characteristics: young culms and branches bright yellow, glossy, sometimes with purple-red halo; 2-year-old culms and branches golden, 3-year-old culms and branches dark yellow, only a few internodes occasionally with 1-2 green thin longitudinal stripes; some leaves with white longitudinal stripes; culm-sheaths and patches light in color.

Use: culms are erect, and this bamboo can be cultivated in yards and gardens for ornamentation.

Distribution: China (Zhejiang, Anhui, Jiangsu, Sichuan); Fukuoka in Japan.

12) *Phyllostachys edulis* 'Kikko-chiku'

Synonyms: *Bambusa heterocycla*

Phyllostachys edulis f. *heterocycla*

Phyllostachys edulis 'Heterocycla'

Phyllostachys edulis 'Kikko'

Phyllostachys edulis var. *heterocycla*

Phyllostachys heterocycla

Phyllostachys heterocycle 'Heterocycla'

Phyllostachys heterocycla 'Kikko-chiku'

Phyllostachys heterocycla 'Kikku-chiku'

Phyllostachys heterocycla 'Kiko'

Phyllostachys mitis var. *Heterocycla*

Phyllostachys pubescens 'Heterocycla'

Phyllostachys pubescens 'Kikko'

Phyllostachys pubescens var. *biconvexa*

Phyllostachys pubescens var. *heterocycla*

Citations: *Phyllostachys edulis* 'Kikko-chiku', G. H. Lai in J. Anhui Agr. Sci. 40(8): 4623. 2012; Ma et al. The Genus *Phyllostachys* in China. 106. 2014; J. Y. Shi in Int. Cul. Regist. Rep. Bamb. (2013-2014): 24. 2015. ——*P. edulis* (Carr.) H. de Lehaie f. *heterocycla* (Carr.) Makino ex A.V. Vasil'ev in Trans. Sukhumi Bot Gard. 9: 23. 1956; Yi in J. Sichuan For. Sci. Techn. 36(2): 24.2015. ——*P. edulis* 'Heterocycla', J. P. Demoly in Bamb. Assoc. Europ. Bamb. EBS Sect. Fr. no. 8: 23. 1991; D. Ohrnb., The Bamb. World, 210. 1999; Amer. Bamb. Soc. in Bamb. Species Source List no. 35: 26. 2015. ——*P. edulis* 'Kikko', J. P. Demoly in Bamb. Assoc. Europ. Bamb. EBS Sect. Fr. no. 8: 23. 1991. ——*P. edulis* (Carr.) H. de Leh. var. *heterocycla* (Carr.) H. de Leh. in Bamb.1: 39. 1906; Makino in Bot. Mag. Tokyo 26: 22. 1912. ——*P. heterocycla* (Carr.) Mitford in Bamb. Gard. 160. 1896; Z. P. Wang et G. H. Ye. in J. Nanjing Univ. (Nat. Sci. ed.) (3):

493. 1983; Chinese bamboos, 69. 1988; Yi et al. in Icon. Bamb. Sin. 326. 2008, et in Clav. Gen. Spec. Bamb. Sin. 98. 2009. ——*P. heterocycla* 'Heterocycla', Murata in Kitamura et Murata Col. Ill. Woody Pl. Jap. 2: 362. 1979. ——*P. mitis* var. *heterocycla* (Carrière) Makino in Bot. Mag. Tokyo 13: 267. 1899. ——*P. pubescens* 'Heterocycla', Brennecke in J. Amer. Bamb. Soc. 1(1): 8. 1980; Keng et Wang in Flora Reip. Pop. Sin. 9(1): 276. 1996. ——*P. pubescens* var. *biconvexa* Nakai in J. Jap. Bot. 9(1): 29. 1933. ——*P. heterocycla* 'Kikko-chiku', Mitford ex Ohwi in Fl. Jap. rev. ed. 136.1965. ——*P. heterocycla* 'Kikku-chiku', A. H. Lawson in Bamb. Gard. Guide, 160.1968. ——*P. heterocycla* 'Kiko', Crouzet in Bamb. 75,76,1981. ——*P. pubescens* Mazel ex H. de Leh. var. *heterocycla* (Carr.) H. de Leh., Bamb. 1: 39. 1906; Flora Illustr. Plant. Prima. Sinica. Gramineae, 99. pl.66. 1959; Flora of Jiangsu (Ⅰ), 153. 1977; S. Suzuki, Ind. Jap. Bambusac. 13 (f. 1-3), 70, 71 (pl. 1), 336. 1978. ——*P. pubescens* 'Heterocycla', Martin et J. P. Demoly in Bul. Assoc. Parcs Bot. France 1: 10. 1979. ——*P. pubescens* 'Kikko', Crouzet in Allg. Kat. Bambous. German Ed. 82. [1996]. ——*Bambusa heterocycla* Carr. in Rev. Hort. 49: 354. f. 80. 1878.

Characteristics: similar to the characteristics of *Phyllostachys edulis* 'Abbreviata'. Some basal internodes extremely shortened and swollen on one side, tortoise-shell-shaped.

Use: this bamboo can be cultivated in yards and gardens for ornamentation.

Distribution: China (Zhejiang, Sichuan); introduced into France.

13) *Phyllostachys edulis* 'Luteosulcata'

Synonyms: *Phyllostachys edulis* f. *luteosulcata*
Phyllostachys pubescens f. *luteosulcata*
Phyllostachys pubescens 'Luteosulcata'
Phyllostachys heterocycla f. *luteosulcata*

Citations: *Phyllostachys edulis* 'Luteosulcata', J. Y. Shi in Int. Cul. Regist. Rep. Bamb. (2013-2014): 24. 2015. ——*P. pubescens* 'Luteosulcata', Keng et Wang in Flora Reip. Pop. Sin. 9(1): 278. 1996. ——*P. pubescens* Mazel ex H. de Leh. f. *luteosulcata* Wen in Bull. Bot. Res. 2(1): 76. 1982. ——*P. heterocycla*

(Carr.) Matsum. f. *luteosulcata* (Wen) Wen. in J. Bamb. Res. 4(2): 17. 1985; Yi et al. in Icon. Bamb. Sin. 329. 2008. ——*P. edulis* (Carr.) H. de Leh. f. *luteosulcata* (Wen) C. S. Chao et S. A. Renv. in Kew Bull. 43: 420. 1988; Ma et al. The Genus *Phyllostachys* in China. 99. 2014.

Characteristics: culms green, but the grooves yellow.

Use: culms are used for buildings and weaving. Bamboo shoots are edible. It is usually planted in gardens and yards for ornamentation.

Distribution: China (Hunan, introduced and cultivated in Hangzhou and Anji of Zhejiang).

14) *Phyllostachys edulis* 'Mira'

Synonyms: *Phyllostachys edulis* f. *mira*

Citations: *Phyllostachys edulis* (Carr.) H. de Lehaie cv. Mira P. X. Zhang, G. H. Lai et X. Q. Hua in J. Bamb. Res. 32(2): 4. f. 1. 2013 ; Ma et al. The Genus *Phyllostachys* in China 107. 2014. ——*P. edulis*(Carr.) H. de Lehaie f. *mira* (P. X. Zhang, G. H. Lai et X. Q. Hua) Yi in J. Sichuan For. Sci. Techn. 36(2): 25. 2015; Yi et al. in Icon. Bamb. Sin. Ⅱ. 60. 2017.

Characteristics: similar to the characteristics of *P. edulis* 'Kikko-chiku', the lower part of the culm alternately skewed, and the adjacent nodes connected on one side, while the other side swollen and tortoise-shell-shaped. Culms and branches with yellow and green longitudinal stripes, grooves green. Some leaves with a small amount of light yellow longitudinal stripes. Rhizomes yellow in the soil, and gradually with green stripes in the sun light.

Use: this bamboo can be cultivated in yards and gardens for ornamentation.

Distribution: China (Anji in Zhejiang).

15) *Phyllostachys edulis* 'Moonbeam'

Synonyms: *Phyllostachys edulis* 'Albovariegata'

Phyllostachys heterocycla f. *albovariegata*

Phyllostachys pubescens 'Albovariegata'

Citations: *Phyllostachys edulis* 'Moonbeam', Ohrnberger in Bamb. World *Phyllostachys* ed. 3: 66. 1996; D. Ohrnb., The Bamb. World, 208. 1999. ——*P. edulis*

'Albovariegata', Ohrnberger in Bambus-Brief no. 2: 17. 1990. ——*P. pubescens* 'Albovariegata', Haubrich in Amer. Bamb. Soc. Newsl. 4(3): 2. 1983. —— *P. heterocycla* f. *albovariegata* Ohrnberger in Bamb. World Gen. *Phyllostachys*, 14.1983.

Characteristics: leaves with white stripes.

Use: unknown.

Distribution: United States.

16) *Phyllostachys edulis* 'Nabeshimana'

Local names: Tatejima-môsô (ex H. Okamura) (Japan)

Synonyms: *Phyllostachys edulis* f. *nabeshimana*
Phyllostachys heterocycla f. *nabeshimana*
Phyllostachys heterocycla 'Nabeshimana'
Phyllostachys pubescens f. *nabeshimana*
Phyllostachys pubescens 'Nabeshimana'
Phyllostachys pubescens var. *nabeshimana*
Sinoarundinaria pubescens f. *nabeshimana*

Citations: *Phyllostachys edulis* 'Nabaeshimana', Crouzet in Bamb. 1981:57; Ohrnberger in Bamb. World *Phyllostachys* ed. 3: 67. 1996; D. Ohrnb., The Bamb. World, 209. 1999. ——*P. edulis* (Carr.) H. de Lehaie f. *nabeshimana* (Muroi) Chao et Renv. in Kew Bull. 43(3): 420. 1988; Ma et al. The Genus *Phyllostachys* in China 100. 2014; Yi et al. in Icon. Bamb. Sin. Ⅱ . 60. 2017. ——*P. heterocycla* f. *nabeshimana* (Muroi) Muroi in Sugimoto New Keys Jap. Tr1.1961: 465. —— *P. heterocycla* 'Nabeshimana', Hatusima in Woody Pl. Jap. 1976: 593; Murata in Kmura et Murata Col. Ill. Woody Pl. Jap 2: 362. 1979. ——*P. pubescens* 'Nabeshimana', Stover in Bamb. Book, 54. 1983. ——*P. pubescens* f. *nabeshimana* (Muroi) Wen in J. Bamb. Res. 10(1): 23. 1991. ——*P. pubescens* var. *nabeshimana* (Muroi) S. Suzukiin Hikobia 8: 59. 1977; S. Suzuki in Index Jap. Bamb. 70, 336, 13 [fig.].1978. ——*Sinoarundinaria pubescens* f. *nabeshimana* Muroi in Hyogo-ken Chuto-kyoiku Hakubutsugaku Zasshi 7: 36. 1941.

Characteristics: culm internodes green, with light yellow or yellowish green stripes.

Use: culms are used for buildings and weaving. Bamboo shoots are edible. It is usually cultivated in yards and gardens for ornamentation.

Distribution: China (Anhui, Zhejiang and other provinces); introduced and cultivated in Japan, Europe and United States.

17) *Phyllostachys edulis* 'Obliquinoda'

Synonyms: *Phyllostachys edulis* 'Dance Frock'

Phyllostachys edulis f. *obliquinoda*

Phyllostachys heterocycla f. *obliquinoda*

Phyllostachys heterocycla 'Obliquino'

Phyllostachys heterocycla var. *pubescens* f. *obliquinoda*

Citations: *Phyllostachys heterocycla* 'Obliquinoda', W. Y. Zhang et N. X. Ma in S. L. Zhu et al., Compend. Chin. Bamb. 125. 1994; Keng et Wang in Flora Reip. Pop. Sin. 9(1): 276. 1996. ——*P. edulis* 'Dance Frock', Ohrnberger in Bamb. World *Phyllostachys* ed. 3: 60. 1996; D. Ohrnb., The Bamb. World, 211. 1999. ——*P. edulis* (Carr.) H. de Lehaie f. *obliquinoda* (Z. P. Wang et N. X. Ma) Ohrnberger in Bambus-Brief (2): 19. 1990; G. H. Lai in J. Anhui. Agr. Sci. 40(8): 4624. 2012; Ma et al. The Genus *Phyllostachys* in China 102. 2014. ——*P. heterocycla* (Carr.) Mitford f. *obliquinoda* Z. P. Wang et N. X. Ma, Yi et al. in Icon. Bamb. Sin. 330. 2008, et in Clav. Gen. Spec. Bamb. Sin. 98. 2009. ——*P. heterocycla* (Carr.) Mitford var. *pubescens* (Mazel ex H. de Leh.) Ohwi f. *obliguinoda* Z. P. Wang et N. X. Ma in J. Nanjing Univ. (Nat. Sci. ed.) 1983(3): 493. 1983.

Characteristics: culms thin and the adjacent nodes inclined alternately, but the internodes not distorted.

Use: culms are used for buildings and weaving. Bamboo shoots are edible. It is usually cultivated for ornamentation.

Distribution: China (Zhejiang, Jiangsu, Anhui).

18) *Phyllostachys edulis* 'Obtusangula'

Local names: Meihuazhu

Synonyms: *Phyllostachys edulis* f. *obtusangula*

Phyllostachys heterocycla f. *obtusangula*

Phyllostachys pubescens 'Obtusangula'

Phyllostachys pubescens f. *obtusangula*

Citations: *Phyllostachys edulis* 'Obtusangula', D. Ohrnb., The Bamb. World, 212. 1999. ——*P. pubescens* 'Obtusangula', Keng et Wang in Flora Reip. Pop. Sin. 9 (1): 277. 1996. ——*P. edulis* (Carr.) H. de Lehaie f. *obtusangula* (S. Y. Wang) Ohrnberger in Bambus-Brief (2): 18. 1990; Ma et al. The Genus *Phyllostachys* in China 101. 2014.——*P. pubescens* Mazel ex H. de Leh. f. *obtusangula* S. Y. Wang in Guihaia 4(4): 319. 1984. ——*P. heterocycla* (Carr.) Mitford f. *obtusangula* (S.Y. Wang) Ohrnberger in Bamb. World Gen. *Phyllostachys* ed. 2: 74. 1987; Yi et al. in Icon. Bamb. Sin. 330. 2008, et in Clav. Gen. Spec. Bamb. Sin. 98. 2009.

Characteristics: culms with 5 to 7 obtuse edges and its cross section slightly pentagonal.

Use: this bamboo can be cultivated in gardens for ornamentation. Culms are used for crafts.

Distribution: China (Junshan of Yueyang in Hunan, Nanjing in Fujian).

19) *Phyllostachys edulis* 'Okina'

Local names: Okina-môsô (Japan)

Synonyms: *Phyllostachys heterocycla* f. *pubescens* 'Okina'

Phyllostachys heterocycla f. *okina*

Citations: *Phyllostachys edulis* 'Okina', Ohrnberger in Bambus-Brief no. 2: 17. 1990; D. Ohrnb., The Bamb. World, 208. 1999. ——*P. heterocycla* f. *okina* Muroi et H. Okamura in Muroi, 1989; H. Okamura et al. Ill. Hort. Bamb. Sp. Jap. 345. 1991. ——*P. heterocycla* f. *pubescens* 'Okina', Muroi et H. Okamura in H. Okamura et Y. Tanaka Hort. Bamb. Sp. Jap. 20, 113. figs.1986.

Characteristics: the internodes of culms yellow-green and the nodes green. The white leaves with green stripes, or sometimes white stripes present on the green leaves.

Use: unknown.

Distribution: Japan (Hyogo).

20) *Phyllostachys edulis* 'Porphyrosticta'

Synonyms: *Phyllostachys edulis* f. *porphyrosticta*

Citations: *Phyllostachys edulis* (Carr.) H. de Lehaie f. *porphyrosticta* G. H. Lai in World Bamb. Ratt. 11(4): 21. 2013 ; Ma et al. The Genus *Phyllostachys* in China 102. 2014; Yi et al. in Icon. Bamb. Sin. Ⅱ. 64. 2017.

Characteristics: the internodes green with purple patches.

Use: culms are used for buildings and weaving. Bamboo shoots are edible. It is usually cultivated for ornamentation.

Distribution: China (Zhejiang, Chongqing, Sichuan, Shaanxi).

21) *Phyllostachys edulis* 'Purpureoculmis'

Synonyms: *Phyllostachys edulis* f. *purpureoculmis*

Citations: *Phyllostachys edulis* (Carr.) H. de Lehaie f. *purpureoculmis* P. X. Zhang, G. H. Lai et H. F. Zhang in World Bamb. Ratt. 10(3): 32. f. 2. 2012 ; Ma et al. The Genus *Phyllostachys* in China 102. 2014; Yi et al. in Icon. Bamb. Sin. Ⅱ. 64. 2017.

Characteristics: the internodes at the base of the new culm with light purple-brown spots, the color gradually deepened and spots denser, and almost the whole culms becaming purple.

Use: this bamboo can be cultivated in yards and gardens for ornamentation.

Distribution: China (Anji in Zhejiang).

22) *Phyllostachys edulis* 'Purpureosulcata'

Synonyms: *Phyllostachys edulis* f. *purpureosulcata*

Citations: *Phyllostachys edulis* (Carr.) H. de Lehaie f. *purpureosulcata* P. X. Zhang, G. H. Lai et H. F. Zhang in World Bamb. Ratt. 10(3): 32. f. 1. 2012 ; Ma et al. The Genus *Phyllostachys* in China 103. 2014; Yi et al. in Icon. Bamb. Sin. Ⅱ. 65. 2017.

Characteristics: the new culms green, and the grooves gradually becoming purple-black, and with purple and yellowish longitudinal stripes in other parts of the internode.

Use: this bamboo can be cultivated in yards and gardens for ornamentation.

Distribution: China (Anji in Zhejiang).

23) *Phyllostachys edulis* 'Quadrangulata'

Local names: Fangmaozhu

Synonyms: *Phyllostachys edulis* f. *tetrangulata*
Phyllostachys heterocycla f. *quadrangulata*
Phyllostachys heterocycla 'Quadrangulata'
Phyllostachys pubescens f. *quadrangulata*
Phyllostachys pubescens f. *tetrangulata*
Phyllostachys pubescens 'Tetrangulata'

Citations: *Phyllostachys edulis* 'Quadrangulata', S. C. Li et al. in J. Bamb. Res. 9(1): 37. 1990; D. Ohrnb., The Bamb. World, 212. 1999; J. Y. Shi in Int. Cul. Regist. Rep. Bamb. (2013-2014): 24. 2015. ——*P. edulis* (Carr.) H. de Lehaie f. *quadrangulata* (S. Y. Wang) Ohrnberger in Bambus-Brief no. 2: 18. 1990; G. H. Lai in J. Bamb. Res. 14(2): 8. 1995; Yi in J. Sichuan For. Sci. Techn. 36(2): 2015. ——*P. heterocycla* 'Quadrangulata', W. Y. Zhang et N. X. Ma in S. L. Zhu et al. Compend Chin. Bamb., 125.1994. ——*P. heterocycla* (Carr.) Mitford f. *quadrangulata* (S. Y. Wang) Ohrnberger in Bamb. World Gen. *Phyllostachys* ed. 2: 74. 1987; Yi, Yi et al. in Icon. Bamb. Sin. 330. 2008, et in Clav. Gen. Spec. Bamb. Sin. 97. 2009. ——*P. pubescens* Mazel ex H. de Leh. f. *tetrangulata* S. Y. Wang in Guihaia 4(4): 319. 1984. ——*P. pubescens* 'Tetrangulata', Keng et Wang in Flora Reip. Pop. Sin. 9(1): 277. 1996. ——*P. pubescens* f. *quadrangulata* S. Y. Wang in Guihaia 4(4): 319. 1984.

Characteristics: culms obtusely quadrangular.

Use: this cultivar can be planted for ornamentation. Culms are used for making handicraft.

Distribution: China (Hunan).

24) *Phyllostachys edulis* 'Rigid'

Local names: Houpimaozhu, Shixinmaozhu, Houbimaozhu

Synonyms: *Phyllostachys edulis* f. *pachyloen*
Phyllostachys edulis f. *rigid*

Phyllostachys heterocycla f. *pachyloen*

Phyllostachys pubescens f. *rigid*

Citations: *Phylfostachys edufis* 'Rigid', Ohrnberger in Bamb. World *Phyllostachys* ed. 3: 70. 1996; D. Ohrnb., The Bamb. World, 212. 1999. ——*P. edulis* f. *rigid* (W. Y. Hsiung Q. H. Dai et J.K. Liu) Ohrnberger in Bambus-Brief no. 2: 19. 1990. ——*P. edulis* (Carr.) H. de Lehaie f. *pachyloen* (G. Y. Yang et al.) Y. L. Ding ex G. H. Lai in Subtrop. Pl. Sci. 42(1): 60. 2013; Ma et al. The Genus *Phyllostachys* in China 101. 2014. ——*P. pubescens* f. *rigida* W. Y. Hsiung, Q. H. Dai et J. K. Liu in Bamboo research no. 10: 3. 1977. ——*P. heterocycla* (Carr.) Mitford f. *pachyloen* (G. Y. Yang et al.) Yi, Yi et al. in Icon. Bamb. Sin. 330. 2008, et in Clav. Gen. Spec. Bamb. Sin. 96. 2009.

Characteristics: culms quadrangular, culm-walls 4 cm thick, sometimes the basal internodes nearly solid.

Use: this cultivar can be cultivated for furniture making and living utensils; the shoots are delicious.

Distribution: China (introduced into Wanzai, Nanchang and Yifeng in Jiangxi).

25) *Phyllostachys edulis* 'Tao Kiang'

Local names: Huangpihuamaozhu, Huaganmaozhu, Jiangshimengzongzhu; Kiang'sMoso Bamboo (English)

Synonyms: *Phyllostachys edulis* f. *huamozhu*

Phyllostachys edulis 'Hsiung's Grammica'

Phyllostachys heterocycla f. *huamozhu*

Phyllostachys heterocycla f. *huamaozhu* 'Tao Kiang'

Phyllostachys heterocycla 'Taokiang'

Phyllostachys heterocycla f. *nabeshimana*

Phyllostachys heterocycla f. *taokiang*

Phyllostachys pubescens Tao Kiang

Phyllostachys pubescens f. *huamozhu*

Sinoarundinaria pubescens f. *nabeshimana*

Citations: *Phyllostachys edulis* 'Tao Kiang', Ohrnberger in Bamb. World *Phyllostachys* ed. 3: 71. 1996; D. Ohrnb., The Bamb. World, 209. 1999; J. Y. Shi in Int. Cul. Regist. Rep. Bamb. (2013-2014): 24. 2015. ——*P. edulis* 'Hsiung's Grammica', Ohrnberger in Bamb. World *Phyllostachys* ed. 3: 63. 1996. ——*P. edulis* (Carr.) H. de Leh. f. *huamaozhu* (Wen) C. S. Chao et S. A. Renv. in Kew. Bull. 43: 420. 1988; C. L. Huang, G. L. Chen et H. Y. Wang in J. Bamb. Res. 10(3): 62. 1991. ——*P. heterocycla* (Carr.) Matsum. f. *huamaozhu* (Wen) Wen in J. Bamb. Res. 4(2): 17. 1985. ——*P. heterocycla* 'Taokiang', W. Y. Zhang et N. X. Ma in S. L. Zhu et al. in Compend. Chin. Bamb. 125, 1994; Keng et Wang in Flora Reip. Pop. Sin. 9(1): 278. 1996. ——*P. heterocycla* f. *huamaozhu* 'Tao Kiang', Ohrnberger in Bamb. World Gen. *Phyllostachys* 14, 1983. ——*P. heterocycla* (Carr.) Matsum. f. *nabeshimana* (Muroi) Muroi in New Keys Jap. Trees 465. 1961; Chinese bamboos, 70. 1988. ——*P. heterocycla* (Carr.) Matsum. f. *taokiang* (W. C. Lin) Yi in J. Bamb. Res. 12(4): 46. 1993; Yi et al. in Icon. Bamb. Sin. 331. 2008. ——*P. pubescens* 'Tao Kiang', Lin in Bul. Taiwan For. Res. Inst. 98:21. 1964; Keng et Wang in Flora Reip. Pop. Sin. 9(1): 278. 1996. ——*P. pubescens* 'Tao Kiang' W. C. Lin in Bull. Taiwan For. Res. Inst. 98: 21. ff. 13, 14. 1964; Fl. Taiwan 5: 735. 1978. ——*P. pubescens* f. *huamozhu* Wen in Act. Phytotax. Sin. 16(4): 99. 1978. ——*S inoarundinaria pubescens* (Mazel) Ohwi f. *nabeshimana* Muroi in Hyogo Tyuto Hakubutsu Zasshi 7: 362. 1941.

Characteristics: culms with yellow-green longitudinal stripes and the leaves sometimes with yellow stripes.

Use: bamboo shoots are edible. Culms are used for weaving and furniture. It can be cultivated in yards and gardens for ornamentation.

Distribution: China (cultivated in gardens in the Yangtze River valley, Jiayi and Kaohsiung in Taiwan); introduced into Europe and the United States.

26) *Phyllostachys edulis* 'Tubaeformis'

Local names: Shengyinzhu

Synonyms: *Phyllostachys edulis* f. *tubaeformis*

Phyllostachys heterocycla f. *tubaeforrnis*

Phyllostachys heterocycla f. *quadrangulata*

Phyllostachys heterocycla 'Tubaeformis'

Phyllostachys pubescens cv. Tubaeformis

Phyllostachys pubescens f. *tubaeforrnis*

Citations: *Phyllostachys edulis* 'Tubaeformis', D. Ohrnb., The Bamb. World, 212. 1999, J. Y. Shi in Int. Cul. Regist. Rep. Bamb. (2013-2014): 24. 2015. ——*P. edulis* (Carr.) H. de Lehaie f. *tubaeformis* (S. Y. Wang) Ohrnberger in Bambus-Brief (2): 18. 1990. ——*P. heterocycla* (Carr.) Mitford f. *quadrangulata* (S. Y. Wang) Yi, Yi et al. in Icon. Bamb. Sin. 330. 2008. & in Clav. Gen. Spec. Bamb. Sin. 97. 2009. ——*P. heterocycla* 'Tubaeformis', W. Y. Zhang & N. X. Ma in S. L. Zhu & al. Compend Chin. Bamb. 125. 1994. ——*P. heterocycla* f. *tubaeforrnis* (S.Y. Wang) Ohrnberger in Bamb. World Gen. *Phyllostachys* ed. 2: 75. 1987. ——*P. pubescens* cv. Tubaeformis, Keng & Wang in Flora Reip. Pop. Sin. 9(1): 276. 1996. ——*P. pubescens* Mazel ex H. de Leh.f. *tubaeformis* S. Y. Wang in Guihaia 4(4): 319. 1984.

Characteristics: the basal part of the culm trumpet-shaped and strongly thickened, usually slightly prismatoidal, internodes shortened, those below the middle part of the culm 5-10 cm long, nodes inclined.

Use: the bamboo can be cultivated in yards and gardens for ornamentation.

Distribution: China (Changsha in Hunan, Junshan and Taojiang in Yueyang, Yiyang Institute of Forestry, Chengdu, Sichuan).

27) *Phyllostachys edulis* 'Tumescens'

Synonyms: *Phyllostachys edulis* f. *tumescens*

Phyllostachys heterocycla f. *tumescens*

Citations: *Phyllostachys edulis* (Carr.) H. de Lehaie f. *tumescens* Yi in J. Sichuan For. Sci. Techn. 36(2): 2015. ——*P. heterocycla* (Carr.) Mitford f. *tumescens* Yi et L. Yang, Yi et al. in Icon. Bamb. Sin. 331. 2008, et in Clav. Gen. Spec. Bamb. Sin. 98. 2009.

Characteristics: culm 4-6 m tall and 7-8 cm in diameter. The nodes of lower branches extremely tumorous.

Use: this bamboo can be cultivated in gardens for ornamentation.

Distribution: China (Changning in Sichuan).

28) *Phyllostachys edulis* 'Ventricosa'

Synonyms: *Phyllostachys edulis* 'Buddha's Belly'

Phyllostachys edulis f. *ventricosa*

Phyllostachys heterocycla f. *ventricosa*

Phyllostachys heterocycla var. *pubescens* f. *ventricosa*

Citations: *Phyllostachys edulis* 'Ventricosa', J. Y. Shi in Int. Cul. Regist. Rep. Bamb. (2013-2014): 24. 2015. ——*P. edulis* (Carr.) H. de Lehaie f. *ventricosa* (Z. P. Wang et N. X. Ma) Ohrnberger in Bambus-Brief (2): 19. 1990, invalid; ex G. H. Lai in J. Anhui Arg. Sci. 40(8): 4624. 2012; Ma et al. The Genus *Phyllostachys* in China 105. 2014. ——*P. edulis* 'Buddha's Belly', Ohrnberger in Bamb. World *Phyllostachys* ed. 3: 59. 1996. ——*P. heterocycla* var. *pubescens* f. *ventricosa* Z. P. Wang et N. X. Ma in J. Ning Univ. Nat. Sci. no. 3: 493. 1983. ——*P. heterocycla* (Carr.) Mitford f. *ventricosa* Z. P. Wang et N. X. Ma, Yi et al. in Icon. Bamb. Sin. 331. 2008, et in Clav. Gen. Spec. Bamb. Sin. 98. 2009.

Characteristics: over 10 internodes below the middle of the culm swollened like Buddha belly, but the adjacent internodes are not inclined mutually.

Use: this bamboo is planted in gardens for ornamentation.

Distribution: China (Anji in Zhejiang).

29) *Phyllostachys edulis* 'Venusta'

Synonyms: *Phyllostachys edulis* f. *venusta*

Phyllostachys heterocycla f. *venusta*

Citations: *Phyllostachys edulis* 'Venusta', J. Y. Shi in Int. Cul. Regist. Rep. Bamb. (2013-2014): 24. 2015. ——*P. edulis* (Carr.) H. de Lehaie f. *venusta* G. H. Lai in J. Bamb. Res. 14(2): 8. 1995. 2012; Ma et al. The Genus *Phyllostachys* in China 105. 2014. ——*P. heterocycla* (Carr.) Mitford f. *venusta* (G. H. Lai) Yi, Yi et al. in Icon. Bamb. Sin. 331. 2008, et in Clav. Gen. Spec. Bamb. Sin. 96. 2009.

Characteristics: culms always small, 5 m tall, 2-3 cm in diameter, green or light green with yellow longitudinal stripes.

Use: this bamboo can be cultivated in gardens for ornamentation.

Distribution: China (Guangde in Anhui, Yixing in Jiangsu).

(8) *Phyllostachys flexuosa* (Carr.) A. et C. Riv.

Culms 5-6 (12) m tall, 2-4 (7) cm in diameter, sometimes the base a little zigzag; internodes 30 cm long, with white powder initially, old culms grey-white, culm-walls 2-5 mm thick; culm-nodes prominent, as tall as sheath-nodes. Culm-sheaths green-brown abaxially, with purple veins, and with brown spots; auricles and oral setae absent; ligules truncate or arched, purple-brown or sometimes yellow-green with purple, margin with cilia; blades reflexed, narrowly triangular, flat, light green purple, margin light yellow. Branches with leaves 2-3; auricles and oral setae absent; blades 8-12 cm long, 1-2 cm wide, the base with pubescenceabaxially. Flowering branches spicate, 4-6 cm long, subtended by 3-6 gradually enlarged scaly bracts; spathes 4-6, sheaths usually shortly pubescent at the lateral part, auricles and oral setae absent, leaves narrowed, lanceolate to subulate, pseudospikelets 2 or 3 axillary to each bract. Paeudospikelets 2.5-3.5 cm long, narrowly lanceolate, florets 2 or 3 for each pseudospikelet, usually one floret developed at the top; rachilla apex extended, needle-shaped at the top, internodes hairy; glumes 1; lemma 2.5 cm long, glabrous, apex acute; palea 2.2 cm long, glabrous or sparsely pubescent at the top; lodicules narrowly ovate lanceolate, 2 mm long; anthers 1 cm long; stigmas 3. Shooting from the end of April to early May.

1) *Phyllostachys* 'Flexuosa' (original cultivars)

Local names: Tianzhu

Citations: *Phyllostachys flexuosa* Carr. in Rev. Hort. 320.1870; A. et C. Riv. in Bull. Soc. Acclim. (ser. 3) 5: 758, f. 38-41. 1878; D. Ohrnb., The Bamb. World, 214. 1999; Yi et al. in Icon. Bamb. Sin. 324. 2008, et in Clav. Gen. Spec. Bamb. Sin. 93. 2009; Ma et al. The Genus *Phyllostachys* in China.110. 2014.

Characteristics: the same with *Phyllostachys flexuosa* (Carr.) A. et C. Riv.

Use: the bamboo shoots are delicious. The culms are flexible and can be used for weaving. According to the records, this bamboo can endure −20℃ in China, so they can be used as an ornamental bamboo for gardens in some northern areas.

Distribution: China (Beijing, Shanxi, Shaanxi, southern of Gansu, Jiangsu, Henan, Hunan, Anhui); introduced into Europe, United States and North Africa.

2) *Phyllostachys flexuosa* 'Hanchiku'

Citations: *Phyllostachys flexuosa* 'Hanchiku', J. v. d. Palen in Bamboekwek. Kimmei [4]. [1993], publication not effected (ICNCP 1995, Art. 23.1); D. Ohrnb., The Bamb. World, 214. 1999.

Characteristics: old culms with purple patches.

Use: unknown.

Distribution: Europe (a few).

3) *Phyllostachys flexuosa* 'Kimmei'

Citations: *Phyllostachys flexuosa* 'Kimmei', G. Cooper in Amer. Bamb. Soc. Newsl. 16(4): 17. 1995; D. Ohrnb., The Bamb. World, 214. 1999; Amer. Bamb. Soc. in Bamb. Species Source List no. 35: 26. 2015.

Characteristics: culms yellow with several green stripes; some foliage leaves with light yellow white stripes.

Use: unknown.

Distribution: United States.

4) *Phyllostachys flexuosa* 'Kimmei Aureostriata'

Citations: *Phyllostachys flexuosa* 'Kimmei Aureostriata', Amer. Bamb. Soc. in Bamb. Species Source List no. 35: 26. 2015.

Characteristics: similar with bent culm bamboo. The differences are that about 1/3 leaf is green and 2/3 leaf have strip, and the color of strip in leaf is half green and half yellow.

Use: this bamboo is planted in gardens for ornamentation.

Distribution: American.

(9) *Phyllostachys glabrata* S. Y. Chen et C. Y. Yao

Culms 6-7 m tall, 3-4 cm in diameter; internodes 19 cm long, initially dark green, rough, old culm grey green, culm-walls 5 mm thick; culm-nodes flat or prominent, as tall as sheath-nodes. Culm-sheaths light reddish-brown or yellowish purple, with dense purple-brown spots; auricles and oral setae absent; ligules truncate or arched, light brown, margin wavy, with short cilia; blades reflexed, narrowly triangular, crinkled, purple green, margins purple or orange. Leaves 2-3 per branchlet; auricles green, oral setae green or purple red; blades 8-11 cm long, 1.2-2 cm wide. Flowering branches spicate, 4-7 cm long, the base with 3-6 gradually enlarged scaly bracts; spathes 4-7, glabrous, auricles tiny, oral setae dense and radiate, reduced leaves ovate to narrow lanceolate, only one pseudospikelet axillary to each bract. Pseudospikelets narrowly lanceolate, 2.0-2.8 cm long, florets 2 for each pseudospikelet; rachilla internodes tomentose; glumes usually absent; lemma 1.9-2.4 cm long, glabrous, slightly rough; palea 1.7-2.2 cm long, glabrous; lodicules thin, 2.5-3.0 mm long; anthers 8-12 mm long; stigmas 3, plumose. Shooting in the middle and the end of April. Flowering in May.

1) *Phyllostachys* 'Glabrata' (original cultivars)

Citations: *Phyllostachys glabrata* S. Y. Chen et C. Y. Yao in Act. Phytotax. Sin. 18(2):174. f. 3. 1980; Keng et Wang in Flora Reip. Pop. Sin. 9(1): 267. 1996; Yi et al. in Icon. Bamb. Sin. 324. 2008, et in Clav. Gen. Spec. Bamb. Sin. 93. 2009.

Characteristics: the same with *Phyllostachys glabrata* S. Y. Chen et C. Y. Yao.

Use: this bamboo can be planted for landscape virescence and ornamentation. Bamboo shoots are edible and delicious.

Distribution: China (endemic to Zhejiang, cultivated in Hangzhou Botanical Garden).

2) *Phyllostachys glabrata* 'Viridistriata'

Synonyms: *Phyllostachys glabrata* f. *viridistriata*

Citations: *Phyllostachys glabrata* S. Y. Chen et C. Y. Yao f. *viridistriata* G. H. Lai in J. of Anhui Agri. Univ. 25(1): 31. 1998 ; Ma et al. The Genus *Phyllostachys* in China 112. 2014; Yi et al. in Icon. Bamb. Sin. Ⅱ. 65. 2017.

Characteristics: internodes of culms light yellow, dark yellow or yellow-green, but the grooves green; some leaves with yellow or light yellow-green longitudinal stripes.

Use: this bamboo can be planted for landscape virescence and ornamentation. Bamboo shoots are edible and delicious.

Distribution: China (Guangde in Anhui).

(10) *Phyllostachys glauca* McClure

Culms 12 m tall, 5 cm in diameter; internodes 40 cm long, with dense white powderinitially, culm-walls 3 mm thick; sheath-nodes as tall as culm-nodes. Culm-sheaths purple-brown or lavender-green and with different shades of longitudinal stripes, with purple veins and sparse spots; auricles and oral setae absent; ligules truncate, dark purple brown, 2-3 mm tall, apex lobed, margin with short cilia; blades recurved or reflexed, linear lanceolate, flat or sometimes crinkled, purple-green, margins yellow. Leaves 2-3 per branchlet; auricles and oral seate deciduous; ligules purplish brown; blades 7-16 cm long, 1.2-2.5 cm wide, with pubescence on both sides of midrib abaxially. Flowering branches spicate, 11 cm long, with 3-5 gradually enlarged scaly bracts at the base; spathes 5-7, glabrous or with sparse pubescence on one side, oral setae sometimes present, few, short and slender, reduced leaves narrowly lanceolate to subulate, pseudospikelets 2-4 for each bract, but only one or two normally developed, the bracts subtending the lateral pseudospikelets lanceolate, and the apex hairy. Pseudospikelets 2.5 cm long, narrowly lanceolate, florets 1 or 2, usually the top one mature; rachilla eventually extending into spicate, internode densely with pubescence; glume absent or only 1; lemma 2 cm long, often with short pubescence; palea slightly shorter than lemma, keels with short pubescence; lodicules 4 mm long; anther 12 mm long; stigmas 2, plumose. Shooting from the mid of April to the end of May. Flowering in June.

1) *Phyllostachys* 'Glauca' (original cultivars)

Local names: Fenlvzhu

Synonyms: *Phyllostachys glauca* 'Notso'

Phyllostachys glauca var. *glauca*

Citations: *Phyllostachys glauca* McClure in J. Arn. Arb. 37:185. f. 6.1956, et in Agr. Handb. USDA No. 114: 36. ff. 26, 27. 1957; Flora of East China Gramineae, 307. pl.331. 1962; Flora of Jiangsu (Ⅰ) ,156. pl.242. 1977; Chinese bamboos, 68. 1988; Icon. Arbor. Yunnani. (Ⅲ), 1455, pl.685. 1991; D. Ohrnb., The Bamb. World, 215. 1999; Yi et al. in Icon. Bamb. Sin. 325. 2008, et in Clav.

Gen. Spec. Bamb. Sin. 92. 2009; Ma et al. The Genus *Phyllostachys* in China 113. 2014. ——*P. glauca* McClure var. *glauca*, Keng et Wang in Flora Reip. Pop. Sin. 9(1): 260. 1996. ——*P. glauca* 'Notso', A. Turtle in Amer. Bamb. Soc. Newsl. 16(3): 9. 1995; Amer. Bamb. Soc. in Bamb. Species Source List no. 35: 26. 2015.

Characteristics: the same with *Phyllostachys glauca* McClure.

Use: this bamboo can be planted for landscape virescence. Bamboo shoots are edible. Culms are used for weaving.

Distribution: China (provinces and regions along Yellow River and Yangtze River Basin); introduced into Europe and United States.

2) *Phyllostachys glauca* 'Variabilis'

Synonyms: *Phyllostachys glauca* var. *variabilis*

Citations: *Phyllostachys glauca* 'Variabilis', J. Y. Shi in Int. Cul. Regist. Rep. Bamb. (2013-2014): 24. 2015. ——*P. glauca* McClure var. *variabilis* J. L. Lu in J. Henan Agr. Coll. (2): 71. f. 3. 1981; Keng et Wang in Flora Reip. Pop. Sin. 9(1): 262. 1996; D. Ohrnb., The Bamb. World, 215. 1999; Yi et al. in Icon. Bamb. Sin. 325. 2008, et in Clav. Gen. Spec. Bamb. Sin. 92. 2009; Ma et al. The Genus *Phyllostachys* in China 114. 2014.

Characteristics: the young culms without white powder or with sparse white powder, and the culm-sheaths on the nodes without branches with cloudy, light brown patches.

Use: this bamboo can be planted for landscape virescence. Bamboo shoots are edible. Culms are used for weaving.

Distribution: China (Boai and Xinyang in Henan, introduced and cultivated in Zhouzhi of Shaanxi).

3) *Phyllostachys glauca* 'Yunzhu'

Synonyms: *Phyllostachys glauca* f. *yunzhu*

Citations: *Phyllostachys glauca* 'Yunzhu', M. Hirsh in Europ. Bamb. Netw. Newsl. 3: 9. 1986; J. P. Demoly in Bamb. Assoc. Europ. Bamb. EBS Sect. Fr. no. 8: 23. 1991; Amer. Bamb. Soc. in Bamb. Species Source List no. 35: 26. 2015. J. Y. Shi in Int. Cul. Regist. Rep. Bamb. (2013-2014): 24. 2015. ——*P. glauca* McClure f. *yunzhu* J. L. Lu in Act. Phytotax. Sin. 14(2): 32. 1976; Icon. Arbor.

Yunnani. (Ⅲ), 1455, pl.685. 1991; Keng et Wang in Flora Reip. Pop. Sin. 9(1): 262. 1996; D. Ohrnb., The Bamb. World, 215. 1999; Yi et al. in Icon. Bamb. Sin. 325. 2008, et in Clav. Gen. Spec. Bamb. Sin. 92. 2009; Ma et al. The Genus *Phyllostachys* in China 114. 2014.

Characteristics: internodes with purple-brown spots or patches.

Use: this bamboo can be planted for landscape virescence. Bamboo shoots are edible. Culms are used for weaving.

Distribution: China (Shanxi, Shaanxi, Henan, Fujian, Jiangsu, Zhejiang, Yunnan); cultivated in Germany.

(11) ***Phyllostachys heteroclada*** Oliv.

Culms 8 (10) m tall, 4 (4.5) cm in diameter; internodes 38 cm long, with white powder initially and sparse short pubescence; culm-nodes as tall as sheath-nodes or taller than sheath-nodes in the slender culm. Culm-sheaths green or green with purple abaxially, white powdery, glabrous or with sparse short pubescence, margins ciliate; auricles ovate, elliptical or sometimes falcate, Light purple, oral setae several, auricles and oral setae absent on small culm-sheaths, or only with setae; ligules with short cilia; blades erect, triangular or narrowly triangular, green, green purple or purple. Leaves (1) 2 (3) per branchlet; auricles absent, oral setae erect; blades 5.5-12.5 cm long, 1.0-1.7 cm wide, the base with pubescence abaxially. Flowering branches capitate, (16) 18-20 (22) mm long, usually lateral, the base with 4-6 gradually enlarged scaly bracts , and spathes 1 or 2 if inflorescence at the top of the leafy tender branches, the latter with ovate or long ovate reduced leaves at the top, Flowering branches on the old branch with spathes 2-6, papery or thin leathery, broadly ovate, apex narrowed, grassy, 9-12 mm long, with pubescence at the apex, margins ciliate, other parts glabrous, apex acute, axilla with 4-7 pseudospikelets, sometimes less than 1; pseudospikelets usually subtended by bracts of different shapes and sizes, 12 mm long, membranous, keeled abaxially, apex gradually acute, apex and keels with long pubescence, lateral veins 2 or 3 pairs, slender. Pseudospikelets 15 mm long, florets 3-7, the upper florets sterile; rachilla 1.5-2.0 mm long, rod-shaped, glabrous, apex truncate; glumes 0-3, the same with bracts, sometimes the upper ones similar to lemma; lemma lanceolate, 8-12 mm long, pubescent at the upper or middle part, with 9-13 veins, keels visible only at the upper, apex gradually acute; palea shorter than lemma, pubescent except the base; lodicules rhomboid ovate, 3 mm long, 7-veined, margins ciliate; anthers 5-6 mm long; style 5 mm long, stigmas 3, sometimes 2, plumose. Shooting in May. Flowering from April to August.

1) *Phyllostachys* 'Heteroclada' (original cultivars)

Local names: Yanzhu;Wasserbambus (Germany); Fishscale Bamboo (English)

Synonyms: *Phyllostachys cerata*

Phyllostachys congesta

Phyllostachys dubia

Phyllostachys heteroclada f. *heteroclada*

Phyllostachys heteroclada f. *purpurata*

Phyllostachys heteroclada 'Purpurata'

Phyllostachys purpurata

Phyllostachys purpurata cv. *Straigiistem*

Citations: *Phyllostachys heteroclada* Oliv. in Hook. Icon. Pl. 23 (ser. 3.): pl. 2288. 1894; Z. P. Wang et al. in Act. Phytotax. 18(2): 187. 1980; Bamboos in Guangxi and cultivation, 132. pl.71. 1987; Fl. Guizhou. 5: 303. pl. 98: 4-7. 1988; Icon. Arb. Yunnan Inferus 1467. fig. 692: 4-6 (p. p). 1991; S. L. Zhu et al., A Comp. Chin. Bamb. 122. 1994; Keng et Wang in Fl. Reip. Pop. Sin. 9(1): 306. pl. 84. 1996; T. P. Yi in Sichuan Bamb. Fl. 128. pl. 41. 1997, et in Fl. Sichuan. 12: 109. pl. 37: 1-16. 1998; D. Ohrnb., The Bamb. World, 215. 1999; Fl. Yunnan. 9: 205. 2003; D. Z. Li et al. in Fl. China 22: 179. 2006; Yi et al. in Icon. Bamb. Sin. 355. 2008, et in Clav. Gen. Sp. Bamb. Sin. 107. 2009; Ma et al. The Genus *Phyllostachys* in China 46. 2014. ——*P. cerata* McClure in Lingnan Univ. Sci. Bull. no. 9: 41. 1940. ——*P. congesta* Rendle in J. Linn. Soc. Bot. 36: 438. 1904; E. G. Camus, Les Bamb. 62. pl. 31. fig. C. 1913; Y. L. Keng, Fl. Ill. Pl. Prim. Sin. Gramineae 108, fig. 78 (p. p.). 1959; Icon. Corm. Sin. 5: 42. fig. 6913. 1976;

Chen,Illustr. manual of Chinese trees and shrubs, 81.1937; Flora Illustr. Plant. Prima. Sinica. Gramineae, 108. pl.78. 1959; Flora of East China Gramineae, 49. pl.16. 1962; Flora of Jiangsu (I), 158. pl.251. 1977. ——*P. dubia* Keng in Sinensia 11 (nos. 5 et 6): 407. 1940.——*P. purpurata* McClure in Lingnan Univ. Sci. Bull. no. 9: 43. 1940; D. Ohrnb., The Bamb. World, 230. 1999. ——*P. heteroclada* f. *purpurata* (McClure) Wen in Bull. Bot.Res. 2(1): 78. 1982. ——*P. heteroclada* 'Purpurata', Ohmberger Bamb. World Gen. *Phyllostachys*, 12.1983. ——*P. purpurata* McClure, i. c. 43. 1940. ——*P. purpurata* cv. Straigiistem McClure in Agr. Handb. USDA No. 114: 56. 1957; Flora of Jiangsu (I), 159. pl.254. 1977.

Characteristics: the same with *Phyllostachys heteroclada* Oliv.

Use: bamboo shoots are edible. This bamboo can be planted for environmental virescence and ornamentation. Culms can be used for farming tools. Occasionally, the giant pandas feed on this bamboo when they move vertically downward in winter.

Distribution: China (The Yellow River basin and the southern provinces); cultivated in Europe and United States.

2) *Phyllostachys heteroclada* 'Decurtata'

Local names: Suanpanzhu,Panzhuzhu

Synonyms: *Phyllostachys heteroclada* f. *decurtata*

Phyllostachys purpurata f. *decurtata*

Citations: *Phyllostachys heteroclada* 'Decurtata', Ohrnberger in Bamb. World *Phyllostachys* ed. 3, 1996: 155; D. Ohrnb., The Bamb. World, 231. 1999. ——*P. heteroclada* f. *decurtata* (S. L. Chen) Wen in J. Bamb. Res. 3(2): 36. 1984. ——*P. purpurata* f. *decurtata* S. L Chen in Flora of Jiangsu (I), 159, 467. 1977.

Characteristics: the lower culms shortened.

Use: this bamboo can be planted for landscape virescence.

Distribution: China (Jiangsu).

3) *Phyllostachys heteroclada* 'Denigrate'

Local names: Heizhu

Synonyms: *Phyllostachys heteroclada* f. *denigrata*

Citations: *Phyllostachys heteroclada* 'Denigrate', J. Y. Shi in Int. Cul. Regist. Rep. Bamboos (2013-2014): 24. 2015. ——*P. heteroclada* Oliv. f. *denigrata* (Yi et H. R. Qi) Yi et H. R. Qi ap. Yi in J. Bamb. Res. 12(4): 47. 1993; D. Ohrnb., The Bamb. World, 216. 1999; Yi et al. in Icon. Bamb. Sin. 356. 2008, et in Clav. Gen. Spec. Bamb. Sin. 107. 2009; Ma et al. The Genus *Phyllostachys* in China 48. 2014.

Characteristics: one-year old culms light green, gradually purple-black, and the underground stems sometimes purple-black.

Use: bamboo shoots are edible. This bamboo can be planted for environmental virescence and ornamentation. Culms can be used for farming tools.

Distribution: China (Liangping in Chongqing).

4) *Phyllostachys heteroclada* 'Flaviculmis'

Synonyms: *Phyllostachys heteroclada* f. *flaviculmis*

Citations: *Phyllostachys heteroclada* Oliv. f. *flaviculmis* P. X. Zhang, X. X. Chen et G. H. Lai in World Bamb. Ratt. 12(5): 36. fig. 2. 2014; Yi et al. in Icon. Bamb. Sin. Ⅱ. 66. 2017.

Characteristics: culms and branches yellow, occasionally with a few irregular green longitudinal stripes; leaves occasionally with yellow-white thin longitudinal stripes.

Use: bamboo shoots are edible. This bamboo can be planted for environmental virescence and ornamentation. Culms can be used for farming tools.

Distribution: China (Anji in Zhejiang).

5) *Phyllostachys heteroclada* 'Purpurata'

Synonyms: *Phyllostachys heteroclada* f. *purpurata*
Phyllostachys heteroclada 'Straightstem'
Phyllostachys purpurata
Phyllostachys purpurata f. *striata*
Phyllostachys purpurata 'Straightstem'

Citations: *Phyllostachys heteroclada* 'Purpurata', Amer. Bamb. Soc. in Bamb. Species Source List no. 35: 27. 2015. ——*P. heteroclada* Oliver f. *purpurata*

(McClure) Wen in Bull.Bot. Res. 2(1): 78. 1982; Keng et Wang in Flora Reip. Pop. Sin. 9(1): 307. 1996; Yi et al. in Icon. Bamb. Sin. 356. 2008, et in Clav. Gen. Spec. Bamb. Sin. 107. 2009. ——*P. heteroclada* 'Straightstem', Ohrnberger in Bamb. World Gen. *Phyllostachys*, 12.1983. ——*P. purpurata* McClure in Lingnan Univ. Sci. Bull. No. 9: 41. 1940. ——*P. purpurata* f. *striata* S. L. Chen in Flora of Jiangsu (Ⅰ), 159. 1977. ——*P. purpurata* 'Straightstem', McClure in Agr. Handb. US Departm. Agr. 114, 1957: 56; D. Ohrnb., The Bamb. World, 231. 1999.

Characteristics: culm-blades purple red.

Use: bamboo shoots are edible. This bamboo can be planted for environmental virescence and ornamentation. Culms can be used for farming tools.

Distribution: China (Jiangsu, Anhui, Zhejiang, Hunan); cultivated in United States.

6) *Phyllostachys heteroclada* 'Solida'

Local names: Shixinzhu, Muzhu, Shizhuzi, Panzhuzhu

Synonyms: *Phyllostachys heteroclada* f. *decurtata*
Phyllostachys heteroclada f. *solida*
Phyllostachys heteroclada 'Solidstem'
Phyllostachys purpurata 'Solidstem'
Phyllostachys purpurata cv. Solidstem
Phyllostachys purpurata f. *decurtata*
Phyllostachys parwifolia f. *lignose*
Phyllostachys purpurata f. *solida*
Phyllostachys bambusoides f. *zitchiku*

Citations: *Phyllostachys heteroclada* 'Solida', J. P. Demoly in Bamb. Assoc. Europ. Bamb. EBS Sect. Fr. no. 8: 24. 1991; D. Ohrnb., The Bamb. World, 231. 1999. ——*P. heteroclada* Oliv. f. *solida* (S. L. Chen) Z. P. Wang et Z. H. Yu in Act. Phytotax. Sin. 18(2): 188. 1980; Keng et Wang in Flora Reip. Pop. Sin. 9(1): 307. 1996; Yi et al. in Icon. Bamb. Sin. 356. 2008, et in Clav. Gen. Spec. Bamb. Sin. 108. 2009. ——*P. heteroclada* 'Solidstem', N. Jaquith in Amer. Bamb. Soc. Newsl. 15(2): 1. 1994; Amer. Bamb. Soc. in Bamb. Species Source List no. 35:

27. 2015. ——*P. heteroclada* Oliver f. *decurtata* (S. L. Chen) Wen in J. Bamb. Res. 3(2): 36. 1984; Ma et al. The Genus *Phyllostachys* in China 47. 2014. ——*P. purpurata* 'Solidstem', McClure in Agr. Handb. USDA No. 114: 56. 1957. ——*P. purpurata* f. *solida* S. L. Chen, Flora of Jiangsu (Ⅰ) ,159.pl.253. 1977; Chinese bamboos, 79. 1988. ——*P. purpurata* f. *decurtata* S. L. Chen in 1. c. 159, 467. 1977. ——*P. parwifolia* C. D. Chu et H. Y. Chou f. *lignosa* Wen in Bull. Bot. Res. 2(1): 75: 1982. ——*P. bambusoides* Sieb.et Zucc. f. *zitchiku* auct. non Makino; Flora Illustr. Plant. Prima. Sinica. Gramineae, 100, pl.68. 1959.

Characteristics: culm-walls thick, the internodes solid or nearly solid, the upper internodes usually slightly flat and slightly square on the opposite side of the branches, and the base or the basal one or two internodes sometimes shorten as abacus beads.

Use: culms are hard and used as scaffolds. Bamboo shoots are edible.

Distribution: China (Jiangsu, Anhui, Zhejiang, Hunan); introduced into France, Germany and United States.

(12) *Phyllostachys hirtivagina* G. H. Lai

Culms 1-2.5 (5) m tall, 1-1.8 (3) cm in diameter, the base of a few culms a little zigzag or geniculate; internodes 20-25 cm long, initially purple, with dense white powder, usually glabrous, green or yellowish green when old; culm-nodes prominent; intranodes 3-4 mm tall. Branches spreading. Culm-sheaths reddish-brown with green, or small culms light green-brown with red, milky white longitudinal stripes and spots absent abaxially, with dense light brown setae and white powder, the base glabrous, margins with light brown cilia; auricles ovate, falcate, purple, oral setae long and crinkled; ligules 2.0-2.5 mm tall, light yellow-green with purple or green-brown, apex truncate or curved, with white short cilia; blades triangular, purple, erect, the base shrinked, as wide as ligules. Leaves (1) 2-3 (4) per branchlet; sheaths glabrous; auricles inconspicuous, oral seate sevaral; ligules not protruding or slightly protruding; blades lanceolate, 10-15 cm long, 1.0-1.5 cm wide, the adaxial dark green, pink green abaxially, the base with long pubescence, secondary veins 5-6 pairs. Inflorescences nearly capitate or short spicate, with 6 to 12 pseudospikelets; lemma and palea with pubescence; stamens 3, anthers light yellow. Shooting in the end of April. Flowering from April to May.

1) *Phyllostachys* 'Hirtivagina' (original cultivars)

Local names: Zaozhu, Jiantoumao, Gouzhuzi

Synonyms: *Phyllostachys hirtivagina* f. *hirtivagina*

Citations: *Phyllostachys hirtivagina* G. H. Lai in pl. Divers. Resourc. 35(2): 134, f. 2. 2013; Yi et al. in Icon. Bamb. Sin. Ⅱ. 67. 2017. ——*P. hirtivagina* G. H. Lai f. *hirtivagina*, Ma et al. The Genus *Phyllostachys* in China 49. 2014.

Characteristics: the same with *Phyllostachys hirtivagina* G. H. Lai.

Use: bamboo shoots are edible.

Distribution: China (southern Anhui).

2) *Phyllostachys hirtivagina* 'Luteovittata'

Synonyms: *Phyllostachys hirtivagina* f. *luteovittata*

Citations: *Phyllostachys hirtivagina* G. H. Lai f. *luteovittata* G. H. Lai in World Bamb. Ratt. 11(4): 22. 2013; Ma et al. The Genus *Phyllostachys* in China 50. 2014; Yi et al. in Icon. Bamb. Sin. Ⅱ. 68. 2017.

Characteristics: internodes green, grey-green or yellow-green, grooves yellow, and the culm- sheath color slightly light.

Use: bamboo shoots are edible. This cultivar can be planted in gardens for ornamentation.

Distribution: China (Jingde in Anhui).

(13) *Phyllostachys incarnata* Wen

Culms 8 m tall, 4.5 cm in diameter; internodes 20 cm long, with white powder initially, especially dense below nodes; culm-nodes as tall as sheath-nodes or taller than sheath-nodes in the slender culm. Culm-sheaths flesh red, the upper part or the whole green in small shoots, sparsely spotted, sometimes with dark brown patches, and with sparse setae or glabrous; auricles purple-brown, falcate, oral setae purple-brown; ligules truncate or arched, purple-brown, margin with long cilia; blades erect or reflexed, triangular or linear triangular, wavy. Leaves 3-4 per branchlet; auricles ovate or semicircle, green with purple, oral setae radiate;

blades 13 cm long, 1.5 cm wide, with pubescence abaxially. Flowering branches spicate. Florets 2 or 3 per pseudospikelets; glumes 1 or 2; lemma 22 mm long, pubescent, densely at the apex; palea 18 mm long, sparsely hairy; lodicules 4 mm long; anthers 7 mm long; pistils with 1 long style and 3 plumose stigmas. Shooting from April to May, flowering from April to May.

1) *Phyllostachys* 'Incarnata' (original cultivars)

Synonyms: *Phyllostachys primotina*

Citations: *Phyllostachys incarnata* Wen in Bull. Bot. Res. 2(1): 65. f. 4. 1982; Keng et Wang in Flora Reip. Pop. Sin. 9(1): 291. 1996; Yi et al. in Icon. Bamb. Sin. 332. 2008, et in Clav. Gen. Spec. Bamb. Sin. 102. 2009; Ma et al. The Genus *Phyllostachys* in China 115. 2014. ——*P. primotina* Wen in J. Bamb. Res. 3(2): 34. f. 10. 1984.

Characteristics: the same with *Phyllostachys incarnata* Wen.

Use: this bamboo is used for landscape virescence. Bamboo shoots are edible and the shooting period is long.

Distribution: China (Zhejiang).

2) *Phyllostachys incarnata* 'Bicolor'

Synonyms: *Phyllostachys incarnata* f. *bicolor*

Citations: *Phyllostachys incarnata* Wen f. *bicolor* P. X. Zhang, X. X. Chen et G. H. Lai in World Bamb. Ratt. 12(5): 35. fig. 1. 2014; Yi et al. in Icon. Bamb. Sin. Ⅱ. 72. 2017.

Characteristics: culms and branches yellow, grooves green, and with some irregular green longitudinal stripes in other parts; some leaves with a few light yellow or white thin longitudinal stripes.

Use: this cultivar can be planted in yards and gardens for ornamentation. Bamboo shoots are edible.

Distribution: China (Anji in Zhejiang).

(14) *Phyllostachys iridescens* C. Y. Yao et C. Y. Chen

Culms 6-12 m tall, 4-7 cm in diameter; internodes 17-24 cm long, with white powder initially, 1 or 2 years old culms with yellow-green longitudinal stripes while old culms without stripes, culm-walls 6-7 mm thick; culm-nodes as tall as sheath-nodes. Culm-sheaths purple-red or reddish-brown abaxially, with dense purple brown spots and thin white powder, margins purple brown; auricles and oral setae absent; ligules arched, purple brown, margin with long purplish red cilia; blades reflexed, flat or crinkled, green, margins red yellow. Leaves 3-4 per branchlet; auricles absent, oral setae purple; ligules purplish red; blades 8-17 cm long, 1.2-2.1 cm wide. Flowering branches spicate, (2.5) 5-6 (8.5) cm long, the base with 3-5 gradually enlarged scaly bracts; spathes 5-7, abaxially pubescent, oral setae short, 1-3, reduced leaves tiny, each spathe axillary with 2 or 3 (4) pseudospikelets. Pseudospikelets 3.0-3.5 cm long, purple, lanceolate, florets 1-3 per spikelet, usually only one mature at the top; rachilla extended, needle-shaped, internodes hairy; glume usually one or absent, lanceolate; lemma 1.8-2.1 cm long, glabrous, apex aristate; palea 1.5-1.8 cm long, glabrous or sparsely hairy at the top, with 2 keels; lodicules ovate lanceolate, 2.5-3.0 mm long; anthers 1 cm long; stigmas 3, plumose. Shooting in the middle and the end of April. Flowering from April to May.

1) *Phyllostachys* 'Iridescens' (original cultivars)

Local names: Hongkezhu; Cock bamboo (UK)

Citations: *Phyllostachys iridescens* C. Y. Yao et S. Y. Chen in Act. Phytotax. Sin. 18(2):170. f. 1. 1980; Flora of Jiangsu (Ⅰ) ,156.1977 (tantumin Sinice. descr.); Chinese bamboos ,71. 1988; Keng et Wang in Flora Reip. Pop. Sin. 9(1): 268. 1996; D. Ohrnb., The Bamb. World, 217. 1999; Yi et al. in Icon. Bamb. Sin. 332. 2008, et in Clav. Gen. Spec. Bamb. Sin. 102. 2009; Ma et al. The Genus *Phyllostachys* in China 116. 2014.

Characteristics: the same with *Phyllostachys iridescens* C. Y. Yao et C. Y. Chen.

Use: this bamboo can be cultivated for landscape virescence. Bamboo shoots are edible. Culms are used for clothes drying poles and farming tool handles.

Distribution: China (widely cultivated in rural areas of Jiangsu and Zhejiang); introduced into Europe and United States.

2) *Phyllostachys iridescens* 'Heterochroma'

Local names: Jingubang

Synonyms: *Phyllostachys iridescens* f. *heterochroma*

Citations: *Phyllostachys iridescens* C. Y. Yao et C. Y. Chen f. *heterochroma* P. X. Zhang in World Bamb. Ratt. 4(3): 26. 2006; Ma et al. The Genus *Phyllostachys* in China 117. 2014; Yi et al. in Icon. Bamb. Sin. Ⅱ. 73. 2017.

Characteristics: new culms bright yellow, sometimes with red halo in the middle and lower internodes; the old culms yellow, grooves green, and a few internodes with 1–2 green longitudinal stripes; some leaves with yellow-white longitudinal stripes.

Use: this cultivar can be planted in yards and gardens for ornamentation. Bamboo shoots are edible.

Distribution: China (Anji in Zhejiang).

3) *Phyllostachys iridescens* 'Luteosulcata'

Local names: Huangcaohongzhu

Synonyms: *Phyllostachys iridescens* f. *luteosulcata*

Citations: *Phyllostachys iridescens* C. Y. Yao et C. Y. Chen f. *luteosulcata* C. H. Zhao et K. J. Mao in J. Bamb. Res. 12(3): 23. 1993; D. Ohrnb., The Bamb. World, 217. 1999; P. X. Zhang in World Bamb. Ratt. 15(6): 40. 2017.

Characteristics: grooves of culms and branches yellow.

Use: this bamboo can be cultivated in gardens for ornamentation.

Distribution: China (Zhejiang, Anhui).

4) *Phyllostachys iridescens* 'Striata'

Synonyms: *Phyllostachys iridescens* f. *striata*

Citations: *Phyllostachys iridescens* C. Y. Yao et C. Y. Chenf. *striata* Wen in Bull. Bot. Res. 2(1): 74. 1982; Ohrnb., The Bamb. World, 217. 1999.

Characteristics: culms, especially in the lower part, with several red or purple longitudinal stripes.

Use: unknown.

Distribution: China (Anji in Zhejiang).

(15) *Phyllostachys makinoi* Hayata

Culms 10-20 m tall, 3-8 cm in diameter; internodes 40 cm long, with thin white powder initially, pits or white dots seen under hand lens, culm-walls 10 mm thick; culm-nodes as tall as sheath-nodes or a little taller than sheath-nodes. Culm-sheaths milky yellow, sometimes green or brown, with green veins abaxially, without white powder or with thin white powder, glabrous, with unequal sized spots; auricles and oral setae absent; ligules truncate or arched, purple, margin with purplish red long cilia; blades reflexed, flat or crinkled, green centrally, orange or green-yellow laterally. Leaves 2-3 per branchlet; auricles sometimes present, oral setae conspicuous; ligules arched, margin with purplish red cilia; blades 8-14 cm long, 1.5-2.0 cm wide, the abaxial hairy initially. Shooting in early June.

1) *Phyllostachys* 'Makinoi' (original cultivars)

Local names: Guizhu ; Kei-chiku (Japan); Makino Bamboo(UK)

Synonyms: *Phyllostachys makinoi* f. *makinoi*

Citations: *Phyllostachys makinoi* Hayata in Icon. Pl. Form. 5: 250. 1915, et in ibid. 6: 142. f. 52. 1916; McClure in Agr. Handb. USDA No. 114: 38. ff. 28, 29. 1957; Flora Illustr. Plant. Prima. Sinica. Gramineae ,103. pl.72. 1959; Flora of East China Gramineae ,44. pl.12: 1962; Fl. Taiwan 5: 727. pl. 1492. 1978, p. p.; S. Suzuki, Ind. Jap. Bambusac. 14 (f. 4), 76. 77 (pl. 4.), 337. 1978; Keng et Wang in Flora Reip. Pop. Sin. 9(1): 254. 1996; D. Ohrnb., The Bamb. World, 217. 1999; Yi et al. in Icon. Bamb. Sin. 334. 2008, et in Clav. Gen. Spec. Bamb. Sin. 90. 2009. —— *P. makinoi* Hayata f. *makinoi*, Ma et al. The Genus *Phyllostachys* in China 119. 2014.

Characteristics: the same with *Phyllostachys makinoi* Hayata.

Use: this bamboo can be planted as ecological shelter forests and landscape virescence. Bamboo shoots are edible; culms are hard, and can be used for buildings, paper making, furniture, and flute.

Distribution: China (Taiwan, Fujian, introduced and cultivated in Jiangsu and Zhejiang).

2) *Phyllostachys makinoi* 'Wuyishanensis'

Synonyms: *Phyllostachys makinoi* f. *wuyishanensis*

Citations: *Phyllostachys makinoi* Hayata f. *wuyishanensis* S. S. You et H. L. Yu ex G. H. Lai in J. Wuhan Bot. 17(4): 320. 1999; Ma et al. The Genus *Phyllostachys* in China 120. 2014; Yi et al. in Icon. Bamb. Sin. Ⅱ . 78. 2017.

Characteristics: culm-Sheath with light yellow longitudinal stripes; leaf blades with 1-2 golden longitudinal stripes.

Use: this bamboo can be planted as ecological shelter forests and landscape virescence. Bamboo shoots are edible; culms are hard, and can be used for buildings, paper making, furniture, and flute.

Distribution: China (Zhejiang, Fujian).

(16) *Phyllostachys mannii* Gamble

Culms 10 m tall, 4-6 cm in diameter; internodes 30-42 cm long, without white powder initially, with sparse pubescence, culm-walls 10 mm thick; culm-nodes as tall as sheath-nodes or a little taller than sheath-nodes. Culm-sheaths dark purple or light purple abaxially, with light yellow or yellowish-green stripes, with purplish brown spots, the upper part of margins with short cilia; auricles absent or unequal, purple, falcate, oral setae present on the bigger one; ligules truncate or arched, purple, with long pubescence abaxially, margins with short cilia; blades erect or recurved, light green, yellow or purple green, triangular, flat or wavy to a little crinkled, margins milky yellow with purple. Leaves 1-2 per branchlet; auricles tiny or inconspicuous, oral setae erect; blades 7.5-16.0 cm long, 1.3-2.2 cm wide. Shooting in early May.

1) *Phyllostachys* 'Mannii' (original cultivars)

Local names: Huangguzhuh, Hongjizhu

Synonyms: *Phyllostachys assamica*

Phyllostachys bawa

Phyllostachys decora

Phyllostachys helva

Phyllostachys mannii 'Mannii'

Citations: *Phyllostachys mannii* Gamble in Ann. Roy. Bot. Gard. Calcutta 7: 28. pl. 28. 1896; C. S. Chao et S. A. Renv. in Kew Bull. 43: 417. 1988; S. L. Zhu et al., A Comp. Chin. Bamb. 131. 1994 ; Keng et Wang in Flora Reip. Pop. Sin. 9(1): 281. pl. 76: 1-4. 1996; D. Ohrnb., The Bamb. World, 218. 1999; T. P. Yi in Sichuan Bamb. Fl. 112. pl. 33.1997, et in Fl. Sichuan. 12: 95. pl. 33: 6-7. 1998; Fl. Yunnan. 9: 202. pl. 48: 1-4. 2003; Fl. China 22: 173. 2006; Icon. Bamb. Sin. 334. 2008; Clav. Gen. Sp. Bamb. Sin. 100. 2009. ——*P. assamica* Gamble ex Brandis, Indian Trees 607. 1906. ——*P. bawa* E. G. Camus, Les Bamb. 66. 1913. ——*P. decora* McClure in J. Arn. Arb. 37: 182. f. 2. 1956; et in Agr. Handb.USDA 114: 29. ff. 18, 19, 1957; Flora of East China Gramineae, 307. pl.330. 1962; Flora of Jiangsu (Ⅰ) ,154. pl.237. 1977; Icon. Arbor. Yunnani. (Ⅲ), 1463, pl.690. 1991. C. P. Wang et al. In Act. Phytotax. Sin. 18(2): 181. 1980; Fl. Xizang. 5: 59. fig. 28. 1987. ——*P. helva* Wen in Bull. Bot. Res. 2(1): 64. f. 3. 1982. ——*P. mannii* 'Mannii', Amer. Bamb. Soc. in Bamb. Species Source List no. 35: 27. 2015.

Characteristics: the same with *Phyllostachys mannii* Gamble.

Use: internodes are long, and can be used for weaving. This bamboo has rich bamboo shoot yield and grows fast. Therefore, it is a good species for forestation.

Distribution: China (from the Yellow River to the Yangtze River Basin and directly to southeastern of Xizang); India; introduced into United States.

2) *Phyllostachys mannii* 'Decora'

Citations: *Phyllostachys mannii* 'Decora', Amer. Bamb. Soc. in Bamb. Species Source List no. 35: 27. 2015.

Characteristics: similar to the characteristics of *Phyllostachys mannii* Gamble. More resistant to cold, drought and heat.

Use: beautiful bamboo, garden cultivation for ornamentation.

Distribution: United States.

(17) *Phyllostachys nidularia* Munro

Culms 10 m tall, 5 cm in diameter; internodes 30 cm long, with white powder initially; sheath-nodes with brown setae initially; culm-nodes as tall as sheath-nodes or a little taller than sheath-nodes. Culm-sheaths green abaxially, the upper with milky-white longitudinal stripes, the middle and lower with purple longitudinal stripes, the upper with white powder, the base with dense brown setae, the upper sparse, margins ciliate; the base of blades extened laterally to be auricles, triangular or falcate, purple, oral setae sparse; ligules arched, purplish brown, margins ciliate; blades erect, triangular, green purple. Leaves 1 (2) per branchlet, downward; auricles and oral setae tiny or absent; ligules short; blades 4-13 cm long, 1-2 cm wide, sometimes the base with pubescence abaxially. Flowering branches capitate, 1.5-2.0 cm long, the base with gradually enlarged bracts 2-4, ovate at the base, narrower apically, papery, 16 mm long, margins ciliate, other parts glabrous or only hairy at the lateral part and the top, each spathe axillary with 2-8 pseudospikelets; bracts of pseudospikelets narrow, variable in size, or absent, membranous, 5-7 veined, keeled, upper part and keels pubescent. Florets 2-5 per pseudospikelet, the top 1 or 2 florets sterile; rachilla slightly rod-shaped at internodes, flat at the upper, pubescent, obliquely truncate; glumes usually 1, seldom 3, similar to the bracts 15 mm long; lemma grass-like, densely with long setae, apex gradually acute, with several veins, the first lemma 10-12 mm long, up to 16 mm; palea shorter than lemma, with slender setae, 6-11 mm long; anthers 4.5-5.5 mm long, stigmas 3, sometimes 2 or 1, plumose. Shooting from April to May. Flowering from April to August.

1) *Phyllostachys* 'Nidularia' (original cultivars)

Local names: Baijiazhu

Synonyms: *Phyllostachys nidularia* f. *nidularia*

Phyllostachys nidularia f. *glabrovagina*

Phyllostachys nidularia f. *nidularia*

Phyllostachys nidularia f. *vexillaris*

Phyllostachys nidularia 'Smoothsheath'

Citations: *Phyllostachys nidularia* Munro in Gard. Chron. new ser. 6: 773. 1876; McClure in Handb. USDA No. 114: 42. ff. 32, 33. 1957; Y. L. Keng, Fl. Ill. Pl. Prim. Sin. Gramineae 107, fig. 77 (4-13). 1959; Flora of East China Gramineae,

48. pl.15. 1962; Fl. Tsiling. 1(1): 62. 1976; Icon. Corm. Sin. 5: 41. fig. 6912. 1976; Flora of Jiangsu (Ⅰ), 157. pl.248. 1977; Z. P. Wang et al. in Act. Phytotax. 18(2): 185. 1980; Bamboos in Hong Kong ,70. 1985; Bamboos in Guangxi and cultivation ,131. pl.70. 1987; Chinese bamboos, 72. 1988; Fl. Guizhou. 5: 301. pl. 99: 1-3. 1988; Icon. Arb. Yunn. Inferus 1467. fig. 692: 1-3 (p. p). 1991; S. L. Zhu et al., A Comp. Chin. Bamb. 132. 1994; Keng et Wang in Fl. Reip. Pop. Sin. 9(1): 304. pl. 83: 8-10. 1996; T. P. Yi in Sichuan Bamb. Fl. 125. pl. 39. 1997, et in Fl. Sichuan. 12: 105. pl. 36. 1998 ; D. Ohrnb., The Bamb. World, 219. 1999; Fl. Yunnan. 9: 205. 2003; D. Z. Li et al. in Fl. China 22: 178. 2006; Yi et al. in Icon. Bamb. Sin. 358. 2008, et in Clav. Gen. Spec. Bamb. Sin. 106. 2009; T. P. Yi et al. in J. Sichuan For. Sci. Tech. 31(4): 3, 9. 2010; Ma et al. The Genus *Phyllostachys* in China. 56. 2014. ——*P. nidularia* Munro f. *glabrovagina* (McClure) Wen in J. Bamb. Res. 3(2): 36. 1984; et 4(2): 17. 1985. ——*P. nidularia* f. *nidularia*, Keng et Wang in Flora Reip. Pop. Sin. 9(1): 304. 1996. ——*P. nidularia* Munro f. *vexillaris* Wen in Bull. Bot. Res. 2(1): 74. f. 11. 1982. ——*P. nidularia* Munro 'Smoothsheath' McClure in Agr. Handb. USDA. No. 114: 44. 1957.

Characteristics: the same with *Phyllostachys nidularia* Munro.

Use: bamboo shoots are edible and culms can be used as timber. Giant pandas feed on the bamboo when they move vertically downward in winter.

Distribution: China (Shaanxi, Henan and south of the Yangtze River Basin); cultivated in Japan, United States and Italy.

2) *Phyllostachys nidularia* 'Farcata'

Local names: Solid Broom Bamboo (UK)

Synonyms: *Phyllostachys nidularia* f. *farcta*

Citations: *Phyllostachys nidularia* 'Farcta', in Amer. Bamb. Soc. Newsl. 16(4): 10. 1995; Amer. Bamb. Soc. in Bamb. Species Source List no. 35: 27. 2015. ——*P. nidularia* Munro f. *farcata* H. R. Zhao et A. T. Liu in Act. Phytotax. Sin. 18(2): 186. 1980; Keng et Wang in Flora Reip. Pop. Sin. 9(1): 305. 1996; D. Ohrnb., The Bamb. World, 219. 1999; Yi et al. in Icon. Bamb. Sin. 359. 2008, et in Clav. Gen. Spec. Bamb. Sin. 106. 2009.

Characteristics: internodes solid or near solid.

Use: bamboo shoots are edible. Culms can be used for handles. This bamboo is usually planted in gardens for virescence.

Distribution: China (Lianshan in Guangdong); introduced and cultivated in Switzerland and United States. Cultivated in the United States since the 1990s.

3) *Phyllostachys nidularia* 'Glabrovagina'

Local names: Smooth-sheathed Broom Bamboo (UK)

Synonyms: *Phyllostachys nidularia* cv. *Smoothsheath*
Phyllostachys nidularia f. *glabrovagina*
Phyllostachys nidularia 'Smoothsheath'

Citations: *Phyllostachys nidularia* Munro f. *glabrovagina* (McClure)Wen in J. Bamb. Res. 3(2): 36. 1984, et J. Bamb. Res. 4(2): 17. 1985; Keng et Wang in Flora Reip. Pop. Sin. 9(1): 305. 1996; D. Ohrnb., The Bamb. World, 219. 1999; Yi et al. in Icon. Bamb. Sin. 359. 2008, et in Clav. Gen. Spec. Bamb. Sin. 106. 2009; Ma et al. The Genus *Phyllostachys* in China 57. 2014. ——*P. nidularia* cv. Smoothsheath McClure in Agr. Handb. USDA No. 114: 44. 1957. ——*P. nidularia* 'Smoothsheath', McClure in Agr. Handb. US Departm. Agr. 114: 44. 1957; Amer. Bamb. Soc. in Bamb. Species Source List no. 35: 27. 2015.

Characteristics: culm-sheaths glabrous, leaf-sheaths deciduous, branches with one leaf.

Use: bamboo shoots are edible , culms can be used for buildings.

Distribution: China (Zhejiang, Shaanxi, Henan, Sichuan, Hunan, Anhui, Guizhou, Guangxi); cultivated in the United Kingdom, Germany and United States.

4) *Phyllostachys nidularia* 'Mirabilis'

Synonyms: *Phyllostachys nidularia* f. *mirabilis*

Citations: *Phyllostachys nidularia* 'Mirabilis', J. Y. Shi in Int. Cul. Regist. Rep. Bamboos (2013-2014): 24. 2015. ——*P. nidularia* Munro f. *mirabilis* Yi et C. Q. Shen in J. Bamb. Res. 10(1): 33. 1991; D. Ohrnb., The Bamb. World, 220.

1999; Yi et al. in Icon. Bamb. Sin. 360. 2008, et in Clav. Gen. Spec. Bamb. Sin. 107. 2009; Ma et al. The Genus *Phyllostachys* in China. 58. 2014.

Characteristics: internodes of culms and branches green, the grooves yellow, and the culm-sheaths light green and without stripes.

Use: this cultivar can be planted in yards and gardens for ornamentation.

Distribution: China (Huaying in Sichuan).

5) *Phyllostachys nidularia* 'Speciosa'

Synonyms: *Phyllostachys nidularia* f. *speciosa*

Citations: *Phyllostachys nidularia* 'Speciosa', J. Y. Shi in Int. Cul. Regist. Rep. Bamb. (2013-2014): 24. 2015. ——*P. nidularia* Munro f. *speciosa* Yi et C. Q. Shen in J. Bamb. Res. 10(1): 33. 1991; D. Ohrnb., The Bamb. World, 220. 1999; Yi et al. in Icon. Bamb. Sin. 360. 2008, et in Clav. Gen. Spec. Bamb. Sin. 107. 2009; Ma et al. The Genus *Phyllostachys* in China. 59. 2014.

Characteristics: internodes of culms and branches yellow, and the grooves green; the culm-sheaths light green with yellow longitudinal stripes; rhizomes yellow, and the grooves green.

Use: this cultivar can be planted in yards and gardens for ornamentation.

Distribution: China (Huaying in Sichuan).

6) *Phyllostachys nidularia* 'Sulfurea'

Synonyms: *Phyllostachys nidularia* f. *sulfurea*

Citations: *Phyllostachys nidularia* 'Sulfurea', J. Y. Shi in Int. Cul. Regist. Rep. Bamboos (2013-2014): 24. 2015. ——*P. nidularia* Munro f. *sulfurea* Yi et C. Q. Shen in J. Bamb. Res. 10(1): 32. 1991; D. Ohrnb., The Bamb. World, 220. 1999; Yi et al. in Icon. Bamb. Sin. 360. 2008, et in Clav. Gen. Spec. Bamb. Sin. 107. 2009; Ma et al. The Genus *Phyllostachys* in China. 59. 2014.

Characteristics: internodes yellow, sometimes with 1 (2) green longitudinal stripes at basal internodes; culm-sheath light green, with yellow longitudinal stripes; branches yellow, sometimes with a green longitudinal stripe abaxially; internodes of rhizomes yellow when exposed above the ground.

Use: this cultivar can be cultivated in yards and gardens for ornamentation.

Distribution: China (Huaying in Sichuan); introduced into Germany.

7) *Phyllostachys nidularia* 'Vexillaris'

Synonyms: *Phyllostachys nidularia* f. *vexillaris*

Citations: *Phyllostachys nidularia* Munro f. *vexillaris* Wen in Bull. Bot. Res. 2(1): 74. f. 11. 1982; Keng et Wang in Flora Reip. Pop. Sin. 9(1): 305. 1996; D. Ohrnb., The Bamb. World, 220. 1999; Yi et al. in Icon. Bamb. Sin. 360. 2008, et in Clav. Gen. Spec. Bamb. Sin. 106. 2009; Ma et al. The Genus *Phyllostachys* in China 60. 2014.

Characteristics: culm-sheath glabrous, auricles large, like butterfly-wings.

Use: this cultivar can be used for landscape virescence and planted in bamboo gardens.

Distribution: China (Yuyao in Zhejiang).

(18) *Phyllostachys nigra* (Lodd. ex Lindl.) Munro

Culms 4-8 (10) m tall, 5 cm in diameter; internodes 25-30 cm long, with white powder and pubescence initially, light green, purple spots gradually present and eventually purple-black after one year, glabrous; sheath-nodes hairy; culm-nodes prominent, taller than sheath-nodes, or as tall as sheath-nodes. Culm-sheaths red brown abaxially, without spots, or with tiny dark purple spots, dense at the upper, with white powder and dense setae; auricles purple black, tiny, oral setae purple black; ligules arched, purple, margins with long cilia; blades erect or recurved, green, vein purple, triangular or triangular lanceolate, wavy. Leaves 2-3 per branchlet; auricles inconspicuous, oral setae deciduous; blades 7-10 cm long, 0.7-1.0 cm wide, the base initially with short pubescence abaxially, secondary veins 3-5 pairs. Flowering branches short spike, 3.5-5.0 cm long, the base with 4–8 gradually enlarged scaly bracts; spathe 4-6, glabrous or hairy except margin, auricles absent, oral setae a few or absent, reduced leaves tiny, usually subulate or a small tip, or ovate lanceolate, each spathe axillary with 1-3 pseudospikelets. Spikelets lanceolate, 1.5-2.0 cm long, with 2 or 3 florets, rachilla pubescent; glumes 1-3, occasionally absent, with pubescence at the upper abaxially; lemma densely pubescent, 1.2-1.5 cm long; palea shorter than lemma; anthers 8 mm long;

stigmas 3, plumose. Shooting in the end of April.

1) *Phyllostachys* 'Nigra' (original cultivars)

Local names: Heizhu

Synonyms: *Arundinaria stolonifera*

Bambusa nigra

Phyllostachys filifera

Phyllostachys nana

Phyllostachys nigra 'Nigra'

Phyllostachys nigra var. *nigra*

Phyllostachys nigripes

Phyllostachys puberula

Phyllostachys puberula var. *nigra*

Phyllostachys stolonifera

Sinarundinaria nigra

Citations: *Phyllostachys nigra* (Lodd. ex Lindl.) Munro in Trans. Linn. Soc. 26: 38. 1968; Y. L. Keng, Fl. Ill. Pl. Prim. Sin. Gramineae 105. fig. 75. 1959; Flora of East China Gramineae, 46. pl.14. 1962; Icon. Corm. Sin. 5: 41. 1976; Chen, Illustr. manual of Chinese trees and shrubs, 81. 1937; McClure in Agr. Handb. USDA No. 114: 45, ff. 34, 35. 1957; Fl. Tsinling. 1(1): 64. 1976; Flora of Jiangsu (Ⅰ), 158, pl.249. 1977; Fl. Taiwan 5: 730. pl. 1493. 1978; S. Suzuki, Ind. Jap. Bambusac. 5 (f. 5-1), 78, 79 (pl. 5), 337. 1978; Z. P. Wang et al. in Act. Phytotax. Sin. 18(2): 179. 1980; Bamboos in Hong Kong, 71. 1985; Bamboos in Guangxi and cultivation, 129. pl.69. 1987; Fl. Guizhou. 5: 299. pl. 98: 1-3. 1988; Chinese bamboos, 73. 1988; Icon. Arb. Yunn. Inferus 1460. fig. 688. 1991; S. L. Zhu et al., A Comp. Chin. Bamb. 135. 1994; Keng et Wang in Flora Reip. Pop. Sin. 9(1): 288. 1996; D. Ohrnb., The Bamb. World, 220. 1999; T. P. Yi in Sichuan Bamb.Fl. 120. pl. 37. 1997, et in Fl. Sichuan. 12: 101. pl. 35: 1-16. 1998; Fl. Yunnan. 9: 200. 2003; Fl. China 22: 175. 2006; Yi et al. in Icon. Bamb. Sin. 336. 2008, et in Clav. Gen. Spec. Bamb. Sin. 101. 2009; Ma et al. The Genus *Phyllostachys* in China 61. 2014. ——*P. filifera* McClure in Lingnan Univ. Sic. Bull. 9: 42. 1940. ——

P. nana Rendle in J. Linn. Soc. Lond. Bot. 36: 441. 1904. ——*P. nigripes* Hayata, Icon. Pl. Form. 6: 142. f. 53. 1916. ——*P. nigra* 'Nigra', W. et H. Simon ex M. Hirsh in Europ. Bamb. Netw. Newsl. 3: 7, 1986. ——*P. puberula* (Miq.) Munro var. *nigra* (Lodd.) H. de Leh. in Act. Congr. Int. Bot. Brux. 2: 223. 1910. ——*P. stolonifera* Kurz. ined. ex Munro in Trans. Linn. Soc. London 26: 38. 1868. ——*Arundinaria stolonifera* Kurz. ined. ex Cat. Hort. Bot. Calc. 1864: 79, nom. nud.?; Kurz ex Teijsmann et Binnendijk in Cat. Pl. Horto Bot. Bogor., 1866: 19, nom. nud. ——*Bambusa nigra* Lodd. ex Lindl. in Penny Cyclop. 3: 357. 1835. ——*Sinarundinaria nigra* A. H. Lawson in Bamb. Gard. Guide, 128.1968.

Characteristics: the same with *Phyllostachys nigra* (Lodd. ex Lindl.) Munro.

Use: this bamboo is widely cultivated in the field or pots for ornamentation. Culms can be used as handicraft, musical instruments and walking sticks.

Distribution: China (cultivated all over the country); cultivated in India, Japan and European countries.

2) *Phyllostachys nigra* 'Basinigra'

Local names: Kabukuro-chiku,Kabuguro-chiku (Japan)

Synonyms: *Phyllostachys nigra* var. *henonis* f. *basinigra*

Phyllostachys nigra var. *nigra* f. *basinigra*

Citations: *Phyllostachys nigra* 'Basinigra', Hatusima in Woody Pl. Jap. 594.1976; D. Ohrnb., The Bamb. World, 221. 1999. ——*P. nigra* var. *henonis* f. *basinigra* Makino ex Tsuboi in Illus. in Jap. Sp. Bamb. 14.1916.

Characteristics: similar to the characteristics of *Phyllostachys nigra* (Lodd. ex Lindl.) Munro, the difference is culm green and only purple-black at the base.

Use: unknown.

Distribution: Japan.

3) *Phyllostachys nigra* 'Bicolor'

Local names: Somewake-dake, Somewakehachiku(Japan)

Synonyms: *Phyllostachys nigra* var. *henonis* f. *bicolor*

Phyllostachys nigra var. *nígra* f. *bicolor*

Citations: *Phyllostachys nígra* 'Bicolor', Hatusima in Woody Pl. Jap.

594,1976; D. Ohrnb., The Bamb. World, 224. 1999. ——*P. nigra* var. *henonis* f. *bicolor* Makino ex Tsuboi in Illus. Jap. Sp. Bamb. 15.1916. ——*P. nígra* var. *nígra* f. *bicolor* Makino ex Tsuboi, Nakai in J. Jap. Bot. 9(1): 21. 1933; S. Suzuki in Index Jap. Bamb. 78, 338.1978.

Characteristics: internodes purple black on one side and green on the other side.

Use: this cultivar is planted in gardens for ornamentation.

Distribution: Japan; introduced and cultivated in France.

4) *Phyllostachys nigra* 'Boryana'

Local names: Ummon-chiku, Tanba-hanchiku (Japan)

Synonyms: *Bambusa boryana*

Phyllostachys bambusoides var. *boryana*

Phyllostachys boryana

Phyllostachys nigra 'Bory'

Phyllostachys nigra f. *boryana*

Phyllostachys nigra 'Madaradake'

Phyllostachys nigra var. *boryana*

Phyllostachys nigra var. *henonis* f. *boryana*

Phyllostachys puberula f. *boryana*

Phyllostachys puberula var. *boryana*

Citations: *Phyllostachys nigra* 'Boryana', Hatusima Woody Pl. Jap. 594.1976; D. Ohrnb., The Bamb. World, 221. 1999. ——*P. nigra* 'Bory', McClure in J. Arnold Arbor. 37: 195. 1956; McClure in Agr. Handb. US Departm. Agr. 114: 46. 1957. ——*P. nigra* f. *boryana* Makino ex Muroi in Sugimoto New Keys Jap. Tr. 465.1961; C. S. Chao Guide Bamb. Grown Brit. 10.1989; S. M. Young in J. Amer. Bamb. Soc. 8 (1-2) 98.1991. ——*P. nigra* 'Madaradake', Brennecke in J. Amer. Bamb. Soc. 1(1): 8. 1980. ——*P. nigra* var. *boryana* (Mitford) Nicholson in Cent. Suppl. Dict. Gard. 59.1901. ——*P. bambusoides* var. *boryana* Makino ex S. SuzuIknidex Jap. Bamb. 338.1978. ——*P. boryana* Bean in Gard. Chron. ser. 3, 15: 238, 431. 1894. ——*P. puberula* var. *boryana* Makino in S. Honda, Descr. Prod. For. Jap. 39.1900;

Houzeau de Lehaie in Act. Ill. Congr. Int. Bot. Brux., 2: 192, 222. 1912. ——*P. nigra* var. *henonis* f. *boryana* Makino in Bot. Mag. Tokyo 26: 26. 1912; Makino ex Tsuboi in Illus. in Jap. Sp. Bamb. 14.1916. Makino et Nemoto in Fl. Jap. 2nd ed. 1375.1931; Makino ex Nakai in J. Jap. Bot. 9(1): 34. 1933. ——*P. puberula* f. *boryana* (Mitford) Houzeau de Lehaie ex A. V. Vasil'ev in Trans. Sukhumi Bot. Gard. 9: 26. 1956. ——*Bambusa boryana* hort. ex Bean in Gard. Chron. ser. 3, 15: 234, 831. 1894.

Characteristics: culms green, internodes with large irregular purple-black cloudy patches.

Use: this cultivar is planted in gardens for ornamentation.

Distribution: Japan; Germany; introduced into China.

5) *Phyllostachys nigra* 'Flavescens'

Local names: Kinmei-hachiku(Japan)

Synonyms: *Phyllostachys nigra* f. *flavescens*

Phyllostachys nigra var. *flavescens*

Phyllostachys puberula var. *flavescens*

Citations: *Phyllostachys nigra* 'Flavescens', Hatusima in Woody Pl. Jap. 1976: 594; D. Ohrnb., The Bamb. World, 222. 1999. ——*P. nigra* f. *flavescens* (Houzeau de Lehaie) Muroi in Sugimoto New Keys Jap. Tr. 465.1961. ——*P. nigra* var. *flavescens* (Houzeau de Lehaie) Nakai in J. Jap. Bot. 9(1): 24.1933; S. Suzuki in Index Jap. Bamb. 80, 338. 1978.——*P. puberula* var. *flavescens* Houzeau de Lehaie in Act. Ill. Congr. Int. Bot. Brux., 2: 222. 1912.

Characteristics: Culms yellow, grooves green; leaves with white or yellow stripes.

Use: unknown.

Distribution: Japan; introduced into the United States.

6) *Phyllostachys nigra* 'Fulva'

Local names: Kappan-chiku, Kashi-hanchiku (Japan); Tiger Bamboo (UK)

Synonyms: *Bambusa nigra* f. *lutea*

Phyllostachys fulva

Phyllostachys nigra f. *fulva*

Phyllostachys nigra f. *lutea*

Phyllostachys nigra var. *Fulva*

Phyllostachys puberula var. *fulva*

Citations: *Phyllostachys nigra* 'Fulva', Hatusima Woody Pl. Jap. 594.1976; D. Ohrnb., The Bamb. World, 222. 1999. ——*P. fulva* Mitford in Gard. Chron. ser. 3, 24, 246.1898. ——*P. nigra* f. *fulva* (Nakai) Muroi in Sugimoto New Keys Jap. Tr. 466.1961. ——*P. nigra* var. *fulva* (Mitford) Bean in Bull Misc. Inf. 232.1907; Nakai in J. Jap. Bot., 9: 26. 1933; S. Suzuki lndex Jap. Bamb. 80, 338. 1978. ——*P. nigra* f. *lutea* A. Siebert et A. Voss in Vilmorin's Blumengartn. Ed. 3, 2, 1188: 1896 [1895]. ——*P. puberula* var. *fulva* (Mitford) Houzeau de Lehaie in Act. I11 Congr. Int. Bot. Brux., 2: 192, 223. 1912. ——*Bambusa nigra* f. *lutea* hort. ex A. Siebert et A. Voss in Vilmorin's Blumengartn. Ed. 3, 2, 1188:1896 [1895].

Characteristics: the young culms yellow to yellowish-green, and the internodes gradually becoming yellowish-brown to brown as they mature.

Use: unknown.

Distribution: Japan; introduced into France and UK.

7) *Phyllostachys nigra* 'Hale'

Citations: *Phyllostachys nigra* 'Hale', Amer. Bamb. Soc. in Bamb. Species Source List no. 35: 28. 2015.

Characteristics: culms 6 m tall, 3.8 cm in diameter; culms hard; young culms becoming purple-black immediately when culm-sheaths deciduous.

Use: this cultivar can be cultivated in gardens for ornamentation.

Distribution: China (Yancheng in Jiangsu, Huzhou in Zhejiang).

8) *Phyllostachys nigra* 'Hanchiku'

Local names: Hanchiku (Japan)

Synonyms: *Phyllostachys nígra* f. *hanchíku*

Phyllostachys nigra var. *hanchiku*

Phyllocshys puberula var. *han-chiku*

Citations: *Phyllostachys nigra* 'Hanchiku', Hatusima Woody Pl. Jap. 594.1976; D. Ohrnb., The Bamb. World, 223. 1999. ——*P. nígra* f. *hanchíku* (Nakai) Muroi in Sugimoto New Keys Jap. Tr. 466.1961. ——*P. nigra var. hanchiku* (Houzeau de Lehaie) Nakai in J. Jap. Bot. 9(1): 26. 1933; S. Suzulki in Index Jap. Bamb. 80, 338.1978. ——*P. puberula* var. *han-chiku* Houzeau de Lehaie in Act. Ill. Congr. Int. Bot. Brux., 2: 223. 1912.

Characteristics: culms light green, yellow, to brown.

Use: unknown

Distribution: Japan.

9) *Phyllostachys nigra* 'Henonis'

Local names: Jinzhu, Danzhu, Baijiezhu；Hachiku(Japan)；So-on-tai(South Korea)；Henon-Bambus(Germany)；Henon Bamboo (UK)

Synonyms: *Bambusa puberula*

Phyllostachys fauriei

Phyllostachys henonis

Phyllostachys henryi

Phyllostachys montana

Phyllostachys nigra cv. *Henon*

Phyllostachys nigra f. *henonis*

Phyllostachys nigra var. *henonis*

Phyllostachys nigra var. *puberula*

Phyllostachys nevinii

Phyllostachys nevinii var. *hupehensis*

Phyllostachys stauntoni

Phyllostachys puberula

Phyllostachys puberula

Citations: *Phyllostachys nigra* 'Henonis', D. McClintock in Plantsman 1(1): 48. 1979. ——*P. nigra* (Lodd. ex Lindl.) Munro var. *henonis* (Mitford) Stapf ex Rendle in J. Linn. Soc. Bot. 36: 443. 1904; Y. L. Keng, Fl. Ill. Pl. Prim. Sin. Gramineae 106. fig. 67. 1959; Icon. Corm. Sin. 5: 41. fig. 6911. 1976; Fl. Tsinling. 1(1): 64. 1976; Flora of Jiangsu (I),158. 1977; S. Suzuki, Ind. Jap. Bambbusac. 15 (f. 6-1), 80. 81 (pl. 6). 338. 1978; Z. P. Wang et al. in Act. Phytotax. Sin.

18(2): 180. 1980; T. P. Yi in J. Bamb. Res. 2(1): 38. 1983; Bamboos in Guangxi and cultivation,130. pl.69-2. 1987; C. S. Chao et S. A. Ren in Kew Bull. 43: 416. 1988; Chinese bamboos, 74. 1988; Fl. Guizhou. 5: 301. pl. 98: 4-8. 1988; Icon. Arb. Yunn. Inferus 1463. fig. 689. 1991; S. L. Zhu et al., A Comp. Chin. Bamb. 136. 1994 ; Keng et Wang in Fl. Reip. Pop. Sin. 9(1): 289. pl. 78: 1-4. 1996; T. P. Yi in Sichuan Bamb. Fl. 122. pl. 38. 1997, et in Fl. Sichuan. 12: 103. pl. 35: 17. 1998 ; Fl. Yunnan. 9: 202. pl. 47: 10-13. 2003; D. Z. Li et al. in Fl. China 22: 175. 2006; Icon. Bamb. Sin. 337. 2008; Clav. Gen. Sp. Bamb. Sin. 101. 2009; T. P. Yi et al. in J. Sichuan For. Sci. Tech. 31(4): 3, 9. 2010; Ma et al. The Genus *Phyllostachys* in China 61. 2014. ——*P. nigra* f. *henonis* Muroi ex Sugimoto, New Keys Jap. Trees 466. 1961; D. Ohrnb., The Bamb. World, 226. 1999. ——*P. nigra* 'Henon', McClure in J. Arn. Arb. 37: 194. 1956; Amer. Bamb. Soc. in Bamb. Species Source List no. 35: 28. 2015. ——*P. nigra* Munro var. *puberula* (Miq.) Fiori in Bull Tosc. Ort. 42: 97. f. 3, 4, 6, 1917. ——*P. fauriei* Hack. in Bull. Herb. Boiss. 7: 718. 1899. ——*P. henonis* Bean in Gard. Chron. Ill. 15: 238. 1894. nom. nud.: Mitf. Gard. 47:3, 1895, et Bamb. Gard. 149. 1896. ——*P. henryi* Rendle in J. Linn. Soc. Bot. 36: 441. 1904. ——*P. nevinii* Hance in J. Bot. Brit. et For. 14: 295. 1876. ——*P. nevinii* var. *hupehensis* Rendle in op. cit. 36: 442. 1904. ——*P. montana* Rendle in 1.c. 36: 441. 1904. ramo foliato excl. ——*P. puberula* (Miq.) Munro in Gard. Chron. new ser. 6: 733. 1876. ——*P. stauntoni* Munro in Trans. Linn. Soc. 26: 37. 1868. ——*Bambusa puberula* Miq. in Ann. Mus. Bot. Ludg. Bat. 2: 285. 1866.

Characteristics: culms light green, up to 18 m tall, and few dark brown tiny spots present on the top of culm-sheath.

Use: bamboo shoots are edible. Culms are used for building, farming tools, furniture, and poles, and can also be used for weaving. The traditional Chinese medicine, Zhuli (bamboo juice) and Zhuru (bamboo shavings) are mostly obtained from this bamboo species.The giant pandas sometimes feed on this bamboo when it moves down in winter.

Distribution: China (south of the Yellow River Basin); introduced into Japan and European countries.

10) *Phyllostachys nigra* 'Henonis Albovariega'

Local names: Shima-hachiku (Japan)

Synonyms: *Phyllostachys nigra* f. *albovariegata*

Phyllostachys nigra var. *henonis* f. *albovariegata*

Citations: *Phyllostachys nigra* 'Henonis Albovariega', Ohrnberger in Bamb. World *Phyllostachys* ed. 3: 123. 1996; D. Ohrnb., The Bamb. World, 221. 1999. ——*P. nigra* f. *albovariegata* Makino ex Beetle in Phytologia, 38(3): 175. 1978; Muroi in J. Himeji Gakuin Wom. CoII. no. 1974: 4. ——*P. nigra* var. *henonis* f. *albovariegata* Makino in Bot. Mag. Tokyo 26: 26. 1912.

Characteristics: culms green, leaves with white stripes.

Use: unknown.

Distribution: Japan; introduced and cultivated in Europe.

11) *Phyllostachys nigra* 'Megurochiku'

Local names: Meguro-chiku, Megoma-chiku (Japan)

Synonyms: *Phyllostachys nigra* Henon Meguro Chiku'

Phyllostachys nigra 'Miro'

Phyllostachys nígra var. *henonis* f. *megurochíku*

Phyllostachys nigra var. *nigra* f. *megurochiku*

Citations: *Phylloschys nigra* 'Megurochiku', Hatusima in Woody Pl. Jap. 594.1976; D. Ohrnb., The Bamb. World, 223. 1999; Amer. Bamb. Soc. in Bamb. Species Source List no. 35: 28. 2015. ——*P. nígra* var. *henonis* f. *megurochíku* Makino ex Tsuboi in Illus. in Jap. Sp. Bamb. 13. 1916. ——*P. nigra* var. *nigra* f. *megurochiku* Makino ex Tsuboi, Nakai in J. Jap. Bot. 9(1): 22. 1933; S. SuzukIni dex Jap. Bamb. 78, 338.1978. ——*P. nigra* 'Henon Meguro Chiku', Stover in Bamb. Book, 53.1983. ——*P. nigra* 'Miro', Stovcr in Bamb. Book, 44.1983.

Characteristics: culm green or yellowish green, grooves dark brown or dark purple.

Use: unknown.

Distribution: Japan; United States; introduced into France, Germany and the

Netherlands.

12) *Phyllostachys nigra* 'Mejiro'

Synonyms: *Phyllostachys nigra* f. *mejiro*

Citations: *Phyllostachys nigra* 'Mejiro', Ohrnberger in Bamb. World Plhostachys ed. 3: 125. 1996; D. Ohrnb., The Bamb. World, 224. 1999; Amer. Bamb. Soc. in Bamb. Species Source List no. 35: 28. 2015. ——*P. nigra* f. *mejiro* Muroi et H. Okamura in Rep. Fuji Bamb. Gard. no. 17: 9. 1972; Muroi in J. Himeji Gakuin Wom. ColI. no. 5.1974.

Characteristics: culms purple, but the grooves yellowish or yellowish green.

Use: this cultivar is usually cultivated in gardens for ornamentation.

Distribution: Japan.

13) *Phyllostachys nigra* 'Muchisasa'

Local names: Muchi-sasa, Muki-sasa, Taiwan-kuro-chiku (Japan)

Synonyms: *Phyllostachys nigra* f. *muchisasa*

Phyllostachys nígra var. *muchisasa*

Phyllostachys nígripes

Citations: *Phyllostachys nigra* 'Muchisasa', Amer. Bamb. Soc. in Bamb. Species Source List no. 35: 28. 2015. ——*P. nigra* f. *muchisasa* (Houzeau de Lehaie) R. A. Young in Nation. Hort. Mag. 24: 286. 1945; D. Ohrnb., The Bamb. World, 226. 1999. ——*P. puberula* var. *muchisasa* Houzeau de Lehaie ín Act. Ill. Congr. Int. Bot. Brux. 2: 223. 1912. ——*P. nígra* var. *muchisasa* (Houzeau de Lehaíe) Nakai in J. Jap. Bot. 9(1): 26. 1933. ——*P. nígripes* HayataIcon. Pl. Formosan. 6: 142. 1916.

Characteristics: culms brown rather than purple-black.

Use: this cultivar is usually cultivated in gardens for ornamentation.

Distribution: China (Taiwan); Japan; introduced into UK, France, United States.

14) *Phyllostachys nigra* 'Okina'

Local names: Okina-Kurochiku, Fuiri-Kurochiku(Japan)

Synonyms: *Phyllostachys nigra* f. *albostriata*

Phyllostachys nigra f. *albovariegata*

Phyllostachys nigra f. *okina*

Citations: *Phylloschys nigra* 'Okina', Ohrnberger in Bamb. World *Phyllostachys* ed. 3: 130. 1996; D. Ohrnb., The Bamb. World, 223. 1999. ——*P. nigra* f. *okina* Muroi et T. Tashiro, 1986, ex H. Okamura et al. In Ill. Hort. Bamb. Sp. Jap. 1991: 157, 346. ——*P. nigra* f. *albostriata* Muroi et T. Tashiro ap. Muroi, 1989; cf. H. Okamura et al. In Ill. Hort. Bamb. Sp. Jap. 175.1991. ——*P. nigra* f. *albovariegata* Muroi et Tashiro ap. Muroi, 1989; not Makino 1912; not Tsuboi 1916; not Muroi 1974; cf. H. Okamura et al. In Ill. Hort. Bamb. Sp. Jap. 346.1991.

Characteristics: blades with white stripes and circular spots.

Use: unknown.

Distribution: Japan.

15) *Phyllostachys nigra* 'Othello'

Citations: *Phylloschys nigra* 'Othello', R. Grounds in Ornam. Grasses, 176.1989; D. Ohrnb., The Bamb. World, 223. 1999; Amer. Bamb. Soc. in Bamb. Species Source List no. 35: 28. 2015.

Characteristics: culms dense, internodes dark in the year of shooting.

Use: this cultivar is usually cultivated in gardens for ornamentation.

Distribution: Europe; cultivated in United States.

16) *Phyllostachys nigra* 'Punctata'

Local names: Sannianzi

Synonyms: *Phyllostachys nigra* var. *punctata*

Citations: *Phyllostachys nigra* 'Punctata', Amer. Bamb. Soc. in Bamb. Species Source List no. 35: 28. 2015. ——*P. nigra* (Lodd. ex Lindl.) Munro var. *punctata* Bean in Gard. Chron. (ser. 3) 15: 238, 431.1894 ; Ma et al. The Genus *Phyllostachys* in China 63. 2014; Yi et al. in Icon. Bamb. Sin. Ⅱ . 80. 2017.

Characteristics: new culms dark green, with light purple spots at the base of the internode in the next spring, then gradually diffused to the upper internode, and the color gradually deeper. In the autumn of the third year, the whole internode composed of light purple black with wax powder and lackluster, leaves slightly thicker.

Use: this cultivar can be used for landscape virescence and planted in bamboo gardens.

Distribution: China (Anji in Zhejiang, Guangde in Anhui).

17) *Phyllostachys nigra* 'Shimadake'

Local names: Shima-dake (Japan)

Synonyms: *Phyllostachys nigra* f. *shimadake*

Citations: *Phyllostachys nigra* 'Shimadake', Stover in Bamb. Book, 44.1983, based on *Phyllostachys nigra* f. *shimadake* Muroi et H. Okamura in Muroi, 1989; Muroi et H. Okamura in Rep. Fuji Bamb. Gard. no. 17: 9. 1972; Muroi in J. Himeji Gakuin Wom. Coll. no. 1974: 5; D. Ohrnb., The Bamb. World, 223. 1999; Amer. Bamb. Soc. in Bamb. Species Source List no. 35: 28. 2015.

Characteristics: internodes with longitudinal stripes in different width, stripes green when culms black, or vice versa.

Use: this cultivar is usually cultivated in gardens for ornamentation.

Distribution: Japan (Shimane, Hiroshima); introduced into France and United States.

18) *Phyllostachys nigra* 'Sujidake'

Local names: Suji-dake (Japan)

Citations: *Phyllostachys nigra* 'Sujidake', Kawamura in J. Coll. Sci. Imp. Univ. Tokyo 23(2): 2. 1907; Kawamura ex Ohrnberger in Bamb. World *Phyllostachys* ed. 3, 134.1996; D. Ohrnb., The Bamb. World, 224. 1999; Amer. Bamb. Soc. in Bamb. Species Source List no. 35: 28. 2015.

Characteristics: similar to the characteristics of *Phyllostachys nigra* (Lodd. ex Lindl.) Munro, the difference is culms green, with broadebrown longitudinal stripe the whole culms from bottom to top.

Use: this cultivar is usually cultivated in gardens for ornamentation.

Distribution: Japan.

19) *Phyllostachys nigra* 'Tosaensis'

Local names: Tosatorafu-dake(Japan)

Synonyms: *Phyllostachys nigra* f. *tosaensis*

Phyllostachys nigra var. *tosaensis*

Citations: *Phyllostachys nigra* 'Tosaensis', Hatusima in Woody Pl. Jap. 594.1976; D. Ohrnb., The Bamb. World, 222. 1999; Amer. Bamb. Soc. in Bamb. Species Source List no. 35: 28. 2015. ——*P. nigra* var. *tosaensis* Makino ex Tsuboi in Illus. Jap. Sp. Bamb. 17.1916. ——*P. nigra* f. *tosaensis* (Makino ex Tsuboi) Muroi in SugimotoNew Keys Jap. Tr. 466.1961.

Characteristics: culms green, internodes with purple longitudinal stripes.

Use: unknown.

Distribution: Japan; cultivated in Europe.

(19) *Phyllostachys nuda* McClure

Culms 6-9 m tall, 2-4 cm in diameter, the base a little zigzag; internodes 30 cm long, with white powderinitially, especially dense below sheath-nodes, nodes dark purple, with dark purple patches below nodes, culm-walls thick; culm-nodes prominent, taller than sheath-nodes. Culm-sheaths light green or reddish-brown, with purple longitudinal stripes or purple-brown patches, white powdery, verrucose setose; auricles and oral setae absent; ligules truncate, yellow green, margins with short cilia; blades reflexed, narrowly triangular, crinkled initially, and then flat, green with purple longitudinal stripes. Leaves 2-4 per branchlet; auricles and oral setae absent; blades 8-16 cm long, gray-green abaxially, secondary veins 4-5 pairs. Flowering branches spicate, 5-9 cm long, the base with 3-5 gradually enlarged scaly bracts; spathes 5-7, margins with pubescence, auricles and oral setae absent, reduced leaves tiny, ovate lanceolate to subulate, each spathe axillary with 2 or 3 pseudospikelets, basal 1 or 2 spathe usually sterile and deciduous. Spikelets with 1 or 2 florets, 2.7-3.5 cm long, narrowly lanceolate; rachilla extending like needle, internodes densely pubescent; glumes absent or 1; lemma 2.5-3.0 cm long, glabrous or only margins sparsely ciliate; palea 2.0-2.5 cm long, usually glabrous; lodicules 3, 4 mm long; anthers 1 cm long; stigmas 2 or 3, plumose. Shooting from April to May. Flowering in May.

1) *Phyllostachys* 'Nuda' (original cultivars)

Local names: Jingzhu, Shizhu

Synonyms: *Phyllostachys nuda* f. *lucida*

Phyllostachys nuda f. *nuda*

Citations: *Phyllostachys nuda* 'Nuda', Keng et Wang in Flora Reip. Pop. Sin. 9(1): 259. 1996. ——*P. nuda* McClure in J. Wash. Acad. Sci. 35: 288. f. 2. 1945, et in Agr. Handb. USDA No.114: 48. ff. 36, 37. 1957; Flora of East China Gramineae, 309. pl. 333. 1962; Flora of Jiangsu (I), 157. pl. 246. 1977; Fl. Taiwan 5: 730. pl. 1494. 1978; Chinese bamboos, 75. 1988; Yi et al. in Icon. Bamb. Sin. 338. 2008, et in Clav. Gen. Spec. Bamb. Sin. 91. 2009. ——*P. nuda* McClure f. *nuda*, Ma et al. The Genus *Phyllostachys* in China. 124. 2014. ——*P. nuda* f. *lucida* Wen in Bull. Bot. Res. 2(1): 75. 1982.

Characteristics: the same with *Phyllostachys nuda* McClure.

Use: new shoots are edible and delicious.

Distribution: China (Shaanxi, Jiangsu, Anhui, Zhejiang, Jiangxi, Fujian, Taiwan, Hunan, Shandong); introduced into France and United States.

2) *Phyllostachys nuda* 'Localis'

Synonyms: *Phyllostachys nuda* f. *localis*

Phyllostachys nuda 'Ink-finger'

Phyllostachys nuda 'Ziputoushizhu'

Citations: *Phyllostachys nuda* 'Localis', J. P. Demoly in Bamb. Assoc. Europ. Bamb. EBS Sect. Fr. no. 8: 24. 1991; D. Ohrnb., The Bamb. World, 228. 1999; Amer. Bamb. Soc. in Bamb. Species Source List no. 35: 28. 2015. ——*P. nuda* McClure cv. Localis, Keng et Wang in Flora Reip. Pop. Sin. 9(1): 259. 1996. ——*P. nuda* McClure f. *localis* Z. P. Wang et Z. H. Yu in Act. Phytotax. Sin. 18(2): 173. 1980; Yi et al. in Icon. Bamb. Sin. 339. 2008, et in Clav. Gen. Spec. Bamb. Sin. 91. 2009; Ma et al. The Genus *Phyllostachys* in China. 125. 2014. ——*P. nuda* 'Ink-finger', Ohrnberger Bamb. World *Phyllostachys* ed. 3: 138. 1996. ——*P. nuda* 'Ziputoushizhu', J. v. d. Palen. Bamboekwek. Kimmei, [4]: [1993].

Characteristics: purple patches present on basal internodes of old culms, even covering the whole internode, making the internode purple.

Use: new shoots are edible.

Distribution: China (Anji, Zhejiang); introduced into Germany.

3) *Phyllostachys nuda* 'Lucida'

Local names: Huangganshizhu

Synonyms: *Phyllostachys nuda* f. *lucida*

Citations: *Phyllostachys nuda* 'lucida', D. Ohrnb., The Bamb. World, 228. 1999. ——*P. nuda* f. *lucida* Wen in Bull. Bot. Res. 2(1): 75. 1982.

Characteristics: culms yellow or light yellow.

Use: unknown.

Distribution: China (Zhejiang).

4) *Phyllostachys nuda* 'Kimmei'

Citations: *Phyllostachys nuda* 'Kimmei', J. P. Demoly in Bamb. Assoc. Europ. Bamb. EBS Sect. Fr. no. 8: 24. 1991. D. Ohrnb., The Bamb. World, 227. 1999.

Characteristics: culms green, grooves yellow.

Use: it is cultivated in gardens for ornamentation.

Distribution: France.

5) *Phyllostachys nuda* 'Varians'

Local names: Baiyeshizhu

Synonyms: *Phyllostachys nuda* f. *varians*

Citations: *Phyllostachys nuda* McClure f. *varians* P. X. Zhang in World Bamb. Ratt. 4(3): 26. 2006; Ma et al. The Genus *Phyllostachys* in China. 126. 2014; Yi et al. in Icon. Bamb. Sin. Ⅱ. 80. 2017.

Characteristics: new leaves white, with green longitudinal stripes, and then becoming green-white or light green.

Use: bamboo shoots are edible. It is often cultivated for ornamentation.

Distribution: China (Anji in Zhejiang).

(20) *Phyllostachys parvifolia* C. D. Chu et H. Y. Chou

Culms 8 m tall, 5 cm in diameter; internodes 25 cm long, green initially, with purple stripes and dense white powder; culm-nodes as tall as sheath-nodes or taller than sheath-nodes, or lower than sheath-nodes at the lower part of culms. Culm-sheaths light brown or lavender red, with yellowish-brown veins or yellowish-white veins on the upper part of the culm-sheaths, thinly white powdery, margins white ciliate; auricles and oral setae absent, or a few oral setae, the upper blades extend to be auricles, with short setae; ligules 2.0-2.5 mm tall, dark green or purplish red, arched, margins with short cilia; blades erect, green, margins or the upper purplish red, triangular or triangular lanceolate, wavy. Leaves 2 per branchlet; auricles inconspicuous, oral setae several, erect; blades 3.5-6.2 cm long, 0.7-1.2 cm wide. Shooting in early May.

1) *Phyllostachys* 'Parvifolia' (original cultivars)

Local names: Jinzhu

Citations: *Phyllostachys parvifolia* C. D. Chu et H. Y. Chou in Act. Phytotax. Sin. 18(2): 190 f. 12. 1980. Chinese bamboos, 76.1988; D. Ohrnb., The Bamb. World, 228. 1999; Yi et al. in Icon. Bamb. Sin. 361. 2008, et in Clav. Gen. Spec. Bamb. Sin. 108. 2009; Ma et al. The Genus *Phyllostachys* in China. 64. 2014.

Characteristics: the same with *Phyllostachys parvifolia* C. D. Chu et H. Y. Chou.

Use: this cultivar is often planted around people's houses. It is slightly resistant to water. Bamboo shoots are edible. Culms are used for handles or clothes drying poles.

Distribution: China (Zhejiang, Anhui); introduced into Germany.

2) *Phyllostachys parvifolia* 'Lignosa'

Local names: Shibizhu

Synonyms: *Phyllostachys parvlía* f. *lignosa*

Citations: *Phyllostachys parvlía* f. *lígnosa* Wen in Bull. Bot Res. 2(1): 75; D. Ohrnb., The Bamb. World, 228. 1999.

Characteristics: culms solid or near solid.

Use: bamboo shoots are edible. Culms are used for handles or clothes drying poles.

Distribution: China (Zhejiang, Anhui).

(21) *Phyllostachys platyglossa* Z. P. Wang et Z. H. Yu

Culms 8 m tall, 2.5 cm in diameter; internodes 35 cm long, with white powder initially, dark green with purple, old culms green, the lower purple; culm-nodes as tall as sheath nodes. Culm-sheaths brown red with light green with sparse or dense brown spots and with sparse setae, margins dark purple, auricles purple, ovate or falcate, oral setae long; ligules truncate or arched, purple, margins ciliate; blades reflexed, triangular, crinkled, green-purple or green, margins light green-yellow. Leaves 2 per branchlet; auricles inconspicuous, oral setae present; blades 7-14 cm long, 1.2-2.2 cm wide. Shooting at the middle of April.

1) *Phyllostachys* 'Platyglossa' (original cultivars)

Local names: Jiashuizhu, Shuizhu

Synonyms: *Phyllostachys platyglossa* f. *platyglossa*

Citations: *Phyllostachys platyglossa* Z. P. Wang et Z. H. Yu in Act. Phytotax. Sin. 18(2):184. f. 8. 1980; Keng et Wang in Flora Reip. Pop. Sin. 9(1): 292. 1996; D. Ohrnb., The Bamb. World, 229. 1999; Yi et al. in Icon. Bamb. Sin. 339. 2008, et in Clav. Gen. Spec. Bamb. Sin. 103. 2009. ——*P. platyglossa* Z. P. Wang et Z. H. Yu Ma f. *platyglossa*, Ma et al. The Genus *Phyllostachys* in China. 126. 2014.

Characteristics: the same with *Phyllostachys platyglossa* Z. P. Wang et Z. H. Yu.

Use: this cultivar can be cultivated for landscape virescence. Bamboo shoots are edible. Culms are used as handles.

Distribution: China (Jiangsu, Zhejiang, Anhui); cultivated in Europe and the United States.

2) *Phyllostachys platyglossa* 'Leucodermis'

Local names: Xiangyazhu

Synonyms: *Phyllostachys platyglossa* f. *leucodermis*

Citations: *Phyllostachys platyglossa* Z. P. Wang et Z. H. Yu f. *leucodermis* G. H. Lai in J. Bamb. Res. 14(2): 10. 1995; D. Ohrnb., The Bamb. World, 229. 1999; Ma et al. The Genus *Phyllostachys* in China. 128. 2014.

Characteristics: culm-sheath light yellow, with light red or green stripes.

Use: this cultivar can be cultivated for landscape virescence. Bamboo shoots are edible. Culms are used as handles.

Distribution: China (Guangde in Anhui).

(22) *Phyllostachys propinqua* McClure

Culms 6 m tall, 4 cm in diameter; internodes 20 cm long, basal internodes dark purple with green, with heavy white powder initially, culm-walls 4 mm thick; culm-nodes prominent, as tall as sheath-nodes. Culm-sheaths light reddish-brown or yellowish-brown abaxially, with longitudinal stripes of different shades, and small purple-brown spots and patches, the upper part sere and light brown; auricles and oral setae absent; ligules arched, dark brown, margins with short cilia; blades reflexed, lanceolate or linear lanceolate, flat, green, purple-brown abaxially, margins yellow. Leaves 2-3 per branchlet; auricles and oral setae usually absent; ligules arched, ciliate; blades 7-16 cm long, 1-2 cm wide, a little pubescent along the abaxial midrib at the base. Shooting from April to May.

1) *Phyllostachys* 'Propinqua' (original cultivars)

Citations: *Phyllostachys propinqua* McClure in J. Wash. Acad. Sci. 35: 286. f. 1. 1945, et in Agr. Handb. USDA No. 114: 49. ff. 38, 39. 1957; Bamboos in Guangxi and cultivation, 123. pl.65. 1987; Chinese bamboos, 78. 1988; Icon. Arbor. Yunnani. (Ⅲ), 1458, pl.684. 1991; Keng et Wang in Flora Reip. Pop. Sin. 9 (1): 262. 1996; D. Ohrnb., The Bamb. World, 230. 1999; Yi et al. in Icon. Bamb. Sin. 343. 2008, et in Clav. Gen. Spec. Bamb. Sin. 92. 2009; Ma et al. The Genus *Phyllostachys* in China. 131. 2014.

Characteristics: the same with *Phyllostachys propinqua* McClure.

Use: this cultivar can be used for landscape virescence. Bamboo shoots are delicious. The bamboo culms are used as poles or handles.

Distribution: China (Henan, Jiangsu, Anhui, Zhejiang, Hubei, Guizhou, Guangxi); Germany and United States have long been introduced and cultivated.

2) *Phyllostachys propinqua* 'Lanuginosa'

Local names: Chiyanzhu, Bujizhu, Xiaoshanzaozhu

Synonyms: *Phyllostachys propinqua* f. *lanuginosa*

Citations: *Phyllostachys propinqua* McClure f. *lanuginosa* Wen in Bull. Bot.

Res. 2(1): 75. 1982; Ohrnb., The Bamb. World, 230. 1999; Ma et al. The Genus *Phyllostachys* in China. 132. 2014.

Characteristics: the lower half of the culm-sheath grey-green, and the upper half yellow-brown with brown longitudinal stripes, the top blades crinkled.

Use: the same with *Phyllostachys propinqua* McClure.

Distribution: China (Zhejiang, Anhui).

(23) *Phyllostachys rubromarginata* McClure

Culms 10 m tall, 3.5 cm in diameter; internodes 35 cm long, without white powder initially, culm-walls 4.6-6.0 mm thick; sheath-nodes with dense light yellow setae initially; culm-nodes prominent, as tall as sheath-nodes. Culm-sheaths green or light green abaxially, without spots or sparsely spotted in big bamboo shoots, those at the base of the culm with purple or golden longitudinal stripes, dark purple at upper margins, the base with dense light yellow setae; auricles and oral setae absent; ligules truncate or concaved, lower than 1 mm, dark purple with long pubescence abaxially, margins with short cilia; blades recurved or reflexed, flat, green purple, the base narrower than ligules. Leaves 1-2 per branchlet; auricles inconspicuous, oral setae erect, leaves on young culms with small auricles and radiate setae; ligules purple, margins ciliate; blades 6-17 cm long, 12-22 cm wide, with sparse pubescence or glabrous abaxially. Flowering branches spicate, 5 cm long, the base with 4 or 5 gradually enlarged scaly bracts; spathes 5-6, auricles and oral setae absent, or with a few short setae, reduced leaves tiny, lanceolate to subulate, each spathe with (1) 2-4 pseudospikelets, when 3 or 4, 1 or 2 of them tiny and poorly developed. Florets 1-4 per spikelet, usually with 1 bracts; rachilla glabrous or pubescent; glumes 1 or 2, sometimes absent; lemma 1.5-2 cm long, pubescent; palea shorter than lemma, pubescent; lodicules long rhomboid, 4 mm long; anthers 8-10 mm long; stigmas 3, plumose.

1) *Phyllostachys* 'Rubromarginata' (original cultivars)

Synonyms: *Phyllostachys shuchengensis*

Citations: *Phyllostachys rubromarginata* McClure in Lingnan Univ. Sci. Bull. No. 9: 44. 1940, et in Agr. Handb. USDA No.114: 56. ff. 46, 47. 1957;

Bamboos in Guangxi and cultivation, 127. pl.68. 1987; Chinese bamboos, 80. 1988; Keng et Wang in Flora Reip. Pop. Sin. 9(1): 263. 1996; D. Ohrnb., The Bamb. World, 232. 1999; Yi et al. in Icon. Bamb. Sin. 344. 2008, et in Clav. Gen. Spec. Bamb. Sin. 109. 2009. ——*P. shuchengensis* S. C. Li et S. H. Wu in J. Anhui Agr. Coll. (2): 50. 1981.

Characteristics: the same with *Phyllostachys rubromarginata* McClure.

Use: bamboo shoots are delicious. Culms are used for weaving.

Distribution: China (Henan, Anhui, Zhejiang, Jiangxi, Guangdong, Guangxi, Yunnan); introduced into United States and Europe.

2) *Phyllostachys rubromarginata* 'Castigata'

Synonyms: *Phyllostachys rubromarginata* f. *castigata*

Citations: *Phyllostachys rubromarginata* f. *casgtiata* Wen in Wen in Bull. Bot. Res. 2(1): 76. 1982; D. Ohrnb., The Bamb. World, 232. 1999.

Characteristics: culms short, 6 m tall and 2 cm in diameter, culm-sheaths glabrous, and the leaves small.

Use: new shoots are edible. Culms are used for weaving.

Distribution: China (Anhui, Zhejiang).

(24) *Phyllostachys sulphurea* (Carr.) A. et C. Riv.

Culms yellow, 6-15 m tall, 4-10 cm in diameter; internodes 20-45 cm long, with white powder initially, glabrous, pits or white crystalline dots present, flattened or with longitudinal grooves on one side with branches, culm-walls 5 mm thick; sheath-nodes prominent; culm-nodes inconspicuous. Branches 2. Culm-sheaths deciduous, milky yellow or green-yellow-brown with gray abaxially, with green veins and light brown or brown round spots or patches, a little white powdery, glabrous; auricles and oral setae absent; ligules truncate or arched, margins ciliate; blades reflexed, narrowly triangular, green, margins orange, crinkled. Leaves 2-5 per branchlet; sheaths glabrous or the upper with pubescence; auricles and oral setae conspicuous; blades 6-13 cm long, 1.1-2.2 cm wide. Shooting at the middle of May.

1) *Phyllostachys* 'Sulphurea' (original cultivars)

Local names: Huangpigangzhu

Synonyms: *Bambusa sulfurea*

Phyllostachys bambusoides cv. Allgold

Phyllostachys bambusoides var. *castilloni-holochrysa*

Phyllostachys bambusoides var. *sulphurea*

Phyllostachys castilloni var. *holochrysa*

Phyllostachys mitis var. *sulphurea*

Phyllostachys quilioi var. *castillonis-holochrysa*

Phyllostachys reticulata var. *holochrysa*

Phyllostachys reticulata var. *sulphurea*

Phyllostachys viridis f. *youngii*

Citations: *Phyllostachys sulphurea* 'Sulphurea', Keng et Wang in Flora Reip. Pop. Sin. 9(1): 253. 1996; J. Y. Shi in Int. Cul. Regist. Rep. Bamb. (2013-2014): 24. 2015. ——*P. sulphurea* (Carr.) A. et C. Riv. in Bull. Soc. Acclim. Ill. 5: 773. 1878; Mitford. Bamb. Gard. 122. 1896; C. S. Chao et S. A. Renvoize in Kew Bull. 43(3): 418. 1988; Chinese bamboo, 81. 1988; D. Ohrnb., The Bamb. World, 233. 1999; Yi et al. in Icon. Bamb. Sin. 345. 2008, et in Clav. Gen. Spec. Bamb. Sin. 89. 2009; Ma et al. The Genus *Phyllostachys* in China. 136. 2014. ——*P. castilloni* var. *holochrysa* Pfitz. in Deut. Dendr. Ges. Mitt. 14: 60. 1905. ——*P. quilioi* A. et C. Riv. var. *castillonis-holochrysa* Regel Bamb.7-8,1907:2014,2018. pl.8. ——*P. mitis* A. et C. Riv. var. *sulphurea* (Carr.) H. de Leh. in l.c. 2: 214. pl. 8. 1907. ——*P. bambusoides* Sieb. et Zucc. var. *castilloni-holochrysa* (Pfitz.) H. de Leh. in Act. Congr. Int. Bot. Brux. 2: 228. 1910. ——*P. reticulata* (Rupr.) C. Koch. var. *sulphurea* (Carr.) Makino in Bot. Mag. Tokyo 26: 24. 1912. ——*P. bambusoides* var. *sulphurea* Makino ex Tsuboi in Illus. Jap. Sp. Bamb. ed. 2: 7. pl. 5. 1916. ——*P. reticulata* var. *holochrysa* (Pfitz.) Nakai in J. Jap. Bot. 9: 341. 1933. ——*P. bambusoides* cv. Allgold McClure in J. Arn. Arb. 37: 193. 1956, et in Agr. Handb. USDA No. 114: 23. 1957. ——*P. viridis* (Young) McClure, f. *youngii* C. D. Chu et C. S. Chao in Act. Phytotax. Sin. 18(2): 169. 1980, non *P. viridis* cv.

Robert Young McClure 1956. ——*Bambusa sulfurea* Carr. in Rev. Hort. 379. 1873.

Characteristics: the same with *Phyllostachys sulphurea* (Carr.) A. et C. Riv.

Use: this cultivar can be cultivated for landscape virescence and in the bamboo garden. Culms are used as building materials and various farming tool handles. Bamboo shoots are edible but bitter.

Distribution: China (Jiangsu, Zhejiang); introduced into Japan, the Netherlands, France, United States and Algeria.

2) *Phyllostachys sulphurea* 'Houzeauana'

Local names: Huangcaogangzhu, Caolihuanggangzhu, Biyujianhuangjinzhu

Synonyms: *Phyllostachys sulphurea* f. *houzeauana*
Phyllostachys sulphurea var. *viridis*
Phyllostachys viridis 'Houzeau'
Phyllostachys viridis f. *houzeauana*

Citations: *Phyllostachys sulphurea* 'Houzeauana', Keng et Wang in Flora Reip. Pop. Sin. 9(1): 253. 1996; J. Y. Shi in Int. Cul. Regist. Rep. Bamb. (2013-2014): 24. 2015. ——*P. sulphurea* 'Houzeau', D. Ohrnb., The Bamb. World, 234. 1999. ——*P. sulphurea* (Carr.) A. et C. Riv. f. *houzeauana* (C. D. Chu et C. S. Chao) C. S. Chao et S. A. Renv. in Kew Bull. 43(3): 419. 1988; Yi et al. in Icon. Bamb. Sin. 346. 2008, et in Clav. Gen. Spec. Bamb. Sin. 89. 2009; Ma et al. The Genus *Phyllostachys* in China. 137. 2014. ——*P. sulphurea* (Carr.) A. et C. Riv. var. *viridis* R. A. Young f. *houzeauana* (C. D. Chu et S. C. Chao) C. S. Chao et S. A. Renv. in Kew Bull. 43: 419. 1988; Chinese bamboos, 83. 1988. ——*P. viridis* 'Houzeau', McClure in Agr. Handb. USDA No.114: 65. 1957; Amer. Bamb. Soc. in Bamb. Species Source List no. 35: 29. 2015. —— *P. viridis* f. *houzeauana* C. D. Chu et C. S. Chao, Flora of Jiangsu (I), 115. pl.239. 1977(tantum in Sinice. descr), et in Act. Phytotax. Sin. 18(2): 169. 1980.

Characteristics: culm grooves light yellow.

Use: culms can be used as building materials and various farming tool handles. The bamboo shoots are edible, but bitter.

Distribution: China (Shandong, Jiangsu, Zhejiang, Jiangxi, Henan, Hong

Kong); cultivated in France, Germany and United States.

3) *Phyllostachys sulphurea* 'Mitis'

Synonyms. *Phyllostachys viridis* 'Mitis'

Citations: *Phyllostachys sulphurea* 'Mitis', Ohrnberger in Bamb. World *Phyllostachys* ed. 3:172. 1996; D. Ohrnb., The Bamb. World, 234. 1999. ——*P. viridis* 'Mitis', Martin et J. P. Demoly in Bull. Assoc. Parcs Bot. France 1: 10. 1979.

Characteristics: Culms green or yellow-green, the leaves with yellow stripes.

Use: Ornamentation.

Distribution: Europe.

4) *Phyllostachys sulphurea* 'Robert Young'

Local names: Huangpigangzhu, Huangpilvjingangzhu

Synonyms: *Phyllostachys sulphurea* f. *robert young*
Phyllostachys sulphurea var. *viridis* f. *robertii*
Phyllostachys viridis 'Robert Young'
Phyllostachys viridis f. *aurata*
Phyllostachys viridis f. *youngii*

Citations: *Phyllostachys sulphurea* 'Robert Young', Ohrnberger in Bamb. World *Phyllostachys* ed. 3: 172.1996; Keng et Wang in Flora Reip. Pop. Sin. 9(1): 254. 1996; J. Y. Shi in Int. Cul. Regist. Rep. Bamb. (2013-2014): 24. 2015. ——*P. sulphurea* (Carr.) A. et C. Riv. f. *robert young* (McClure) Yi in J. Sichuan For. Sci. Techn. 28(3): 18. 2007; Yi et al. in Icon. Bamb. Sin. 347. 2008, et in Clav. Gen. Spec. Bamb. Sin. 90. 2009. ——*P. sulphurea* (Carr.) A. et C. Riv. var. *viridis* R. A. Young f. *robertii* C. S. Chao et S. A. Renv. in Kew Bull. 43: 419. 1988. ——*P. sulphurea* (Carr.) A. et C. Riv. f. *robertii* Chao et Renv., Ma et al. The Genus *Phyllostachys* in China. 138. 2014. ——*P. viridis* 'Robert Young' McClure in J. Arn. Arb. 37: 195. 1956 et Agr. Handb. USDA No.114: 64. 1957; D. Ohrnb., The Bamb. World, 234. 1999; Amer. Bamb. Soc. in Bamb. Species Source List no. 35: 29. 2015. ——*P. viridis* f. *youngii* C. D. Chu et C. S. Chao, Flora of Jiangsu (Ⅰ),

155. pl.240. 1977 (tantum in Sinice. descr.), et in Act. Phytotax. Sin. 18(2): 169. 1980. ——*P. viridis* f. *aurata* Wen in J. Bamb. Res. 3(2): 35. 1984.

Characteristics: the young culms green-yellow after culm-sheath deciduous, and with a few green longitudinal stripes on the lower internodes, a dark green ring under the sheath-node. Although the internodes became yellow later, the green longitudinal stripes still existed.

Use: the same with *Phyllostachys sulphurea* 'Viridis'.

Distribution: China (Zhejiang, Shanghai, Jiangsu); introduced and cultivated in Europe and United States.

5) *Phyllostachys sulphurea* 'Tricolor'

Synonyms: *Phyllostachys sulphurea* f. *tricolor*

Citations: *Phyllostachys sulphurea* 'Tricolor', J. Y. Shi in Int. Cul. Regist. Rep. Bamb. (2013-2014): 24. 2015. ——*P. sulphurea* (Carr.) A. et C. Riv. f. *tricolor* G. H. Lai in J. Bamb. Res. 14(2): 11. 1995; D. Ohrnb., The Bamb. World, 235. 1999; Yi et al. in Icon. Bamb. Sin. 347. 2008, et in Clav. Gen. Spec. Bamb. Sin. 90. 2009.

Characteristics: culms yellow with green, grooves yellow, a few light yellow and light green stripes present on internodes.

Use: the same with *Phyllostachys sulphurea* 'Viridis'.

Distribution: China (Guangde in Anhui).

6) *Phyllostachys sulphurea* 'Viridis'

Local names: Taizhu, Jiangnanzhu, Meigubianzhu; KO-chiku (Japan); Grüner Sulfurbambus (Germany); Green Sulphur Bamboo (UK)

Synonyms: *Phyllostachys chlorina*
Phyllostachys faberi
Phyllostachys meyeri f. *sphaeroides*
Phyllostachys mitis
Phyllostachys sulphurea f. *viridis*
Phyllostachys sulphurea var. *viridis*
Phyllostachys villosa

Phyllostachys viridis

Citations: *Phyllostachys sulphurea* 'Viridis', W. Y. Zhang et N. X. Ma in S. L. Zhu et al. in Compend. Chin. Bamb.148.1994; Keng et Wang in Flora Reip. Pop. Sin. 9(1): 251. 1996; J. Y. Shi in Int. Cul. Regist. Rep. Bamb. (2013-2014): 24. 2015. ——*P. sulphurea* f. *viridis* (R. A. Young) Ohrnberger in Bambus-Brief no. 2: 10. 1993. ——*P. sulphurea* (Carr.) A. et C. Riv. var. *viridis* R. A. Young in J. Wash. Acad. Sci. 27: 345. 1937; C. S. Chao et S. A. Renv. in Kew Bull. 44: 419. 1988; Chinese bamboos, 82. 1988; Yi et al. in Icon. Bamb. Sin. 346. 2008, et in Clav. Gen. Spec. Bamb. Sin. 89. 2009; Ma et al. The Genus *Phyllostachys* in China. 137. 2014. ——*P. mitis* A. et C. Riv. in Bull Soc. Acclim. Ill. 5: 689. 1878, tantum descr., excl. Syn. ——*P. faberi* Rendle in J. Linn. Soc. Bot. 36: 439. 1904. ——*P. viridis* (R. A. Young) McClure in J. Arn. Arb. 37: 192. 1956, et in Agr. Handb. USDA No. 114: 62. f. 50. 1957. ——*P. chlorina* Wen in Bull. Bot. Res. 2(1): 61. f. 1. 1982. —— *P. villosa* Wen in 1. c. 2(1): 71. f. 9. 1982. ——*P. meyeri* McClure f. *sphaeroides* Wen in 1. c. 2(1): 74.1982.

Characteristics: similar to the characteristics of *Phyllostachys sulphurea* (Carr.) A. et C. Riv. Culms green.

Use: the same with *Phyllostachys sulphurea* (Carr.) A. et C. Riv.

Distribution: China (from the Yellow River to the Yangtze River Basin and Fujian Province); introduced and cultivated in Japan, France and United States.

7) *Phyllostachys sulphurea* 'Viridisulcata'

Synonyms: *Phyllostachys sulphurea* f. *viridisulcata*

Phyllostachys viridis f. *viridisulcata*

Citations: *Phyllostachys sulphurea* 'Viridisulcata', Ohrnberger in Bamb. World *Phyllostachys* ed.3: 174.1996; D. Ohrnb., The Bamb. World, 234. 1999; J. Y. Shi in Int. Cul. Regist. Rep. Bamb. (2013-2014): 24. 2015. ——*P. sulphurea* (Carr.) A. et C. Riv. f. *viridisulcata* (P. X. Zhang) P. X. Zhang in J. Bamb. Res. 9(4): 39. 1990, invalid; ex G. H. Lai in Guihaia. 22(5): 392. 2002; Ma et al. The Genus *Phyllostachys* in China. 138. 2014. ——*P. viridis* (R. A. Young) McClure f. *viridisulcata* P. X. Zhang in J. Bamb. Res. 8(4): 40. 1989.

Characteristics: culms and branches pink-green initially, gradually golden, and the grooves between internodes green.

Use: the same with *Phyllostachys sulphurea* 'Viridis'.

Distribution: China (Anji in Zhejiang, Guangde in Anhui).

(25) *Phyllostachys tianmuensis* Z. P. Wang et N. X. Ma

Culms 7-8 m tall, 3-4 cm in diameter; internodes 20 cm long, initially green, grooves on one side of the branches with yellow longitudinal stripes; culm-nodes as tall as sheath-nodes. Culm-sheaths light reddish-brown, with small brown spots, the lower dense, with white powder, margin purplish red at the upper, setae absent; auricles and oral setae absent; ligules truncate or arched, dark purple-brown, margins ciliate; blades reflexed, lanceolate, crinkled above middle part, green, margins yellow. Leaves 2-3 per branchlet; auricles and oral setae absent; ligules truncate or arched; blades 15 cm long, 2 cm wide, initially with pubescence abaxially. Shooting from the end of March to the end of April.

1) *Phyllostachys* 'Tianmuensis' (original cultivars)

Local names: Yanzhu, Leidazhu

Citations: *Phyllostachys tianmuensis* Z. P. Wang et N. X. Ma in J. Nanjing Univ. (Nat. Sci. ed.) (3): 491. f. 3. 1983; Keng et Wang in Flora Reip. Pop. Sin. 9(1): 268. 1996; D. Ohrnb., The Bamb. World, 235. 1999; Yi et al. in Icon. Bamb. Sin. 348. 2008, et in Clav. Gen. Spec. Bamb. Sin. 93. 2009; Ma et al. The Genus *Phyllostachys* in China. 139. 2014.

Characteristics: the same with *Phyllostachys tianmuensis* Z. P. Wang et N. X. Ma.

Use: new shoots are edible.

Distribution: China (Zhejiang, Anhui).

2) *Phyllostachys tianmuensis* 'Flexicaulis'

Synonyms: *Phyllostachys tianmuensis* f. *flexicaulis*

Citations: *Phyllostachys tianmuensis* Z. P. Wang et N. X. Ma f. *flexicaulis* G. H. Lai in J. Bamb. Res. 14(2): 12. 1995; D. Ohrnb., The Bamb. World, 236. 1999; Yi et al. in Icon. Bamb. Sin. 348. 2008, et in Clav. Gen. Spec. Bamb. Sin. 93.

2009.

Characteristics: culms are soft and zigzag.

Use: new shoots are edible.

Distribution: China (Jixi in Anhui).

(26) *Phyllostachys violascens* (Carr.) A. et C. Riv.

Culms 8-10 m tall, 4-6 cm in diameter; internodes 15-25 cm long, with dense white powder initially, the opposite side of the groove enlarged, sometimes with yellow longitudinal stripes, culm-walls 3 mm thick; nodes purplish brown initially, culm-nodes and sheath-nodes prominent, and culm-nodes as tall as sheath-nodes. Culm-sheaths brown-green or light-black-brown abaxially, with white powder initially, unequal sized spots and purple longitudinal stripes; auricles and oral setae absent; ligules arched, brown-green or purple-brown, extending downward and exposed on both sides, margins ciliate; blades reflexed, green or purple-brown, lanceolate, crinkled or flat. Leaves 2-3 (6) per branchlet; auricles and oral setae absent; blades 6-18 cm long, 0.8-2.2 cm wide. Shooting in May.

1) *Phyllostachys* 'Violascens' (original cultivars)

Local names: Murasaki-shima-dake (Japan)

Synonyms: *Bambusa violascens*

Phyllostachys praecox

Citations: *Phyllostachys violascens* (Carr.) A. et C. Riv. in Bull. Soc. Acclim. (sér. 3) 5: 770. f. 42. 1878; Mitford in Garden 47: 3. 1895; Mitford in Bamb. Gard, 139.1896; McClure ex H. Okamura et al. Ill. Hort. Bamb. Sp. Jap. 161.1991; D. Ohrnb., The Bamb. World, 236. 1999; Ma et al. The Genus *Phyllostachys* in China. 141. 2014; Yi et al. in Icon. Bamb. Sin. Ⅱ. 298. 2017. ——*P. praecox* C. D. Chu et C. S. Chao in Act. Phytotax. Sin. 18(2): 176. f. 4. 1980; Flora of Jiangsu (Ⅰ), 156. pl.144. 1977 (tantum in Sinice. descr.); Chinese bamboos, 76. 1988; Icon. Arbor. Yunnani. (Ⅲ), 1458. 1991; Keng et Wang in Flora Reip. Pop. Sin. 9(1): 273. pl. 73: 1-4.1996; Yi et al. in Icon. Bamb. Sin. 340. 2008, et in Clav. Gen. Spec. Bamb. Sin. 95. 2009; Amer. Bamb. Soc. in Bamb. Species Source List no. 35: 29. 2015. ——*Bambusa violascens* Carrière in Rev. Hort., 1869: 292.

Characteristics: the same with *Phyllostachys violascens* (Carr.) A. et C. Riv.

Use: this cultivar shoots early in the year with a high yield. Bamboo shoots are delicious.

Distribution: China (Jiangsu, Anhui, Zhejiang, Jiangxi, Hunan, Fujian, Chongqing, Sichuan, Shanghai, Henan); cultivated in France and Germany.

2) *Phyllostachys violascens* 'Aurantia'

Synonyms: *Phyllostachys violascens* f. *aurantia*

Citations: *Phyllostachys violascens* Yi et L. Yang f. *aurantia* Yi in J. Sichuan For. Sci. Techn. 36(3): 3. fig. 7. 2015; Yi et al. in Icon. Bamb. Sin. Ⅱ. 86. 2017.

Characteristics: new shoots purple-red and the edges of the culm-blades with light yellow stripes.

Use: this cultivar can be used for landscape virescence and bamboo garden building. Bamboo shoots are delicious.

Distribution: China (Dujiangyan in Sichuan).

3) *Phyllostachys violascens* 'Chrysoderma'

Synonyms: *Phyllostachys violascens* f. *chrysoderma*

Citations: *Phyllostachys violascens* (Carr.) A. et C. Riv. f. *chrysoderma* T. G. Chen in World Bamb. Ratt. 11(3): 11. fig. 1. 2013; Ma et al. The Genus *Phyllostachys* in China. 142. 2014; Yi et al. in Icon. Bamb. Sin. Ⅱ. 86. 2017

Characteristics: similar to the characteristics of *P. praecox* 'Viridisulcata'. Culms and branches yellow with green longitudinal stripes at the base internodes.

Use: the culms are bright colored, and it can be cultivated in yards and gardens for ornamentation. This cultivar shoots early in the year with a high yield. Bamboo shoots are delicious.

Distribution: China (Changzhou in Jiangsu).

4) *Phyllostachys violascens* 'Notata'

Synonyms: *Phyllostachys praecox* f. *notata*
Phyllostachys violascens f. *notate*

Citations: *Phyllostachys violascens* (Carr.) A. et C. Riv. f. *notata* (S. Y. Chen et C. Y. Yao) G. H. Lai in J. Anhui Agr. Sci. 40(8): 4622. 2012; Ma et al. The

Genus *Phyllostachys* in China 142. 2014. ——*P. praecox* Z. D. Chu et C. S. Chao f. *notata* S. Y. Chen et C. Y. Yao in Act. Phytotax. Sin. 18(2): 177. 1980; Keng et Wang in Flora Reip. Pop. Sin. 9(1): 273. 1996; Yi et al. in Icon. Bamb. Sin. 341. 2008, et in Clav. Gen. Spec. Bamb. Sin. 94. 2009.

Characteristics: internode green and the groove yellow, shooting in mid-April.

Use: bamboo shoots are delicious, and it shoots early in the year with a long duration and high yield. It is cultivated commonly in rural areas of Zhejiang Province. Culm-walls of this cultivar are thin, and can only be used as general handles.

Distribution: China (Zhejiang, Anhui, Shaanxi, Sichuan); introduced and cultivated in Europe.

5) *Phyllostachys violascens* 'Prevernalis'

Local names: Leidazhu, Daleizhu

Synonyms: *Phyllostachys praecox* f. *prevernalis*

Phyllostachys violascens f. *prevernalis*

Citations: *Phyllostachys violascens* 'Prevernalis', Ma et al. The Genus *Phyllostachys* in China. 145. 2014. ——*P. violascens* (Carr.) A. et C. Riv. f. *prevernalis* (S. Y. Chen et C. Y. Yao) Yi et al. in Icon. Bamb. Sin. Ⅱ. 298, 313. 2017. ——*P. praecox* C. D. Chu et C. S. Chao f. *prevernalis* S. Y. Chen et C. Y. Yao in Act. Phytotax. Sin. 18(2): 177. 1980; D. Ohrnb., The Bamb. World, 229. 1999; Yi et al. in Icon. Bamb. Sin. 342. 2008, et in Clav. Gen.Spec. Bamb. Sin. 95. 2009. ——*P. praecox* 'Prevernalis', Keng et Wang in Flora Reip. Pop. Sin. 9(1): 273. 1996; Amer. Bamb. Soc. in Bamb. Species Source List no. 35: 29. 2015.

Characteristics: new culms with a small amount of white powder and erect; the length of each internode uniform, and the middle part of the internode obviously constricted; culm-nodes prominent. Shooting earlier than *Phyllostachys violascens* (Carr.) A. et C. Riv.

Use: it is an important bamboo planted for new shoots. New shoots of this cultivar are also used to feed giant pandas in many zoos.

Distribution: China (Zhejiang, Jiangsu, Anhui, Sichuan).

6) *Phyllostachys violascens* 'Viridisulcata'

Synonyms: *Phyllostachys praecox* f. *viridisulcata*
Phyllostachys praecox f. *viridisulcata*
Phyllostachys violascens f. *viridisulcata*
Phyllostachys violascens 'Source Bleue'

Citations: *Phyllostachys violascens* (Carr.) A. et C. Riv. f. *viridisulcata* (P. X. Zhang et W. X. Huang) G. H. Lai in Subtrop. Pl. Sci. 42(1): 60. 2013; Ma et al. The Genus *Phyllostachys* in China 143. 2014. ——*Phyllostachys violascens* 'Source Bleue', C. Rifat ex Ohrnberger in Bamb. World *Phyllostachys* ed. 3: 179. 1996. ——*P. praecox* C. D. Chu et C. S. Chao f. *viridisulcata* P. X. Zhang et W. X. Huang in J. Bamb. Res. 9(4): 39. 1990; D. Ohrnb., The Bamb. World, 229. 1999; Yi et al. in Icon. Bamb. Sin. 342. 2008, et in Clav. Gen. Spec. Bamb. Sin. 95. 2009; Amer. Bamb. Soc. in Bamb. Species Source List no. 35: 29. 2015.

Characteristics: culms and internodes golden yellow with grooves green and a few green stripes; culm-sheaths a little yellow, and some leaves with a few golden stripes.

Use: culms are yellow and green. Therefore, this cultivar is a rare ornamental bamboo species. Moreover, new shoots are delicious.

Distribution: China (Anji in Zhejiang, and cultivated in Sichuan).

(27) *Phyllostachys vivax* McClure

Culms 5-15 m tall, 8 cm in diameter; internodes 25-35 cm long, with white powder initially, culm-walls 5 mm thick; culm-nodes prominent, a little taller than sheath-nodes. Culm-sheaths yellowish-green with purple or yellowish-brown abaxially, with dense dark-brown patches and spots, especially dense at the middle, white powdery; auricles and oral setae absent; ligules arched, light brown to brown, marginsciliate; blades reflexed, lanceolate, crinkled, abaxially green, the adaxially brown purple. Leaves 2-3 per branchlet; auricles and oral setaepresent; ligules 3 mm tall; blades pendulous, 9-18 cm long, 1.2-2.0 cm wide. Flowering branches spicate, the base with 4-6 gradually enlarged bracts; spathes 5-7, glabrous or sparsely short pubescent, auricles tiny, oralsetae radiate, reduced leaves ovate-lanceolate to narrowly lanceolate, 2.5 cm long, one or two pseudospikelets for each spathe. Pseudospikelets 3.5-4.0 cm long, usually with 2 or 3 florets, sparsely pubescent; glume 1; lemma 2.7-3.2 cm long, with sparse pubescence; palea 2.2-2.6 cm long, almost glabrous, keels 2, prominent; lodicules narrowly lanceolate, 5 mm long; anthers 12 mm long; ovary glabrous, stigmas 3. Shooting in the middle and the end of April. Flowering from April to May.

1) *Phyllostachys* 'Vivax' (original cultivars)

Local names: Vigorous Bamboo, Elegant Bamboo, Smooth-sheath Bamboo (UK)

Synonyms: *Phyllostachys vivax* f. *vivax*

Citations: *Phyllostachys vivax* cv. Vivax, Keng et Wang in Flora Reip. Pop. Sin. 9(1): 272. 1996. ——*P. vivax* McClure in J. Wash. Acad. Sci. 35: 292. f. 3. 1945, et in Agr. Handb. USDA No. 114: 65. ff. 52, 53. 1957; Flora of East China Gramineae, 309. pl. 334. 1962; Flora of Jiangsu (Ⅰ), 156. pl. 243. 1977; Bamboos in Hongkong, 73. 1985; Chinese bamboos, 85. 1988; Icon. Arbor. Yunnani. (Ⅲ), 1458, pl. 686. 1991; D. Ohrnb., The Bamb. World, 237. 1999; Yi et al. in Icon. Bamb. Sin. 350. 2008, et in Clav. Gen. Spec. Bamb. Sin. 94. 2009. ——*P. vivax* McClure f. *vivax*, Ma et al. The Genus *Phyllostachys* in China 148. 2014.

Characteristics: the same with *Phyllostachys vivax* McClure.

Use: new shoots are edible; culms can be used for farming tools; it can also be used for landscaping.

Distribution: China (Jiangsu, Zhejiang, Henan, Anhui, Shandong, Fujian, Hong Kong); introduced into France, Germany, UK, United States.

2) *Phyllostachys vivax* 'Aureocaulis'

Synonyms: *Phyllostachys vivax* f. *aureocaulis*

Citations: *Phyllostachys vivax* 'Aureocaulis', J. P. Demoly in Bamb. Assoc. Europ. Bamb. EBS Sect. Fr. no. 8: 24. 1991; Amer. Bamb. Soc. Newsl. 16(4): 10. 1995; Keng et Wang in Flora Reip. Pop. Sin. 9(1): 272. 1996; D. Ohrnb., The Bamb. World, 237. 1999; Amer. Bamb. Soc. in Bamb. Species Source List no. 35: 30. 2015; J. Y. Shi in Int. Cul. Regist. Rep. Bamb. (2013-2014): 24. 2015. ——*P. vivax*

McClure f. *aureocaulis* N. X. Ma in J. Bamb. Res. 4(1): 56. 1985; Keng et Wang in Flora Reip. Pop. Sin. 9(1): 272. 1996; Yi et al. in Icon. Bamb. Sin. 351. 2008, et in Clav. Gen. Spec. Bamb. Sin. 94. 2009; Ma et al. The Genus *Phyllostachys* in China 149. 2014.

Characteristics: culms sulphur yellow.

Use: very beautiful ornamental bamboo species.

Distribution: China (Henan, Zhejiang, Sichuan, Guangdong, Guangxi); cultivated in Belgium and United States.

3) *Phyllostachys vivax* 'Black Spot'

Citations: *Phyllostachys vivax* 'Black Spot', Amer. Bamb. Soc. in Bamb. Species Source List no. 35: 30. 2015.

Characteristics: culms with black spots.

Use: garden cultivation for ornamental.

Distribution: unknown.

4) *Phyllostachys vivax* 'Huanwenzhu'

Synonyms: *Phyllostachys vivax* f. *huanwenzhu*

Citations: *Phyllostachys vivax* 'Huanwenzhu', [J. L. Lu] Research Group of Bamboo in Acta Phytotax. Sinica 14(2): 32. 1976; Keng et Wang in Flora Reip. Pop. Sin. 9(1): 272. 1996; D. Ohrnb., The Bamb. World, 237. 1999; Amer. Bamb. Soc. in Bamb. Species Source List no. 35: 30. 2015; J. Y. Shi in Int. Cul. Regist. Rep. Bamb. (2013-2014): 24. 2015. ——*P. vivax* McClure f. *huanwenzhu* J. L. Lu in Act. Phytotax. Sin. 14(2): 32. f. 4. 1976, et J. of Hebei Agri. Univ. (1): 33. 1978; J. L. Lu ex Z. P. Wang et al. in Acta Phytotax. Sin. 18(2): 175. 1980; Yi et al. in Icon. Bamb. Sin. 352. 2008, et in Clav. Gen. Spec. Bamb. Sin. 94. 2009.

Characteristics: culms green, the grooves yellow.

Use: the same with *Phyllostachys vivax* McClure, with more ornamental value.

Distribution: China (Shuicheng in Henan, Anji in Zhejiang, Chengdu in Sichuan); cultivated in Germany.

5) *Phyllostachys vivax* 'Jindian Huazhu'

Local names: Huaganwupujizhu

Synonyms: *Phyllostachys vivax* f. *luteololineata*

Citations: *Phyllostachys vivax* 'Jindian Huazhu', J. Y. Shi in Int. Cul. Regist. Rep. Bamb. (2015-2016): 5. 2017; M. S. Sun et al. in Cert. Int. Reg. Bamb. Cult., No. WB-001-2015-009. 2015. ——*P. vivax* f. *luteololineata* P. C. D. Chu et C. S. Chao f. *luteololineata* Yi, J. Y. Shi et M. S. Sun in J. Sichuan For. Sci. Techn. 36(6): 40. Fig. 6-8. 2014; Yi et al. in Icon. Bamb. Sin. Ⅱ. 87. 2017.

Characteristics: culms grey-green, internodes with light yellow longitudinal stripes of varying width.

Use: Landscape virescence; bamboo shoots are edible.

Distribution: China (Kunming in Yunnan).

6) *Phyllostachys vivax* 'Viridivittata'

Synonyms: *Phyllostachys vivax* f. *viridivittata*
Phyllostachys vivax 'Huanwenzhu Inversa'

Citations: *Phyllostachys vivax* McClure f. *viridivittata* P. X. Zhang et G. H. Lai in World Bamb. Ratt. 7(6): 28. 2009; Yi et al. in Icon. Bamb. Sin. Ⅱ. 89. 2017. ——*P. vivax* 'Huanwenzhu Inversa', Amer. Bamb. Soc. in Bamb. Species Source List no. 35: 30. 2015.

Characteristics: culms and branches yellow, the grooves on the side of the branches green, and smaller than *Phyllostachys vivax* 'Aureocaulis'.

Use: the same with *Phyllostachys vivax* McClure, with more ornamental value.

Distribution: China (Anji in Zhejiang).

7) *Phyllostachys vivax* 'Vittata'

Synonyms: *Phyllostachys vivax* f. *vittata*

Citations: *Phyllostachys vivax* f. *vittata* Wen in J. Bamb. Res. 2(1): 72. 1983; Ohrnb., The Bamb. World, 238. 1999.

Characteristics: internodes without white powder; culm-sheath dark red, with glandular brown stripes.

Use: unknown.

Distribution: China (Xinchang in Zhejiang).

3 Publications on bamboo cultivars registration

The formal publications related to bamboo cultivars registration in 2017-2018 are listed as follows.

1. PU Z Y, SHI J Y, SUN M S, et al., 2016. A new bamboo (*Bambusa lapidea*) cultivar 'Qicai'[J]. Acta horticulturae sinica, 43(S2): 2833-2834.
2. SHI J Y, YI T P, 2017. The two international botanic nomenclatures and their relationship[J]. Biological bulletin, 52(1): 5-9.
3. SHI J Y, ZHOU D Q, ZHANG Y X, et al., 2017. Application and construction of the International Cultivar Registration Garden for Bamboos[J]. World bamboo and rattan, 15(1): 44-48.
4. SHI J Y, ZHOU Y X, ZHANG D Q, et al., 2017. Five new cultivars in *Neosinocalamus*[J]. Cultivated plant taxonomy news (5): 18-22.
5. SHI J Y, ZHOU D Q, ZHANG Y X, et al., 2017. Confirmation and preparation for new bamboo cultivars in international registration[J]. World bamboo and rattan (5): 18-22.
6. JIANG C Y, SUN M S, SHI J Y, et al., 2017. A new *Chimonocalamus delicates* cultivar 'Caiyun' [J]. Acta horticulturae sinica, 44(4): 811-812.
7. SHI J Y, ZHOU D Q, ZHANG Y X, et al., 2017. Naming issues of bamboo cultivars in the international registration[J]. World bamboo and rattan, 15(3): 56-60.
8. SHI J Y, ZHOU D Q, ZHANG Y X, et al., 2017. Two systems for international cultivar registration and application in bamboo cultivar registration[J]. Journal of bamboo research, 36(2): 1-8.
9. SHI J Y, ZHOU D Q, ZHANG Y X, et al., 2017. Publication, Establishment and International Registration for the Bamboo Cultivars[J]. World bamboo

and rattan, 15(4): 39-43, 62.

10. SHI J Y, ZHOU Y X, ZHANG D Q, et al., 2017. Important terms used in the international cultivar registration for bamboos and their meanings[J]. World bamboo and rattan, 15(5). 40-47.
11. SHI J Y, ZHOU Y X, ZHANG D Q, et al., 2017. Review on the bamboo cultivars from *Chimonobambusa* in the world[J]. World bamboo and rattan,15(6): 41-48.
12. SHI J Y, et al., 2017. International cultivar registration report for bamboos (2015-2016)[M]. Beijing: Science Press.
13. WU J X, SHI J Y, ZHOU D Q, et al., 2018. *Chimonobambusa quadrangularis* 'Qingchengcui', a new bamboo cultivar, as main food for the giant panda[J]. World bamboo and rattan, 16(1): 39-41.
14. SHI J Y, ZHANG Y X, ZHOU D Q, et al., 2018. Review on *Neosinocalamus* cultivars in the world[J]. World bamboo and rattan, 16(1): 45-48.
15. LIU Y T, SHI J Y, ZHOU D Q, et al., 2018. *Chimonobambusa neopurpurea* 'Yinjian', a new ornamental bamboo cultivar[J]. World bamboo and rattan, 16(2): 37-39.
16. YAO J, SHI J Y, ZHOU D Q, et al., 2018. *Chimonobambusa neopurpurea* 'Ziyu', a new ornamental bamboo cultivar[J]. World bamboo and rattan, 16(3): 42-44.
17. SUN M S, ZHANG X B, SHI J Y, et al., 2018. A new cultivar, *Dendrocalamus brandisii* 'Manxie Tianzhu' from *Dendrocalamus* 'Brandisii'[J]. World bamboo and rattan, 16(4): 47-49.
18. SHI J Y, ZHANG Y X, ZHOU D Q, et al., 2018. Review on the bamboo cultivars from *Dendrocalamus*[J]. World bamboo and rattan, 16(5): 53-62.
19. CHEN X B, SHI J Y, ZHOU D Q, et al., 2018. 'Huayeqingsi', A new cultivar from *Bambusa eutuldoides*[J]. World bamboo and rattan, 16(6): 46-48.

20. SHI J Y, ZHANG Y X, ZHOU D Q, et al., 2018. Study on the bamboo cultivars from *Phyllostachys* in the world[J]. World bamboo and rattan, 16(S1): 1-50.

21. SHI J Y, ZHOU D Q, ZHANG Y X, et al., 2018. On nomenclatural standard in international registration for bamboo cultivars[J]. Journal of bamboo research, 37(4): 1-3.

4 Development of website for bamboo cultivars registration

4.1 Name and website

International Cultivar Registration Center for Bamboos (ICRCB)

http://www.bamboo2013.org

4.2 Website languages

Chinese and English

4.3 Contents of the website

- *Home page:* general introduction to the ICRCB, information updating, quick-entry for the newly registered cultivars, and hyperlinks to websites of the International Society for Horticultural Science and other relevant organizations.
- *ICRCB introduction*: includes textual and pictorial display.
- *Information updating:* ICRCB releases timely progresses and news of the bamboo cultivar registration.
- *Cultivar registration:* issues information of the bamboo cultivars published recently including descriptions and photos.
- *Research achievements:* exhibits significant works and publications in terms of international bamboo cultivar registration.
- *Professional team:* contains brief introductions to the current ICRCB's experts.
- *Registration gardens:* introduces the current International Bamboo Cultivars Registration Gardens.
- *Downloads:* provides downloads of ICRCB internal information (such as the application form, the range of international registration for

bamboo cultivars) and free downloads for the references in the field of international registration for bamboo cultivars.

- *Contact:* provides the address (such as query of online digital maps), contacting telephone number, postal code, email address and a "dialogue pannel" .

4.4 Website operation

From January 2017 to July 2018, the website had 715 visitors and 2706 visits. Users were mainly distributed in China (including Beijing, Shanghai, Chongqing, Sichuan, Shandong, Zhejiang, Fujian, Yunnan, Jiangsu, Guangxi, Guangdong, Hubei, Liaoning, Xizang, Henan, Hunan, Inner Mongolia, Guizhou, Anhui, Jiangxi, Hainan, Taiwan, Hong Kong, 23 provinces and regions) and foreign countries, such as The United States, Britain, Germany, Italy, Belgium, Japan, India, Thailand, Malaysia and Portugal covering users of scientific research institutes, universities, enterprises, government departments, non-governmental organizations and individuals. Twenty-four species of bamboo cultivars were registered and 25 papers related to international bamboo cultivars were downloaded, with a total of 7823 downloads.

5 Construction of International Cultivar Registration Garden for Bamboos

There are five International Cultivar Registration Gardens for Bamboos (ICRGB) established in Beijing, Chengdu, Dujiangyan, Kunming and Nanyang, China. International Cultivars Registration Garden for Bamboos (ID number: IC-001-2017-006) is a newly established bamboo garden located at Pu'er, Yunnan Province, China. This garden was authorized in October 2017 with an area of 13 hm^2. Its objective is to breed newly-registered local bamboo cultivars for shoot utilization, and further directive breeding, display, and spreading in Pu'er region. Since the garden has been established, *Dendrocalamus brandisii* 'Manxie Tianzhu', a new bamboo cultivar has been cultivated in this garden.

参考文献

References

马乃训，赖广辉，张培新，等，2014．中国刚竹属［M］．杭州：浙江科学技术出版社．

陈贤斌，史军义，周德群，等，2018．大眼竹一新品种：‘花叶青丝’［J］．世界竹藤通讯，16（6）：46-48．

靳晓白，成仿云，张启翔，2013．国际栽培植物命名法规［M］．北京：中国林业出版社．

蒋成益，孙茂盛，史军义，等，2017．香竹一新品种‘彩云’［J］．园艺学报，44（4）：811-812．

刘宇韬，史军义，周德群，等，2018．观赏竹新品种：‘银剑’［J］．世界竹藤通讯，16（2）：37-39．

蒲正宇，史军义，孙茂盛，等，2016．油簕竹新品种‘绮彩’［J］．园艺学报，43（S2）：2833-2834．

史军义，2015．国际竹类栽培品种登录报告（2013-2014）［M］．北京：科学出版社．

史军义，2017．国际竹类栽培品种登录报告（2015-2016）［M］．北京：科学出版社．

史军义，马丽莎，2014．竹类国际栽培品种登录的原则与方法［J］．林业科学研究，27（2）：246-249．

史军义，王道云，易同培，等，2015．龙丹竹新品种‘花龙丹’［J］．林业科学研究，28（3）：441-442．

史军义，代梅灵，周德群，等，2016．方城慈竹一新品种‘美菱’［J］．世界竹藤通讯，14（5）：31-33，45．

史军义，易同培，2017．国际两大植物命名体系及其相互关系［J］．生物学通报，52（1）：5-9．

史军义，易同培，马丽莎，等，2012．中国观赏竹［M］．北京：科学出版社．

史军义，易同培，周德群，等，2016．国际竹类栽培品种登录的理论与实践［J］．世界竹藤通讯，16（6）：23-29，41．

史军义，张玉霄，周德群，等，2017．竹品种国际登录中的重要术语及含义［J］．世界竹藤通讯，15（5）：40-47．

史军义，张玉霄，周德群，等，2017．世界方竹属栽培品种整理［J］．世界竹藤通讯，

15（6）：41-48.

史军义，张玉霄，周德群，等，2018．世界慈竹属栽培品种整理［J］．世界竹藤通讯，16（1）：45-48.

史军义，张玉霄，周德群，等，2018．世界牡竹属栽培品种整理［J］．世界竹藤通讯，16（5）：53-62.

史军义，张玉霄，周德群，等，2018．世界刚竹属栽培品种研究［J］．世界竹藤通讯，16（Sup.1）：1-50.

史军义，周德群，张玉霄，等，2017．国际竹类栽培品种登录园的申办与建设［J］．世界竹藤通讯，15（1）：44-48.

史军义，周德群，张玉霄，等，2017．栽培竹新品种的确认与国际登录准备［J］．世界竹藤通，15（2）：48-51.

史军义，周德群，张玉霄，等，2017．关于竹类栽培品种国际登录中的命名问题［J］．世界竹藤通讯，15（3）：56-60.

史军义，周德群，张玉霄，等，2017．国际两大栽培植物登录体系与竹品种国际登录实践［J］．竹子学报，36（2）：1-8.

史军义，周德群，张玉霄，等，2017．竹栽培品种的发表、建立与国际登录［J］．世界竹藤通讯，15（4）：39-43，62.

史军义，周德群，张玉霄，等，2018．关于竹类栽培品种国际登录中的命名范式问题［J］．竹子学报，37（4）：1-3.

孙茂盛，张兴波，史军义，等，2018．勃氏甜龙竹一新品种‘曼歇甜竹’［J］．世界竹藤通讯，16（4）：47-49.

易同培，史军义，马丽莎，等，2008．中国竹类图志［M］．北京：科学出版社.

易同培，史军义，马丽莎，等,2016．河南慈竹属一新种［J］．四川林业科技,37（2）：1-3.

吴劲旭，史军义，周德群，等，2018．大熊猫主食竹一新品种‘青城翠’［J］．世界竹藤通讯．16（1）：39-41.

姚俊，史军义，周德群，等，2018．观赏竹一新品种‘紫玉’［J］．世界竹藤通讯，16（3）：42-44.

中国科学院中国植物志编辑委员会，1996．中国植物志第九卷第一分册［M］．北京：科学出版社.

鈴木貞雄，1978．日本タケ科植物総目録［M］．東京：株式会社学習研究社.

岡村はた，1991．原色日本園芸竹笹総図説［M］．和歌山：有限会社はあと出版.

American Bamboo Society, 2015. Bamboo Species Source List. Bamboo. No. 35[J]:1–53. Spring.

Bamboo Phylogeny Group (BPG), 2012. An updated tribal and subtribal classification of the bamboos (Poaceae: Bambusoideae) [C]//GIELIS J, POTTERS G. Proceedings of the 9th World Bamboo Congress. Antwerp, Belgium: World Bamboo Organization.

BRUMMITT R K, POWELL C E, 1992. Authors of plant names: a list of authors of scientific names of plants, with recommended standard form of their names including abbreviations. Royal Botanic Gardens, Kew: Pp [4], 732.

BRICKEL C D L, ALEXANDER C, DAVID J C, et al., 2016. International Code of Nomenclature for Cultivated Plants, Ninth Edition, adopted by the International Union of Biological Sciences International Commission for the Nomenclature of Cultivated Plants. Leuven: ISHS.

MCNEILL J, BARRIE F R, BUCK W R, et al., 2012. International Code of Nomenclature for algae, fungi, and plants (Melbourne Code), adopted by the Eighteenth International Botanical Congress Melbourne, Australia, July 2011. Königstein: Koeltz Scientific Books.

LI D Z, WANG Z P, ZHU Z D, et al., 2006. Flora of China Vol. 22 (Poaceae, Tribe Bambuseae). Science Press, Beijing & Missouri Botanical Garden Press, St. Louis.

OHRNBERGER D, 1999. The bamboos of the world, annotated nomenclature and literature of the species and the higher and lower taxa [M]. Amsterdam: Elsevier,.

SEETHALAKSHMI K K, MUKTESH KUMAR M S, 1998. Bamboos of India, a compendium. [M]. Kerala Forest Research Institute, Peechi, and International Network for Bamboo and Rattan, Beijing. New Delhi: Art Options.

SHI J Y, MA L S, ZHOU D Q, et al., 2014. The history and current situation of resources and development trend of the cultivated bamboos in China[C]. Acta Horticulture. (ISHS), 1035: 71-78.

SHI J Y, JIN X B, 2015. The establishment and progress of The International Cultivar Registration Authority for bamboos[J]. Cultivated Plant Taxonomy News, (3):12-13.

SHI J Y, ZHOU D Q, MA L S, et al., 2016. The directional breeding and feasibility of functional bamboos[J]. Agricultural Science & Technology, 17(3): 711-716.

SHI J Y, ZHANG Y X, ZHOU D Q, et al., 2017. Five new cultivars in *Neosinocalamus*[J]. Cultivated Plant Taxonomy News, (5): 18-22.